Berufsziel Life Sciences

Barbara Hoffbauer

Berufsziel Life Sciences

Ein Karriere-Wegweiser

Barbara Hoffbauer
KEPOS GmbH
Altenhöferallee 3
60438 Frankfurt-Main
www.kepos.com

Weitere Informationen zum Buch finden Sie unter www.spektrum-verlag.de/978-3-8274-2876-9

Wichtiger Hinweis für den Benutzer
Der Verlag und die Autorin haben alle Sorgfalt walten lassen, um vollständige und akkurate Informationen in diesem Buch zu publizieren. Der Verlag übernimmt weder Garantie noch die juristische Verantwortung oder irgendeine Haftung für die Nutzung dieser Informationen, für deren Wirtschaftlichkeit oder fehlerfreie Funktion für einen bestimmten Zweck. Der Verlag übernimmt keine Gewähr dafür, dass die beschriebenen Verfahren, Programme usw. frei von Schutzrechten Dritter sind. Die Wiedergabe von Gebrauchsnamen, Handelsnamen, Warenbezeichnungen usw. in diesem Buch berechtigt auch ohne besondere Kennzeichnung nicht zu der Annahme, dass solche Namen im Sinne der Warenzeichen- und Markenschutz-Gesetzgebung als frei zu betrachten wären und daher von jedermann benutzt werden dürften. Der Verlag hat sich bemüht, sämtliche Rechteinhaber von Abbildungen zu ermitteln. Sollte dem Verlag gegenüber dennoch der Nachweis der Rechtsinhaberschaft geführt werden, wird das branchenübliche Honorar gezahlt.

Bibliografische Information der Deutschen Nationalbibliothek
Die Deutsche Nationalbibliothek verzeichnet diese Publikation in der Deutschen Nationalbibliografie; detaillierte bibliografische Daten sind im Internet über http://dnb.d-nb.de abrufbar.

Springer ist ein Unternehmen von Springer Science+Business Media
springer.de

© Spektrum Akademischer Verlag Heidelberg 2011
Spektrum Akademischer Verlag ist ein Imprint von Springer

11 12 13 14 15   5 4 3 2 1

Planung und Lektorat: Frank Wigger, Martina Mechler
Redaktion: Maren Klingelhöfer
Satz: TypoDesign Hecker GmbH, Leimen
Umschlaggestaltung: SpieszDesign, Neu-Ulm

ISBN 978-3-8274-2876-9

Inhaltsverzeichnis

Vorwort

Life Sciences oder Lebenswissenschaften als Berufsziel – das klingt zunächst einmal recht diffus. Eine Stelle in der Automobilindustrie anzustreben, scheint viel konkreter zu sein. Gleichzeitig ist die Vorstellung, sich beruflich mit generellen und speziellen Fragen des Lebens zu beschäftigen, wie Gesundheit, Umwelt und Ernährung, sehr faszinierend. Wer schon während der Schulzeit allem Lebendigen in seiner Umwelt gerne auf den Grund gegangen ist, den reizt es sehr, dies zu seinem Beruf zu machen. Vorgänge, die sich in Lebewesen abspielen, und die Interaktionen von Lebewesen mit der Umgebung machen neugierig, sind nie langweilig und erlangen immer größere Bedeutung.

Dieses Buch soll all denen ein Wegweiser sein, die sich von lebenswissenschaftlichen Fragestellungen angesprochen fühlen und noch nicht wissen, welches Betätigungsfeld für sie das richtige sein könnte. Abiturienten auf der Suche nach dem richtigen Studium oder anderen Ausbildungsmöglichkeiten finden hier wichtige Informationen. Studenten und Doktoranden dürfen hier eine Hilfestellung für den Einstieg ins Berufsleben nach Abschluss ihrer akademischen Ausbildung erwarten. Und schließlich bietet dieses Buch viele Informationen für Fachkräfte mit erster Berufserfahrung, die ihren weiteren Karriereweg planen wollen. Die Fachrichtung spielt dabei nur eine kleine Rolle. Nicht nur Absolventen der Fachrichtungen Biologie, Medizin, Ökotrophologie und Pharmazie, sondern auch Chemiker und Physiker sowie Ingenieure, Wirtschafts-, Sozialund Geisteswissenschaftler finden in den Life Sciences interessante Aufgaben und können hier einen Einblick gewinnen, mit wem sie es zu tun bekommen.

Im ersten Teil werden Ausbildungs- und Studiengänge sowie die vielen unterschiedlichen in Frage kommenden Berufe vorgestellt. Letztere sind nach Sektoren wie Industriezweigen, Dienstleistungen, öffentlichen Arbeitgebern und sonstigen Betätigungsfeldern sortiert. Kommen Tätigkeiten mit gleicher Aufgabenstellung in verschiedenen Sektoren vor, so wurde eine Zuordnung zu einem der Sektoren getroffen, z.B. werden Tätigkeiten rund um die klinische Prüfung von Arzneimitteln in Kapitel 7 „Berufsfelder im Dienstleistungssektor" beschrieben und nicht in Kapitel 2 „Berufsfelder in der Pharmaindustrie". Bei verwandter Aufgabenstellung werden die Berufe an verschiedenen Stellen vorgestellt, z.B. werden Berufe, die mit der Zulassung von Arzneimitteln in Verbindung stehen, zum einen in Kapitel 2 „Berufsfelder in der Pharmaindustrie" in Abschnitt

2.3 „Klinische Forschung und Zulassung" erläutert und zum anderen in Kapitel 8 „Berufsfelder im öffentlichen Sektor" in Abschnitt 8.3 „Zulassungsstellen".

Im zweiten Teil wird eine Hilfestellung zum persönlichen Vorgehen bei der Karriereplanung angeboten. Der Bogen spannt sich von der Auswahl eines passenden Berufs über die persönliche Vorbereitung auf Bewerbungen und Auswahlverfahren bis hin zu richtigem Netzwerken, Auswahl von Weiterbildungsangeboten und eigener Karriereentwicklung. Die Empfehlungen, Beispiele und Übungen basieren auf praktischen Erfahrungen, wie ich sie aus langjähriger Tätigkeit als Personalmanagerin, aus der Zusammenarbeit mit Studenten und Doktoranden sowie aus Gesprächen mit vielen Arbeitgebern gewonnen habe. Natürlich findet sich vieles davon auch in allgemeinen Bewerbungs- oder Karriereratgebern. Hier jedoch haben alle Beispiele einen Bezug zu den Life Sciences und alle Instrumente sind in diesem Umfeld erfolgreich erprobt worden.

So findet der am Berufsziel Life Sciences interessierte Leser in diesem Buch auf viele Fragen erste Antworten, die er sich sonst mühsam an verschiedenen Stellen zusammensuchen müsste. Zur schnellen Orientierung helfen kleine Icons am Rand. Das Klemmbrett $\square$ weist auf Anforderungen einer bestimmten Position oder Aufgabe hin, die Treppe ◢ auf berufliche Perspektiven in dem jeweiligen Feld, die Glühbirne auf einen besonderen Tipp und der Kreis ↻ auf internationale Aspekte einer Ausbildung oder eines Berufsbilds. Hinweise auf Internet-Seiten und ein umfassendes Literaturverzeichnis können zur Beantwortung weitergehender Fragen herangezogen werden.

Die Informationen basieren auf der Sichtung mehrerer hundert Stellenanzeigen, dem Lesen zahlreicher Newsletter, vieler Firmenbroschüren und einiger Bücher. Um dieses Buch überzeugend schreiben zu können, habe ich zudem mit sehr vielen Menschen gesprochen, die ihren Traumberuf in den Life Sciences bereits gefunden haben. Ich traf sie auf Messen und Veranstaltungen und habe sie in meinen Netzwerken oder über Empfehlungen kennengelernt. Dafür danke ich an dieser Stelle allen, denen meine Fragen nicht lästig waren und die mein Anliegen, mit diesem Buch einen Überblick zu schaffen, unterstützten. Sollten sich dennoch Fehler eingeschlichen haben, bitte ich um Nachsicht und freue mich über jeden Hinweis, den ich für künftige Arbeiten verwenden kann.

Barbara Hoffbauer, im September 2011

Teil 1

„Life Sciences", „Lebenswissenschaften" und „Biowissenschaften" sind Schlagwörter, die aus der akademischen oder industriellen Forschung stammen und Einzug in unsere Alltagssprache gehalten haben, ohne dass immer ganz klar ist, was sich dahinter verbirgt. Nach lexikalischem Verständnis ist der Begriff „Life Sciences" sehr weit gefasst und beinhaltet außer Biologie und Medizin viele technische Disziplinen wie Bioinformatik und Biophysik, aber auch Fachrichtungen wie Ökotrophologie und Lebensmittelwissenschaften.

Für das Abstecken des Berufsfelds „Life Sciences" orientiert sich dieses Buch am EU-Forschungsrahmenprogramm bzw. an den nationalen Forschungsförderaktivitäten. Auskunft hierüber gibt die Nationale Kontaktstelle für Europäische Forschungsförderung in den Lebenswissenschaften des Bundesministeriums für Bildung und Forschung.

Aus Sicht der EU ist das wichtigste Thema im Bereich der Life Sciences die Gesundheit, die sich durch generische Instrumente und medizinische Technologien zur Behandlung von Erkrankungen, den Erkenntnisgewinn zur Entstehung von Krankheiten und die Gesundheitsvorsorge verbessern lässt. Ausgeschlossen und in diesem Buch auch nicht behandelt sind damit die Felder Pflege und staatliche oder private Gesundheitssysteme.

Das zweite wichtige Feld in den Life Sciences umfasst die nachhaltige Erzeugung und Bewirtschaftung der biologischen Ressourcen aus Böden, Wäldern und der aquatischen Umwelt.

Damit ist ein weiter Bogen gespannt von der Arzneimittelentwicklung über die Lebensmittelveredelung und die Umwelttechnologien bis hin zur Medizintechnik. Der wissenschaftliche Fortschritt in diesen Feldern bildet die Ausgangssituation für faszinierende Berufsfelder und interessante Zukunftsperspektiven sowie die damit verbundenen Aus- und Weiterbildungsmöglichkeiten.

Lebenswissenschaften aus Sicht der EU: Thema Nummer 1 „Gesundheit", Thema Nummer 2 „Lebensmittel, Landwirtschaft, Fischerei und Biotechnologie", www.nks-lebenswissenschaften.de

1 Ausbildungsmöglichkeiten in den Life Sciences

1.1 Ausbildungs- und Studienabschlüsse

Es gibt eine Reihe von einschlägigen Ausbildungen zum technischen Assistenten in den Life Sciences.

Dazu gehören die Ausbildungen zum biologisch-technischen Assistenten (BTA), zum medizinisch-technischen Assistenten (MTA), zum pharmazeutisch-technischen Assistenten (PTA) und viele weitere. Eine Gesamtübersicht über die Aus- und Weiterbildungsabschlüsse gibt Ihnen die Website der Bundesagentur für Arbeit.

Einen Überblick über entsprechende Schulen bietet der Arbeitskreis Biologisch-Technische Ausbildung des VBIO e.V. oder auch die Bundesagentur für Arbeit.

Die Ausbildungen werden von staatlichen und privaten Schulen angeboten, dauern in der Regel zwei Jahre oder ein drittes Jahr, wenn damit der Erwerb der Fachhochschulreife einhergehen soll, und setzen mindestens den Realschulabschluss voraus. Die Ausbildung besteht aus der Vermittlung theoretischer Grundlagen und einem praktischen Teil. Alles Weitere findet sich in der „Rahmenvereinbarung der Kultusministerkonferenz über die Ausbildung und Prüfung zum Staatlich geprüften technischen Assistenten/zur Staatlich geprüften technischen Assistentin an Berufsfachschulen".

Die Berufsaussichten für technische Assistenten sind sowohl in der akademischen Forschung als auch in anderen Bereichen des öffentlichen Dienstes sowie in privaten Unternehmen sehr gut. Die Tätigkeit der technischen Assistenten umfasst sämtliche praktischen Laborarbeiten, die je nach Erfahrung sehr selbständig ausgeführt werden. Insbesondere erfahrene Kräfte können sich in der Regel eine Stelle aussuchen, die ihren Ansprüchen entspricht. Dank guter Weiterbildungsangebote gibt es vielseitige fachliche Entwicklungsmöglichkeiten.

Ebenfalls in drei Jahren ausgebildet werden medizinische Dokumentare. Sie besuchen ähnlich wie technische Assistenten neben der praktischen Ausbildung eine Berufsfachschule und werden in den Fächern Medizin, Dokumentation, Statistik,

Überblick über Ausbildungen zum Technischen Assistenten unter: www.berufenet.arbeitsagentur.de

Arbeitskreis Biologisch-Technische Ausbildung, www.ak-bta.de

Ausbildung und Prüfung für technische Assistenten, www.kmk.org

Technikerberufe: biologisch-technischer Assistent, chemisch-technischer Assistent, landwirtschaftlich-technischer Assistent, medizinisch-technischer Assistent, pharmazeutisch-technischer Assistent, technischer Assistent für medizinische Gerätetechnik, technischer Assistent für nachwachsende Rohstoffe, technischer Assistent für regenerative Energietechnik und Energiemanagement, veterinärmedizinisch-technischer Assistent u.a.m.

Medizinischer Dokumentar

Informatik, Organisation, Recht und Fachenglisch unterrichtet.

Deutscher Verband Medizinischer Dokumentare, www.dvmd.de

Sie arbeiten in der Pharmaindustrie, bei Auftragsforschungsinstituten, in Krankenhäusern, Universitätskliniken und Software-Häusern in den Feldern Datenerhebung, -analyse und -auswertung, Programmierung und Internet-/Intranetpflege, Archivierung, Literaturrecherche, Planung und Koordination von klinischen Studien, Qualitätsmanagement und Controlling sowie Aus- und Weiterbildung. Damit steht medizinischen Dokumentaren eine sehr große Bandbreite von Tätigkeiten offen, die sich keineswegs auf Arbeiten am PC beschränken. Medizinische Dokumentare stellen mit über 40 Prozent den größten Anteil der in der Pharmaindustrie angestellten Dokumentationsfachkräfte. Ein medizinisches Interesse gepaart mit Freude am Umgang mit Informationstechnologie sind gute Einstiegsvoraussetzungen für diesen Beruf. Nähere Auskünfte über dieses und ähnliche Berufsbilder sowie über die jeweilige Ausbildungs- und Prüfungsordnung gibt der Deutsche Verband Medizinischer Dokumentare. Die Chancen, passende Stellen zu finden, sind sehr gut. Aus einer Befragung medizinischer Dokumentare aus dem Jahr 2008 geht hervor, dass 75 Prozent der Absolventen gar keine oder weniger als zehn Bewerbungen geschrieben haben, um eine Stelle zu finden, und fast 90 Prozent im Anschluss an die Ausbildung eine Stelle gefunden haben.

Die Chancen für formale Aufstiege als Techniker oder Dokumentar sind allerdings beschränkt. Im öffentlichen Dienst ist eine Weiterentwicklung innerhalb einer Laufbahn möglich, ein Aufstieg in eine höhere Laufbahn aber nur sehr eingeschränkt. Und in den Unternehmen ist die Situation nicht sehr viel anders. Nur wenige Unternehmen sehen durchlässige Verantwortungsebenen vor, so dass sich technische Assistenten oder Dokumentare in Tätigkeitsbereiche hinein entwickeln können, die sonst üblicherweise von akademisch qualifizierten Kräften ausgeführt werden. Neue Bachelorstudiengänge und berufsbegleitende Qualifizierungsmaßnahmen schaffen für diese Berufsgruppe jedoch Möglichkeiten, mehr Verantwortung zu übernehmen und damit weitergehende Perspektiven zu erzielen. Eine Verdrängung von technischen Assistenten durch Bachelorabsolventen ist derzeit nicht erkennbar. Der höhere praktische Anteil in der Ausbildung dürfte ihnen langfristig eine gute Perspektive bieten.

Bachelor und Master

Mittlerweile hat in Deutschland flächendeckend in nahezu allen Studiengängen eine Umstellung der früheren Diplomstudiengänge auf Bachelor- bzw. Masterstudiengänge stattgefunden. Wenn Sie sich für eine akademische Ausbildung entscheiden, stehen Sie nun vor der Aufgabe, den richtigen Studiengang zu finden und nach erfolgreichem Abschluss des Bachelorstudiums zu entscheiden, ob Sie sofort einen Masterstudiengang anschließen möchten. Für eine berufliche Tätigkeit im Bereich der Life Sciences kommen sehr unterschiedliche Studiengänge in Betracht. Dazu gehören sicher alle grundständigen biowissenschaftlichen Studiengänge und allein davon gibt es nach Angaben des VBIO über 200 verschiedene. Einen Überblick gibt die Studienführer-Datenbank Biologie.

Daneben bieten Fächer wie Human- oder Tiermedizin, Pharmazie bzw. Pharmakologie, Chemie, Lebensmittelchemie, Ökotrophologie und Agrarwissenschaften die Basis für eine berufliche Tätigkeit in den Life Sciences. Physiker und Ingenieure verschiedener Fachrichtungen werden hier ebenso gesucht wie in anderen Branchen. Gefragt sind Elektro- und Werkstofftechniker, Lebensmittel- und Biotechnologen, Verfahrenstechniker und Chemieingenieure. Und schließlich finden sich Einsatzfelder für nahezu alle anderen Fachrichtungen, die nicht branchenspezifisch ausgerichtet sind.

Aufgrund der zunehmenden Bedeutung interdisziplinären Arbeitens sollten Sie sich überlegen, ob Sie die dafür notwendigen Voraussetzungen nicht schon im Studium, ggf. im Masterstudium, schaffen, indem Sie sich für einen entsprechenden Studiengang entscheiden, also z.B. für Biotechnologie, Biochemie oder Biomedizin statt für Biologie oder für Medizintechnik statt für Elektrotechnik.

Wenn die Fachrichtung einmal feststeht, spielt die Auswahl des Hochschultyps eine wichtige Rolle. Einen Überblick über Hochschulstandorte bieten oftmals die Berufsorganisationen. Ob Sie Ihren Bachelorabschluss an einer Fachhochschule (auch University of Applied Sciences, UAS) oder an einer Universität bzw. einer technischen Hochschule erwerben, spielt im Hinblick auf die weitere Karriere eine wichtige Rolle. Zwar erwerben Bachelorabsolventen von Fachhochschulen auch einen Zugang zu Masterstudiengängen an Universitäten, ob sie dort allerdings einen Platz bekommen, ist offen. Wer eine vertiefte akademische Bildung anstrebt, ist daher besser beraten, vom ersten Semester an eine Universität zu besuchen. Gegenbeispiele dazu lassen sich aber durchaus finden.

Wichtiger noch als strategische Überlegungen im Hinblick auf ein Berufsziel sind jedoch die persönlichen Neigungen. Die alleinige Orientierung der Studienwahl an aktuellen Arbeitsmarktdaten führt häufig zu unerwünschten Ergebnissen. So folgt z.B. auf eine Phase, in der Lehrer oder Ingenieure knapp sind, eine Phase, in der es ein Überangebot an entsprechend ausgebildeten Akademikern gibt, die in andere Berufsfelder ausweichen müssen. Ein Studium, das den eigenen Kompetenzen und Neigungen hingegen gut entspricht, wird im Zweifel mit mehr Leidenschaft und damit auch mit größeren Erfolgsaussichten betrieben. Daher ist es besser, mutig zu persön-

Studienführer Biologie,
www.studienfuehrer-bio.de

Infos zu lebenswissenschaftlichen
Studiengängen:
www.chemie-im-fokus.de,
www.agrarwissenschaften.de,
www.bphd.de,
www.pharmaboard.de,
www.studium-erneuerbare-
energien.de,
www.ernaehrungs-umschau.de,
www.lebensmittelstudium.de

lichen Präferenzen zu stehen und sich nicht so sehr an anderen zu orientieren. Vielen Abiturienten fällt es schwer, sich für ein Studienfach zu entscheiden, weil sie sich ihrer Kompetenzen und Neigungen nicht sicher sind. Eltern und Lehrer haben zwar einen Eindruck, aber vielleicht auch eine spezielle Sichtweise. Daher sind diagnostische Verfahren zur Berufswahl eine wertvolle Hilfe für Unsichere.

Entsprechende Angebote der Bundesagentur für Arbeit oder von privaten Studien- und Karriereberatern ergänzen den Blick der Personen aus dem persönlichen Umfeld. Und schließlich bleibt immer auch die Option, vor Beginn des Studiums eine Ausbildung oder zumindest ein längeres Praktikum zu absolvieren, um so eventuell wertvolle Erfahrungen zu machen, die die Entscheidung erleichtern.

Die Frage, ob man direkt im Anschluss an den Bachelor- einen Masterabschluss anstreben sollte, ist ebenfalls von persönlichen Präferenzen abhängig. Die unmittelbar nach der Umstellung der Studiengänge bestehende Gefahr, mit einem Bachelorabschluss keine Stelle zu bekommen, ist nach neuesten Untersuchungen nicht mehr gegeben. Es hat ein bisschen gedauert, aber mittlerweile stellen sich immer mehr Unternehmen auf Berufseinsteiger mit Bachelorabschluss ein und bieten ihnen interessante Einstiegs- und Entwicklungsmöglichkeiten. So gibt es die Initiative der deutschen Wirtschaft „Bachelor Welcome", die von namhaften Unternehmen unterschrieben und vom Bundesverband der Deutschen Industrie e.V. (BDI) und der Bundesvereinigung der Deutschen Arbeitgeberverbände unterstützt wird.

Interessant an dieser Erklärung sind weniger die Forderungen der Personalchefs nach Verbesserungen an die Reformverantwortlichen als vielmehr das Bekenntnis, die eigene betriebliche Weiterbildungsarbeit an die neuen Gegebenheiten anzupassen, u.a. durch berufsbegleitende Weiterbildung. So sollen auch in betrieblichen Maßnahmen anerkannte Leistungsnachweise erworben werden können und Stellenbeschreibungen und Anforderungsprofile den in den neuen Studiengängen erwerbbaren Kompetenzen entsprechen. Diese Schritte ermöglichen Bachelors interessante Karriereperspektiven.

Eine Absolventenbefragung aus dem Jahr 2010 zeigt auf, dass die Quote der Bachelorabsolventen von Fachhochschulen, die nach dem Studium einer Vollzeitbeschäftigung nachgehen, bei 52 Prozent liegt und den Quoten früherer Fachhochschulabsolventen entspricht. Auch die festgestellten Einkommensdefizite sind nur geringfügig. Nicht so gut stellt sich die Situation der Bachelorabsolventen von Universitäten dar, die über alle Fächer betrachtet nur zu 18 Prozent direkt nach dem Studium beruflich Fuß fassen. Insbesondere in den Natur- und Inge-

Initiative „Bachelor Welcome" der deutschen Industrie, www.stifterverband.info

INCHER-Kassel, Employability and Mobility of Bachelor Graduates in Germany, www.uni-kassel.de/incher/absolventen

nieurwissenschaften scheint es für sie schwierig, eine adäquate Beschäftigung zu finden. So sind die Universitätsabsolventen mit ihrer beruflichen Situation auch deutlich weniger zufrieden als die FH-Absolventen und die Quote der Weiterstudierenden liegt bei Natur- und Ingenieurwissenschaftlern mit über 80 Prozent deutlich über den Werten der FH-Absolventen. Als augenblickliches Fazit lässt sich daraus ableiten, dass die Perspektiven für FH-Bachelors aufgrund der hohen Praxisnähe ihrer Ausbildung durchaus gut sind, während für die Uni-Bachelors der Erwerb eines Masterabschlusses, ggf. sogar einer Promotion, unbedingt anzuraten ist. Dabei sollte man aber berücksichtigen, dass die Daten für die oben genannte Studie in einer wirtschaftlich schwierigen Situation erhoben wurden und verbesserte wirtschaftliche Rahmendaten sich auch für Bachelors positiv auswirken werden.

Die Auswahl des richtigen Masterstudiengangs wird noch von Zulassungsbeschränkungen beeinflusst, so dass Studierende häufig an der Hochschule, an der sie das Bachelorstudium absolviert haben, und im selben Fach verbleiben. Die Kultusministerkonferenz der Länder bemüht sich um den Abbau von Mobilitätshindernissen und sieht die Umstellung auf Bachelor- und Masterabschlüsse insgesamt als förderlich für einen Universitätswechsel an, mögen auch einzelne individuelle Erfahrungen anders aussehen. Ein Universitätswechsel nach dem Bachelorstudium sollte ernsthaft erwogen werden. Neben den sogenannten konsekutiven Masterstudiengängen, die einen Bachelorabschluss im selben Fach voraussetzen, kommen auch nicht-konsekutive Masterstudiengänge in Betracht, die eher allgemeine Anforderungen an die Vorbildung stellen und sich verschiedenen Fachrichtungen öffnen. Falls ein Wechsel mit einer Wartezeit verbunden sein sollte, kann diese mit erster einschlägiger Berufspraxis überbrückt werden. Da derzeit noch ständig neue Masterstudiengänge im Bereich der Life Sciences akkreditiert werden, ist es nicht einfach, einen Überblick zu bekommen. Für biowissenschaftliche Studiengänge in Deutschland führt der Verband Biologie, Biowissenschaften und Biomedizin in Deutschland VBIO e.V. eine Datenbank mit über 570 Masterstudiengängen in 32 Kategorien, so dass eine sehr gezielte Suche möglich ist.

Für angehende Ingenieure gibt es weitere Infos beim Verein Deutscher Ingenieure e.V., der u.a. einen eigenen Newsletter „VDI-StudiumNews" herausgibt, und über die Ingenieurstudiengangsuche der THINK ING, einer Initiative der Gesamtmetall, der Arbeitgeberverbände der Metall- und Elektro-Industrie e.V.

Eine Liste aller in Europa angebotenen Studiengänge findet sich unter xstudy.eu. Hier lässt sich nach Kriterien wie Fächer, Länder, Universitäten, UAS suchen.

Online-Studienführer Masterstudiengänge in den Biowissenschaften, www.master-bio.de

Studieninformationen für angehende Ingenieure, www.vdi.de, www.think-ing.de

Liste aller in Europa angebotener Studiengänge, xstudy.eu

Promotion oder MBA

DFG-Förderung: Graduiertenkollegs in Deutschland, www.dfg/foerderung/programme

Graduate Cluster Industrial Biotechnology (CLIB), www.graduatecluster.net

Ob Sie eine Promotion anstreben oder nicht, sollte in erster Linie davon abhängen, ob Sie wirklich Lust auf eine vertiefte wissenschaftliche Auseinandersetzung mit einem Thema haben und in diesem speziellen Bereich angetrieben sind von der Idee, neue Erkenntnisse zu gewinnen. Schließlich bedeutet die Promotion in einem natur- oder ingenieurwissenschaftlichen Fach drei bis fünf Jahre intensivste Arbeit, die man mit Freude und wirklicher Überzeugung angehen sollte. Angenommen, diese Leidenschaft ist tatsächlich vorhanden, dann ist immer noch zu überlegen, wo und wie die Promotion angegangen werden soll. Ziel sollte es sein, das eigene Wissensspektrum sinnvoll zu erweitern, daher ist es nicht immer richtig, dort zu bleiben, wo man schon seine Masterarbeit erstellt hat. Die Promotionsphase kann sinnvoll genutzt werden, um Zusatzqualifikationen zu erwerben, z.B. im Rahmen einer strukturierten Doktorandenausbildung, wie sie die nationalen und internationalen Graduiertenkollegs und Graduate Schools anbieten. Einen Überblick über alle derzeit existierenden Graduate-Programme im Bereich der Life Sciences erhält man bei der Deutschen Forschungsgemeinschaft (DFG).

Ein Vorteil dieser Graduate-Ausbildung besteht darin, dass die eigene Arbeit regelmäßig begutachtet wird und damit eine Fortschrittskontrolle stattfindet. Verhindert werden sollen „Endlospromotionen", die ausschließlich vom Votum eines Betreuers abhängig sind. Ein weiterer Vorteil ist, dass sich Promovierende in diesen Programmen gut vernetzen und ihre Erfahrungen austauschen. Der dritte Vorteil besteht darin, dass im Rahmen dieser Programme fachübergreifende Weiterbildungsthemen angeboten werden, wie Projektmanagement, Teamentwicklung und Führung, so dass über die rein fachliche auch die persönliche Weiterentwicklung gefördert wird. In Einzelfällen werden solche Programme in Kooperation mit Unternehmen gestaltet und bieten die Gelegenheit, eine Praktikumsphase zu integrieren, so z.B. das Graduate Cluster Industrielle Biotechnologie der Universitäten Bielefeld, Dortmund und Düsseldorf.

Eine andere Möglichkeit zum gezielten Kompetenzerwerb bietet das Studium im Ausland. Wenn Sie bisher noch keinen Schritt in diese Richtung getan haben, sollten Sie sich überlegen, ob Sie vielleicht im Ausland promovieren möchten. Eine entsprechende Stelle finden Sie am einfachsten, indem Sie sich entweder mit Wissenschaftlern, die Sie auf Konferenzen kennengelernt haben, in Verbindung setzen oder Ihre Professoren um Unterstützung bitten. Es kann auch durchaus erfolgreich sein, direkt bei den Wunschinstituten nach einer Promotionsmöglichkeit zu fragen und sich dann persönlich vorzustellen.

Eine weitere Möglichkeit, mit der Promotion zusätzliches Know-how zu erwerben, wird seit Kurzem vom Karlsruher Institut für Technologie (KIT) angeboten. „Science & Management" heißt ein neues Promotionsprogramm, das in die Promotionsphase ein MBA-Studium mit Abschluss integriert. Diese Kombination ist bislang einzigartig und soll junge Biowissenschaftler frühzeitig an Managementaufgaben heranführen – ein anspruchsvolles Vorhaben des KIT, das hoffentlich Nachahmer findet.

Auch wenn Sie mit der Promotion kein Weiterbildungsprogramm verbinden wollen, ist sie die beste Gelegenheit, die Uni zu wechseln, in eine andere Stadt zu ziehen und ein neues Thema anzugehen.

Was erwartet Sie während der Promotion? In der Regel bewerben Sie sich auf eine Promotionsstelle an einer Universität oder außeruniversitären Einrichtung und werden dort als wissenschaftlicher Mitarbeiter beschäftigt. Als teilzeitbeschäftigt gelten Sie laut Arbeitsvertrag in der Regel mit einer halben oder manchmal auch einer Zwei-Drittel-Stelle, was nicht darüber hinwegtäuschen sollte, dass die Promotion vollen Einsatz fordert und vor allem Phasen mit viel Laborarbeiten nicht in der regulären Arbeitszeit zu bewältigen sind.

In Deutschland sind etwa 60 Prozent der Doktoranden als Arbeitnehmer überwiegend mit einer halben oder Zwei-Drittel-Stelle beschäftigt, 20 Prozent erlangen ein Promotionsstipendium und weitere 20 Prozent finanzieren die Promotion aus sonstigen Mitteln. Stipendien werden von der Deutschen Forschungsgemeinschaft im Rahmen der Graduiertenkollegs, den außeruniversitären Forschungseinrichtungen (Helmholtz-Gemeinschaft, Max-Planck-Gesellschaft, Fraunhofer-Gesellschaft und Wissenschaftsgemeinschaft Gottfried Wilhelm Leibniz) und Stiftungen vergeben.

Daneben gibt es Begabtenförderwerke, die sich im Netzwerk der Arbeitsgemeinschaft der Begabtenförderwerke zusammengeschlossen haben und vom Bundesministerium für Bildung und Forschung unterstützt werden, und es gibt eine Reihe weiterer privater Stiftungen, die sich im Rahmen ihres Stiftungszwecks auch um Doktorandenförderung bemühen.

Auch Fachgesellschaften und die Deutsche Bundesstiftung Umwelt (DBU) fördern Doktoranden im Rahmen ihrer häufig projektbezogenen Aufgaben. Förderzwecke, -zielgruppen und Umfang der Stipendien sind sehr unterschiedlich und können von einer Reiseförderung zu internationalen Kongressen über die Vergabe wissenschaftlicher Preise bis hin zu einer vollständigen Unterstützung reichen. Auch ideelle Leistungen wie Netzwerke und Mentorenprogramme werden zur Unterstützung angeboten und ergänzen die finanzielle Förderung.

Stipendien können netto etwas höher ausfallen als das Gehalt für eine (halbe) Doktorandenstelle, sind dafür aber mit dem Nachteil verbunden, dass sie nicht sozialversicherungs-

Science & Management – Integration eines MBA in die Promotionsphase, Karlsruher Institut für Technologie (KIT), www.kit.de

Stiftungen, die Doktorandenstipendien vergeben: VolkwagenStiftung, Deutscher Akademischer Austauschdienst, Alexander von Humboldt-Stiftung

Begabtenförderwerke: Studienstiftung des deutschen Volkes, Stiftung der Deutschen Wirtschaft, Cusanuswerk, Evangelisches Studienwerk, Hans-Böckler-Stiftung, Konrad-Adenauer-Stiftung, Heinrich-Böll-Stiftung, Friedrich-Ebert-Stiftung, Hanns-Seidel-Stiftung, Friedrich-Naumann-Stiftung, Rosa-Luxemburg-Stiftung, Ernst Ludwig Ehrlich Studienwerk, www.stipendiumplus.de

BMBF-Bundesbericht zur Förderung des wissenschaftlichen Nachwuchses, www.bmbf.de/de/12213.php

Promotionen in Deutschland 2009:

Pharmazie	309
Biologie	2466
Chemie	1751
Agrarwissenschaften/ Lebensmitteltechnologie	303
Forstwissenschaft	71
Ernährungswissenschaft	81

Quelle: Statistisches Bundesamt

pflichtig sind, d.h. dass Stipendiaten für ihre Kranken- und Unfallversicherungen selbst aufkommen müssen und in dieser Zeit keine Rentenansprüche erwerben. Das ist als junger Mensch nicht weiter tragisch, es stehen noch genügend Berufsjahre in der Rentenversicherung bevor, aber man sollte es wissen. Für angestellte Doktoranden bedeutet die Beschäftigung an der Hochschule, dass sie bereits Einblick in Leistungsprozesse einer akademischen Bildungseinrichtung bekommen. Sie müssen Masterarbeiten betreuen, Laborpraktika anleiten, Konferenzen organisieren oder weitere Verpflichtungen übernehmen. Im Rahmen dieser Aufgabenfelder sammeln Doktoranden erste berufliche Erfahrungen in der Organisation, im Projektmanagement sowie in der Betreuung von Mitarbeitern und trainieren so ihre sozialen Kompetenzen im Umgang mit anderen.

Die Promotion selbst besteht in der Regel in der intensiven Forschungstätigkeit an einem Thema, die in einer Dissertation dargestellt wird. Alternativ besteht die Möglichkeit, sich aufgrund mehrerer Einzelpublikationen promovieren zu lassen. Man spricht von einer kumulierten Promotion. Genaue Informationen enthalten die jeweiligen Promotionsordnungen der Universitäten und die örtlichen Beratungsstellen. Mit der Situation von Doktoranden hat sich auch das Bundesministerium für Bildung und Forschung (BMBF) sehr intensiv beschäftigt.

Nicht unbedeutend ist die tatsächliche Dauer der Promotionsphase. Durch die zunehmende Verbreitung der strukturierten Doktorandenausbildung werden viele Anstrengungen unternommen, die Promotionszeiten zu verkürzen. Ziel der meisten Graduiertenkollegs in naturwissenschaftlichen Fächern ist, dass die Promotion in drei Jahren abgeschlossen werden kann, in den ingenieurwissenschaftlichen Fächern wird eher von vier Jahren ausgegangen. In der Praxis können die meisten Doktoranden in dieser Zeit ihre praktischen Arbeiten weitgehend abschließen, die schriftliche Fertigstellung erfolgt jedoch ganz oder teilweise erst im Anschluss, so dass man drei bis sechs Monate zu den vorgesehenen Zeiträumen dazurechnen sollte. Ob diese noch durch die Hochschule finanziert werden, hängt vom Einzelfall ab. Es gibt leider auch die Fallvariante, dass Doktoranden in dieser Zeit auf Erspartes zurückgreifen oder wieder von Eltern unterstützt werden. Noch gibt es keine zuverlässigen Daten über die Erfolgsquoten von Doktoranden, da Hochschulen und das Statistische Bundesamt nur die Anzahl der abgeschlossenen Promotionen erfassen, nicht aber die begonnenen. Qualifizierte Schätzungen gehen davon aus, dass bei Natur- und Ingenieurwissenschaftlern ca. 80 Prozent der Doktoranden ihre Promotion auch beendet, manchmal allerdings erst nach einem Wechsel des Themas. Diese hohe Erfolgsquote ist u.a. auf die Motivation der Doktoranden zurück-

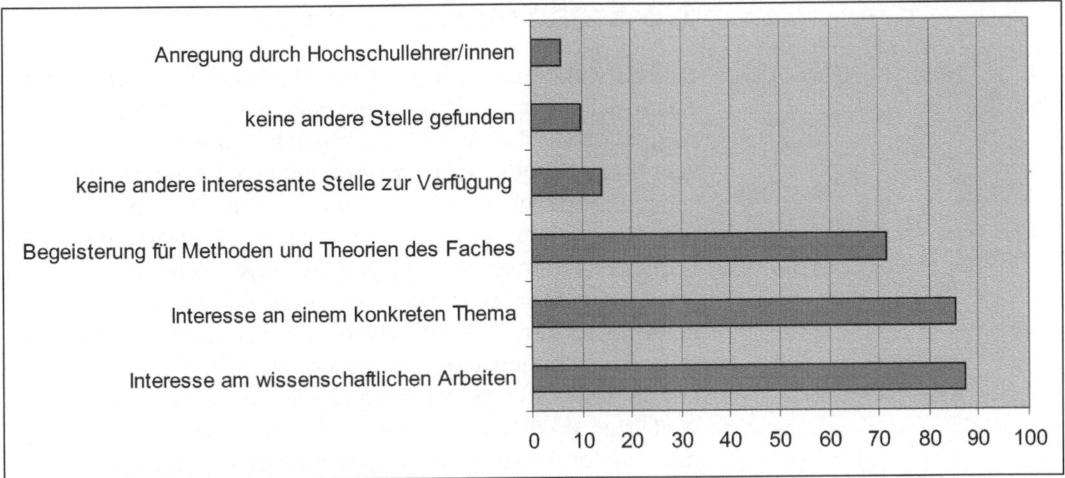

Abb. 1.1 Promotionsmotive über alle Fächer hinweg (Ergebnisse einer THESIS-Doktorandenbefragung 2004)

zuführen, die sich in erster Linie aus Interesse an wissenschaftlicher Arbeit oder an einem speziellen Thema für diesen Weg entschieden haben (Abb. 1.1).

Wenn Ihnen dieses wissenschaftliche Interesse fehlt, Sie dennoch den Wunsch nach Zusatzqualifikationen verspüren, bietet es sich an, noch einen nicht-konsekutiven Masterstudiengang anzuschließen, der ihr bisheriges Fach ergänzt, z.B. im Bereich Informatik, Recht oder Kommunikation. Oder Sie fassen einen Master in Business Administration ins Auge. Beides können Sie allerdings auch noch mit erster Berufspraxis angehen. Insbesondere die MBA-Studiengänge setzen häufig sogar Berufserfahrung von ca. zwei Jahren voraus, unabhängig davon, ob sie berufsbegleitend oder als Vollzeitstudium organisiert sind. Zudem ist gerade nach einer langen akademischen Ausbildung praktische Berufserfahrung in den Augen von Arbeitgebern wertvoller als eine weitere akademische Qualifikation. Gehen Sie also, bevor sie über weitere Abschlüsse nachdenken, erst einmal in die Praxis. Oder machen Sie eine Weiterbildung auf nicht-universitärem Niveau, die entsprechend kürzer und praxisnäher sein sollte, um ihre Startchancen zu verbessern. Jedenfalls ist eine kaufmännische Zusatzqualifikation neben einem natur- oder ingenieurwissenschaftlichen Studium eine Besonderheit, die für eine weitere Karriere bis in Spitzenfunktionen förderlich sein kann. Einen Garantieschein bedeutet sie allerdings nicht.

1.2 Ergänzende Qualifikationen

Persönlichkeitsentwicklung

Eines der Hauptargumente gegen die Verkürzung der gymnasialen Schulzeit auf acht Jahre und die Umstellung der Studiengänge ist, dass für die persönliche Entwicklung des Einzelnen wenig oder keine Zeit bleibt. Es wird befürchtet, dass sehr junge, fachlich gut ausgebildete Menschen in die Unternehmen kommen, diese aber im Umgang mit anderen, in ihrem Kommunikationsverhalten Defizite aufweisen, um die sich Unternehmen intensiv kümmern müssen. Das muss aber keineswegs so sein. Persönlichkeitsentwicklung findet immer da statt, wo sich Menschen für andere oder für ein Thema engagieren. Dazu gibt es während der Schulzeit und im Studium vielfältige Möglichkeiten. Bei jungen Nachwuchskräften ist immer wieder festzustellen, dass sie vielseitige Aktivitäten entfaltet haben, sich im Sportverein, im Orchester, in den Hochschulgremien oder in sonstigen Initiativen engagiert haben, dass sie aber nicht darüber reden und sich der mit diesen Tätigkeiten erworbenen Kompetenzen nicht bewusst sind. Wie Sie Ihr ehrenamtliches Engagement besser herausstellen können, wird in Teil 2 ausführlich gezeigt.

Daneben bieten Ausbildungseinrichtungen und Universitäten Trainings zu Themen wie Kommunikation, Präsentation, Teamentwicklung, Projektmanagement u.a.m., die die eigenen praktischen Erfahrungen ergänzen können. Dort gibt es sicher einiges Neues und manchmal einfach nur die Bestätigung, dass man etwas schon ganz gut macht.

Fachliche Fortbildung

Ergänzend zur Schul- und Berufsausbildung oder zu einem Studium sowie zur Vorbereitung des Wiedereinstiegs nach einer Familienphase oder einer sonstigen längeren Unterbrechung der Berufstätigkeit kann es sinnvoll sein, die fachlichen Kompetenzen durch spezielle Maßnahmen zu vertiefen. Dazu können bestimmte Labortechniken gehören oder Qualifikationen im Bereich „Gute Arbeitspraxis", worunter alle Richtlinien zu verstehen sind, die in der Pharmazie, Medizin, Lebensmittelherstellung und angrenzenden Bereichen Bedeutung haben, z.B. Good Manufacturing Practice (GMP) und Good Laboratory Practice (GLP). Reizvoll ist auch der Erwerb von Nachweisen zu sicherheitsrelevanten Themen wie z.B. Laborsicherheit, Arbeitsplatz- und IT-Sicherheit. Generell ist der Erwerb spezieller IT-Kompetenzen, die über den Umgang mit Standardsoftware hinausgehen, immer lohnenswert und kann die beruflichen Möglichkeiten erweitern.

Überfachliche Fortbildung

Wichtig für die überfachliche Fortbildung ist sicherlich das Erlangen oder Verbessern von Fremdsprachenkenntnissen. Englischkenntnisse werden eigentlich überall erwartet. Bei vielen reichen diese aber gerade dazu aus, englische Fachliteratur zu lesen und sich im Übrigen verständlich zu machen.

Sprachkompetenz auf einem höheren Niveau ist schon seltener, weshalb Firmen, die darauf angewiesen sind, Wert auf im Ausland erworbene Sprachkenntnisse legen. Dazu ist in der Regel ein mindestens dreimonatiger Aufenthalt nötig, besser sind sechs bis zwölf Monate. Dann spricht man wirklich fließend englisch. Andere Sprachkenntnisse werden ebenfalls vom Arbeitsmarkt sehr geschätzt. Dazu gehören Französisch, Spanisch, Russisch und zunehmend Türkisch sowie asiatische Sprachen wie Japanisch und Chinesisch. Aber auch Kenntnisse in weniger verbreiteten Sprachen sind eine gute Möglichkeit, berufliche Optionen zu mehren. Zudem führt Studieren oder Arbeiten im Ausland auch zum Erwerb der sogenannten interkulturellen Kompetenz, d.h. der Fähigkeit, sich in unterschiedlichen Kulturkreisen angemessen zu bewegen und mit kulturellen Unterschieden respektvoll umzugehen.

Weitere überfachliche Qualifikationen von großem Nutzen sind kaufmännische Kenntnisse, insbesondere Grundlagen des Controllings wie Kosten- und Investitionsrechnung, oder Kompetenzen im Bereich Marketing und Vertrieb, im Einkauf oder in der Personalführung. Ebenso nützlich können Kommunikationsfertigkeiten sein. Gut und verständlich zu schreiben und zu sprechen, ist in vielen beruflichen Situationen wichtig. Ob Sie in diesen Feldern an Maßnahmen teilnehmen und somit Nachweise über die theoretischen Kenntnisse erwerben oder ob Sie die Fertigkeiten besser durch praktisches Tun erlangen sollten, ist abhängig vom Thema. Kenntnisse im Rechnungswesen lassen sich eher durch eine Teilnahmebestätigung an einem entsprechenden Kurs nachweisen. Erfahrungen in der Öffentlichkeitsarbeit oder im Verfassen von Texten kann man auch durch Arbeitsproben belegen. Wenn sich Arbeitgeber auch sehr an schriftlichen Leistungsnachweisen orientieren, so vermag eine schlüssige Darstellung darüber, wie man etwas gelernt hat, durchaus zu überzeugen. So können Sie den Umgang mit einer speziellen Software bei einem Kollegen lernen und benötigen nicht immer ein Zertifikat darüber.

2 Berufsfelder in der Pharmaindustrie

2.1 Wirtschaftliche Rahmenbedingungen

Die pharmazeutische Industrie unterscheidet sich in vielerlei Hinsicht von anderen Industriezweigen. Dies hat Einfluss auf die wirtschaftlichen Rahmenbedingungen und die Gestaltung der Arbeitsplätze. So bewegt sich die Pharmaindustrie in einem strengen regulatorischen Umfeld, das die Zulassung und die Herstellung von Arzneimitteln detailliert vorgibt. Zudem ist sie durch eine hohe vertikale Fertigungstiefe geprägt. Gemeint ist damit die Besonderheit, dass möglichst alle Stufen der Wertschöpfungskette von der Forschung über die Produktion bis zu Verpackung und Logistik von der pharmazeutischen Industrie selbst generiert werden. Und schließlich wird die pharmazeutische Industrie sehr stark von gesundheitspolitischen Rahmenbedingungen und der finanziellen Ausstattung der sozialen Sicherungssysteme beeinflusst.

Vor diesem Hintergrund lassen sich drei Strömungen ausmachen, die innerhalb der pharmazeutischen Industrie große Veränderungsprozesse verursachen und die hier zunächst vorgestellt werden sollen, um ein besseres Verständnis für einzelne Tätigkeitsfelder und den wirtschaftlichen Kontext zu bekommen, in dem sich Arbeitnehmer in dieser Branche bewegen. Eine dieser großen Strömungen sind Unternehmenskäufe und Fusionen.

Die pharmazeutische Industrie ist von wenigen großen, internationalen Konzernen, die den Aufwand für die Erforschung und Entwicklung vieler verschiedener Arzneimittel betreiben können, und vielen mittleren und kleineren Unternehmen geprägt, die sich auf die Herstellung von Nischenprodukten, die Produktion von Generika oder von nicht verschreibungspflichtigen Arzneimitteln (auch OTC-Produkte für „over the counter") konzentrieren. Von Generika spricht man, wenn ein Hersteller ein Originalpräparat nachahmt, dessen Patentschutz abgelaufen ist, also den gleichen Wirkstoff produziert und unter einem anderen Namen vertreibt. Die großen Pharmakonzerne verfolgen aus Gründen der Kostenoptimierung für die Pharmaforschung und aus Wettbewerbsgründen schon seit über 20 Jahren die Strategie, durch Zukauf passender Unternehmen Synergien zu gewinnen. Dieser Trend setzt sich

Unternehmenskäufe und Fusionen – Trend Nummer 1 in der Pharmaindustrie unverändert fort und führt dazu, dass die Anzahl der Wettbewerber immer kleiner wird und der Marktanteil der einzelnen Konzerne steigt. An die bekanntesten Beispiele im deutschsprachigen Raum werden Sie sich vielleicht noch erinnern:

Fusionsbeispiele in Deutschland und der Schweiz

- 2010 wird der Generikahersteller Ratiopharm an das israelische Unternehmen Teva Pharmaceutical Industries verkauft, um die angeschlagene Merckle-Gruppe zu retten; Teva konzentriert daraufhin sein Europageschäft in Ulm und wird zum größten Generikaproduzenten in Europa; das Unternehmen beschäftigt weltweit über 40 000 Mitarbeiter.
- 2010 übernimmt die Merck KGaA in Darmstadt das amerikanische Life-Science-Unternehmen Millipore und beschäftigt seitdem über 40 000 Mitarbeiter weltweit.
- 2006 übernimmt die Bayer AG die Berliner Schering AG; das Unternehmen firmiert jetzt als Bayer Schering Pharma AG und beschäftigt über 38 000 Mitarbeiter.
- 2006 kauft die Darmstädter Merck KGaA das Schweizer Unternehmen Serono und firmiert seitdem im Pharmabereich unter Merck Serono.
- 2006 verkauft das Bad Homburger Unternehmen Altana seine Pharmasparte an das dänische Unternehmen Nycomed.
- 2006 verkauft die Gründerfamilie die Schwarz Pharma AG an das belgische Unternehmen UCB S.A.; mit ca. einer Milliarde Euro Umsatz war das deutsche Pharmaunternehmen zu klein, um auf Dauer eigene Medikamentenentwicklung zu betreiben.
- 2005 kauft der Schweizer Pharmakonzern Novartis den Generikahersteller Hexal und integriert Hexal in die eigene Generikatochter Sandoz; auf diese Weise entsteht der weltweit zweitgrößte Generikahersteller mit über 23 000 Mitarbeitern.
- 1998 gehen die Frankfurter Hoechst AG und das französische Unternehmen Rhône-Poulenc eine Ehe ein und werden zu Aventis; bereits 2004 fusioniert Aventis mit Sanofi-Synthélabo zu sanofi-aventis, einem der weltweit größten Pharmakonzerne mit über 100 000 Mitarbeitern.
- 1997 übernimmt die Schweizer Firma Roche (F. Hoffmann-La Roche AG) das Unternehmen Boehringer Mannheim GmbH und führt deren Diagnostiksparte mit der eigenen zur Roche Diagnostics GmbH zusammen.
- 1996 schließen sich Ciba-Geigy und Sandoz zu Novartis zusammen.

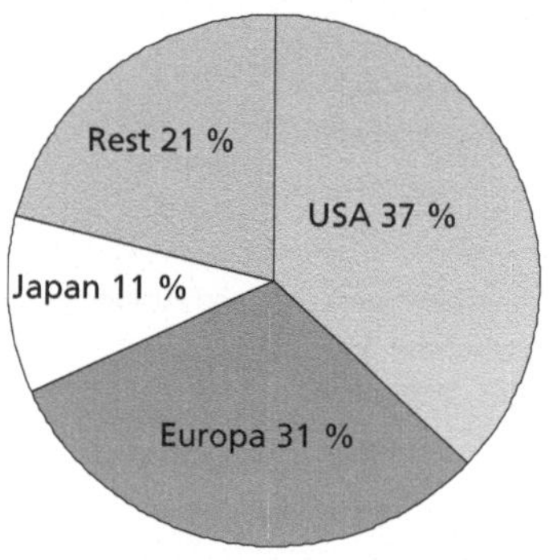

Arzneimittelmarkt:
Weltweit 808 Milliarden US-Dollar
Umsatz im Jahr 2009

Quelle: vfa Die forschenden Pharma-Unternehmen

Dieser Trend wird noch deutlicher, wenn man sich die Entwicklungsgeschichte der Pharmakonzerne Pfizer (USA), GlaxoSmithKline (GB), AstraZeneca (GB), Merck & Co (USA) und Eli Lilly (USA) ansieht. Pfizer ist nach der Fusion mit Wyeth das weltweit größte Pharmaunternehmen und erwirtschaftet mit über 100 000 Mitarbeitern weltweit einen Umsatz von über 70 Milliarden Dollar, und auch die anderen Unternehmen haben eine lange Geschichte von Zusammenschlüssen hinter sich, auf die bereits die zusammengesetzten Namen hinweisen. Die Folge dieser Fusionen ist, dass die großen Pharmaunternehmen weltweit vertreten sind und über eine Vielzahl von Entwicklungs- und Produktionsstandorten verfügen. Für Mitarbeiter bedeutet dies, dass sie eine internationale Arbeitskultur vorfinden, in der Sprachkenntnisse und Auslandseinsätze geschätzt werden. Wer gerne in international besetzten Teams arbeitet und Gelegenheiten sucht, vorübergehend oder dauerhaft ins Ausland zu gehen, findet bei den großen Konzernen der Branche sehr gute Bedingungen vor.

Eine weitere wichtige Entwicklung ist der Abschied von der Idee, alles selbst machen zu wollen. Make-or-Buy-Entscheidungen werden zunehmend im Sinne von „Buy" zugunsten externer Partner entschieden.

Während die pharmazeutische Industrie noch einen Anteil von 80 bis 90 Prozent an der gesamten Wertschöpfungskette selbst fertigt, liegt dieser Eigenanteil in der Automobilindustrie zum Teil nur noch bei 30 Prozent. Bis zu 70 Prozent werden von Zulieferern erstellt, die zum Teil vollständige Komponenten beisteuern, die sie auch nicht ganz eigenständig, sondern mit Hilfe weiterer Zulieferer fertigen. Auf diese Weise können Zulieferer sich hoch spezialisieren, beispielsweise auf Sitze, Armaturenbretter oder Airbags, während die Automobilhersteller ihr Know-how in der Entwicklung und Endfertigung ausbauen. In der Pharmaindustrie werden hingegen alle wesentlichen Elemente des Wertschöpfungsprozesses beginnend mit der Forschung und Entwicklung über die Fertigung bis zum Ende des Produktlebenszyklus mit Ablauf eines Patents in Eigenregie produziert. Zulieferer gibt es für die Beistellung von Hilfsstoffen und die Formulierung und Verpackung von Arzneimitteln. Im Übrigen sind der gesamte Pharmahandel und die damit verbundene Logistik in Händen von selbständigen Großhändlern und Apotheken. Daneben werden Dienstleistungsunternehmen zur Unterstützung bei klinischen Studien, im Vertrieb und im Marketing eingeschaltet.

Die wesentlichen Phasen der Wertschöpfungskette in der pharmazeutischen Industrie sind in Abb. 2.1 schematisch dargestellt.

Ansatzpunkte für Outsourcing sind in der Abbildung an den entsprechenden Stellen markiert. Outsourcing findet in unterschiedlicher Form statt. So werden nicht mehr alle Forschungsergebnisse selbst gewonnen, sondern von Biotechno-

Outsourcing – Trend Nummer 2 in der Pharmaindustrie

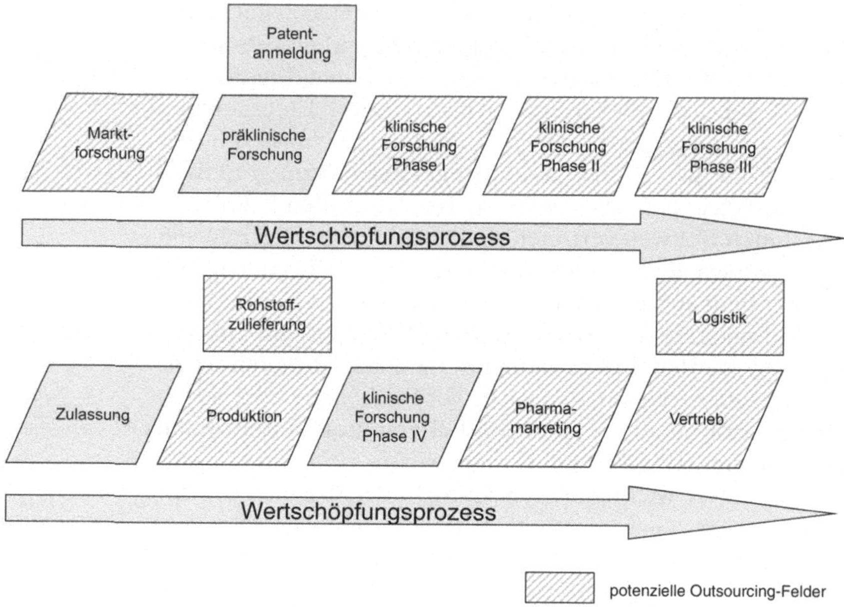

Abb. 2.1 Wertschöpfungskette in der Pharmaindustrie

logiefirmen „angekauft", wenn diese ein bestimmtes Niveau erreicht haben. Dies kann durch Erwerb von Lizenzen, Kauf des ganzen Unternehmens oder durch andere Kooperationsformen geschehen, die in Kapitel 3 näher erläutert werden. Auf diese Weise werden Aufwand und Risiko, die man mit eigenen Forschungsabteilungen hätte, reduziert.

Andere Outsourcing-Bereiche ergeben sich in der Fertigung durch Vergabe von Produktions- oder Verpackungsaufträgen an spezialisierte Hersteller, in Pharmamarketing und -vertrieb, in der Logistik sowie in der klinischen Forschung. Von der Organisation und Durchführung klinischer Studien über die Herstellung von Medikamenten für den Studieneinsatz bis zur Beantragung der Zulassung können alle Teilschritte von Spezialisten durchgeführt werden. In diesen Bereichen gibt es bereits erfolgreiche Partnerschaften zwischen pharmazeutischen Unternehmen und Dienstleistungsunternehmen, Zulieferern oder freiberuflich tätigen Beratern. Für weitere Teilschritte werden sie diskutiert und möglicherweise in einigen Jahren selbstverständlich sein. Die Gründe für eine solche Entwicklung liegen in einem zunehmenden Kostendruck, der seitens der öffentlichen Sozialversicherungsträger auf die Hersteller von Arzneimitteln ausgeübt wird. Die Kosten des Gesundheitswesens steigen seit Jahren und machen einen immer größeren Anteil am Bruttoinlandsprodukt aus. In der Schweiz beträgt der Anteil 10,7 Prozent, in Deutschland und Österreich 10,5 Prozent (zum Vergleich OECD-Durchschnitt 9 Prozent, USA 16 Prozent; Stand 2009). Die Belastungen für den Einzelnen und für die öffentlichen Kassen werden immer größer, so dass der hohe Aufwand für die medizinische Versorgung legitimiert werden muss. Dazu gehören allerdings nicht nur die Aufwendungen für pharmazeutische Produkte, da die größten Ausgaben im Gesundheitswesen durch stationäre Aufenthalte und Behandlungen durch niedergelassene Ärzte verursacht werden. Der Anteil der Ausgaben, der auf Arzneimittel entfällt, liegt in Deutschland unter 20 Prozent, ähnliche Werte gelten auch für Österreich und die Schweiz. Dennoch hat die pharmazeutische Industrie sich immer wieder zu rechtfertigen: Sind ihre Gewinne in der Höhe, in der sie heute erzielt werden, vertretbar? Sind die Ausgaben für Pharmamarketing angemessen? Und schließlich wird der Wunsch nach einer Obergrenze für jährliche Behandlungskosten laut, wenn nicht eindeutig geklärt ist, ob eine Therapie zu einer signifikanten Verbesserung der Lebenserwartung oder der Lebensqualität der Patienten führt. Die Pharmaindustrie steht folglich unter einem Kosteneinsparungsdruck, den sie in dieser Form bisher nicht kannte. Die Folge sind Rationalisierungsanstrengungen und Effizienzverbesserungen, die auch den Personalbestand betreffen. So gibt es in der pharmazeutischen Industrie erstmalig Personalabbauprogramme, die früher völlig unbekannt waren. Allein im Jahr 2010 gab es Ankündigungen von Bayer und Roche, insgesamt mehr als 9 000 Arbeitsplätze abzubauen, und Novartis hat sich in den USA von 1 400 Außendienstmitarbeitern getrennt. Aber auch kleinere Firmen wie die Stada Arzneimittel AG, ein Generikaproduzent, und Nycomed, ein dänisches pharmazeutisches Unternehmen mit eigener Forschung und Produktion mit mehreren Standorten im deutschsprachigen Raum, kündigten Personalabbau an oder haben ihn bereits durchgeführt. Wenn die großen Abbauzahlen auch überwiegend Standorte außerhalb des deutschen Sprachraums betreffen, so machen sie doch deutlich, dass Veränderungen anstehen.

Das Ende des Patentschutzes für ein Arzneimittel führt zu einem rasanten Umsatzeinbruch und manchmal sogar zu einer finanziell schwierigen Situation für die betreffende Pharmafirma. Man kann davon ausgehen, dass schon am Tag nach dem Auslaufen eines Patents ein Generikahersteller ein vergleichbares Medikament anbietet und der Umsatz für das Originalpräparat im Extremfall innerhalb weniger Wochen auf 20 Prozent und weniger absinkt.

Beobachter werfen deshalb den großen pharmazeutischen Herstellern vor, dass sie sich zu lange auf die Entwicklung von

Entwicklung der Ausgaben für Gesundheit
Steigerung 1992 – 2008 in Prozent

Ärztliche Leistungen	59,6 %
Arzneimittel	70,1 %
Verwaltung	72,9 %
Prävention/Gesundheitsschutz	75,6%
Pflege/Therapie	90 %
Sonstiger medizinischer Bedarf	90 %

Quelle: vfa Die forschenden Pharma-Unternehmen

Druck auf Forschung und Entwicklung – Trend Nummer 3 in der Pharmaindustrie

Blockbustern konzentriert haben. Blockbuster sind nach gängiger Definition Arzneimittel, mit denen weltweit ein Jahresumsatz von einer Milliarde US-Dollar und mehr erzielt wird. Davon gibt es derzeit über hundert. Läuft der Patentschutz aus und lässt er sich auch nicht durch eine andere Darreichungsform oder sonstige Produktverbesserung verlängern, so verliert der Hersteller einen großen Teil seiner bisherigen Umsätze und Gewinne. Dies führt zu einem großen Druck auf die Forschungsabteilungen der betroffenen Konzerne, rechtzeitig neue Wirkstoffe zu entdecken. Gleichzeitig wird dies immer schwieriger. Die Zulassung neuer chemischer Wirkstoffe geht bereits seit Beginn der 90er Jahre zurück und kann nicht vollständig durch die Zulassung biologischer Wirkstoffe kompensiert werden. Die Gründe dafür liegen zum einen darin, dass die Entwicklung biologischer Stoffe ungleich schwieriger ist. Zum anderen verlangen die Zulassungsstellen vermehrt, dass ein neues Medikament nicht nur wirksam ist, sondern auch eine Verbesserung gegenüber den bereits vorhandenen Medikamenten darstellt. Diesen Nachweis zu erbringen, ist sehr aufwendig. Dies hat dazu geführt, dass pharmazeutische Konzerne Lizenzen an Entwicklungen anderer Unternehmen, insbesondere aus der Biotechnologie, erwerben. Abhängig vom Einzelfall steigen sie früher oder später in das Projekt ein und finanzieren es ganz oder teilweise in der Erwartung, im Fall der Zulassung daran zu verdienen. Dass dies gelingt, zeigen die Umsätze, die große Pharmafirmen schon heute mit einlizenzierten Produkten erzielen. Spitzenreiter ist das Unternehmen Bristol-MyersSquibb, das 2007 92 Prozent der Umsätze mit fremden Entwicklungen machte. In Europa verfolgen sanofi-aventis und Roche diese Strategie sehr erfolgreich.

Diese globalen Trends in der pharmazeutischen Industrie stimmen vielleicht im Hinblick auf berufliche Perspektiven erst einmal nachdenklich. Andererseits zeigt gerade die jüngste Vergangenheit, dass dieser Industriezweig kaum von konjunkturellen Faktoren beeinflusst wird. So hat die deutsche pharmazeutische Industrie im Krisenjahr 2009 einen Rückgang von nicht einmal 3 Prozent verzeichnen müssen. Mit einer Exportquote von über 60 Prozent und 37 neu eingeführten Medikamenten hat sie sich als krisenfest gezeigt. Mehr Zulassungen gab es nur 1997. Für die Zukunft werden weitere positive Effekte aufgrund der demographischen Entwicklung in den wichtigsten Industrieländern erwartet. Ältere Menschen nehmen deutlich mehr Medikamente ein als jüngere; den höchsten Verbrauch hat die Altersgruppe der 80- bis 90-Jährigen. Gleichzeitig steigt die Nachfrage nach Medikamenten in aufstrebenden Ländern wie China, Brasilien, Russland und Indien und erhöht die Exportquote. Und schließlich wird aufgrund der Veränderungen im Gesundheitssystem der USA für

den dortigen Markt – den mit Abstand größten der Welt – für 2011 ein Wachstum von bis zu 7 Prozent prognostiziert. Diese Faktoren sorgen für eine insgesamt positive Stimmung in der Branche und eröffnen Chancen für vorhandene und neue Mitarbeiter. Angesichts der die Schlagzeilen dominierenden Branchenriesen übersehen Interessierte leicht die mittelständischen Pharmaunternehmen, die auf bestimmte Indikationen spezialisiert sind oder bestimmte Arten von Arzneimitteln wie Phytopharmaka herstellen. Gerade unter diesen Mittelständlern finden sich hochprofessionelle Unternehmen, die wirtschaftlich sehr erfolgreich sind wie z.B. Bionorica, der deutsche Marktführer für apothekenpflichtige pflanzliche Arzneimittel, ein Unternehmen mit knapp 500 Mitarbeitern in Deutschland und weiteren 500 im Ausland.

2.2 Präklinische Forschung und Business Development

Um zu wissen, ob die pharmazeutische Industrie für Sie ein geeigneter Arbeitgeber ist, hilft ein Blick auf die Arbeitsweise von Pharmaunternehmen. Diese wird maßgeblich davon bestimmt, wie Arzneimittel erforscht und entwickelt werden. Die Prozesskette der Pharmaindustrie sieht dabei auf den ersten Blick nicht viel anders aus als die der Großunternehmen anderer Branchen. Sie hat aber einige Besonderheiten, die die Arbeit sehr maßgeblich beeinflussen. Am Anfang steht die Suche nach neuen Wirkstoffen. Viele Pharmaunternehmen fokussieren ihre Forschungsanstrengungen auf bestimmte Anwendungsgebiete und sind auf einem Feld oder mehreren speziellen Feldern auf der Suche nach neuen Wirkmechanismen, neuen Stoffen oder neuen Therapieformen. Diese Phase wird im Allgemeinen Drug Discovery genannt.

Die Suche wird heute vielfach unterstützt, indem mit Hilfe von Robotern große Molekülbibliotheken nach bestimmten pharmakologisch relevanten Interaktionen durchsucht werden. Dieses Verfahren ermöglicht es, in kurzer Zeit die gewünschten Substanzen aufgrund zuvor festgelegter Tests mit hoher Genauigkeit automatisch zu identifizieren. Es nennt sich Hochdurchsatz-Screening oder High-Throughput-Screening und wird sowohl in der pharmazeutischen Industrie als auch in der akademischen Forschung eingesetzt. Auf diese Weise wird die Anzahl der in Frage kommenden Leitstrukturen eingegrenzt. Die Bestimmung der Parameter eines solchen Verfahrens und die weitere Selektion sind die erfolgsrelevanten Schritte in dieser Phase der Arzneimittelentwicklung. Erst wenn weitere Tests die gefundenen Substanzen soweit einge-

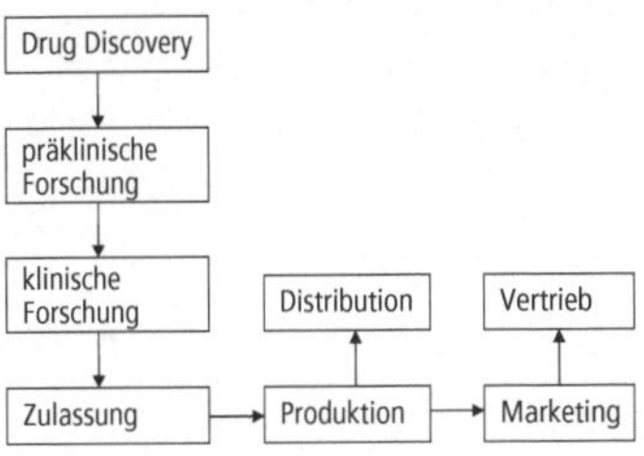

Prozesskette in der Pharmaindustrie

grenzt haben, dass nicht nur die Wirkungsweise der gewünschten entspricht, sondern auch unerwünschte Nebenwirkungen zu diesem Zeitpunkt ausgeschlossenen werden können, beginnt die präklinische Forschung, in der die gefundenen Substanzen im Tierversuch getestet werden.

Die Anforderungen an Menschen, die in der präklinischen Forschung oder in der Wirkstoffidentifizierung arbeiten, sind sehr hoch. Wissenschaftliche Mitarbeiter in diesem Bereich haben ein Studium in Pharmazie, Biologie, Medizin oder in einem vergleichbaren Fach abgeschlossen, sind im Regelfall promoviert und beherrschen die englische Sprache so gut, dass sie sowohl über ihre Arbeitsergebnisse schriftlich und mündlich sicher kommunizieren können als auch allgemeine Konversation beherrschen. Sie verfügen über fundiertes wissenschaftliches Know-how und haben häufig ein Spezialgebiet, in dem sie schon lange tätig sind. Nicht selten haben sie über die Promotion hinaus weitere Erfahrungen in der akademischen Forschung gesammelt, bevorzugt in Kooperationsprojekten mit der Industrie. Dennoch ist die Arbeit in der Forschung eines Pharmaunternehmens nicht eine bloße Fortsetzung bisherigen akademischen Arbeitens. Ein Unterschied liegt darin, dass Forschungsprojekte in der Industrie budgetiert werden. Innerhalb eines genau vorgegebenen finanziellen und zeitlichen Rahmens muss ein bestimmtes Ergebnis erzielt werden. Gelingt dies nicht, wird ein Projekt auch abgebrochen, wenn mit einem Erfolg in absehbarer Zeit nicht zu rechnen ist. Damit landet monatelange Arbeit bildlich gesprochen im Müll, was die daran beteiligten Wissenschaftler möglichst schnell verarbeiten müssen, um sich einem neuen Thema zuzuwenden. Ein weiterer Unterschied besteht in einer anderen Form der Zusammenarbeit. In der Industrie wird in einem Team geforscht, dessen Mitglieder miteinander arbeiten müssen und gemeinsam ein Ziel verfolgen. Dies bedeutet ständigen fachlichen Austausch und gegenseitige Unterstützung, damit am Ende das Gesamtziel erreicht wird. In der akademischen Forschung wird zwar ein fachlicher Austausch in vielfacher Weise gefördert, beurteilt werden aber am Ende Einzelleistungen, so dass sich Teamarbeit häufig darin erschöpft, wie man im Labor begrenzte Ressourcen verteilt. Neben der hohen fachlichen Kompetenz sollten wissenschaftliche Mitarbeiter in der präklinischen Forschung daher gute Teamplayer sein und die Zusammenarbeit mit anderen schätzen. Weiterhin wichtig ist eine hohe fachliche Neugier, aktuelle Entwicklungen weltweit zu verfolgen, Ideenreichtum, Kreativität und Frustrationstoleranz, wenn ein eingeschlagener Weg sich als nicht erfolgreich herausstellen sollte. Weniger als 10 Prozent der Arzneistoffkandidaten gelangen in die klinische Entwicklung. Daraus lässt sich erkennen, dass die Selektion der Testkandidaten sehr sorg-

Wissenschaftlicher Mitarbeiter in der präklinischen Forschung

FuE Ausgaben in Europa, Japan und USA
87,1 Milliarden US-Dollar im Jahr 2008

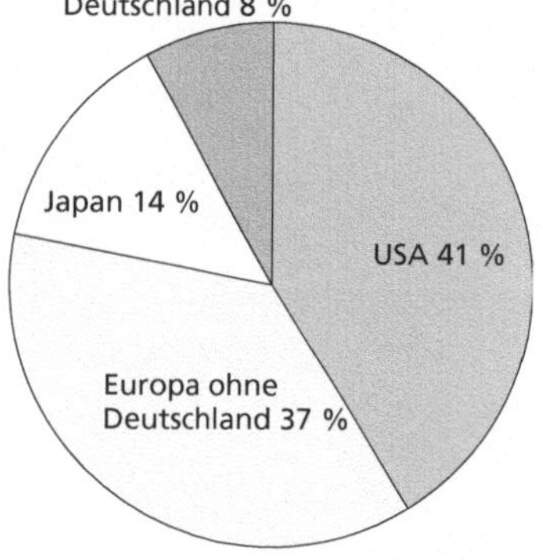

Quelle: vfa Die forschenden Pharma-Unternehmen

fältig vorgenommen wird. Für die beteiligten Wissenschaftler und Projektmanager bedeutet dies, dass sie bereits zu diesem frühen Zeitpunkt an vielen Diskussionen teilnehmen, in denen nicht nur erwünschte und unerwünschte Wirkungsweisen der Stoffe thematisiert werden, sondern auch das Marktpotenzial eines künftigen Medikaments, die Herstellungskosten, die Darreichungsform und die Positionierung im Vergleich zu Konkurrenzprodukten.

Außerdem ist die Wirkstoffidentifizierung ein Feld für Menschen mit ausgeprägtem IT-Know-how. Sowohl Statistik als

Exkurs: Tierversuche

Tierversuche sind aus der Arzneimittelerforschung derzeit noch nicht zu eliminieren. Sie unterliegen strengen gesetzlichen Auflagen und müssen in den meisten Fällen ausdrücklich genehmigt werden. In wenigen Fällen genügt das Anzeigen der entsprechenden Versuche. Über die Versuche und die Anzahl der verwendeten Tiere wird eine Tierversuchsstatistik vom Bundesministerium für Ernährung, Landwirtschaft und Verbraucherschutz (BMELV) geführt. Daraus lässt sich erkennen, welche Tiere verwendet werden und woher sie kommen. Fast alle Tiere werden speziell für die Testzwecke gezüchtet. In Deutschland finden sich die entsprechenden Bestimmungen im Tierschutzgesetz, in Österreich im Tierversuchsgesetz und in der Schweiz im Tierschutzgesetz. Auch in Österreich wird jährlich eine Tierversuchsstatistik veröffentlicht, aus der Tierart und Versuchszweck ersichtlich sind. In der Schweiz veröffentlicht das Bundesamt für Veterinärwesen Daten über Tierarten und Verwender. Bei den Versuchstieren handelt es sich überwiegend um Mäuse und andere Nagetiere, in der Grundlagenforschung werden auch Zebrafische, Insekten und wirbellose Tiere eingesetzt. In deutlich geringerem Umfang gibt es Experimente mit Kaninchen, Schweinen, Affen und Vögeln. In Deutschland dienen 86 Prozent der Tierversuche in der Pharmaindustrie gesetzlich vorgeschriebenen Zwecken, d.h., Wirksamkeit, Unbedenklichkeit und Qualität von Arzneimitteln werden an Tieren getestet. Die übrigen Tierversuche dienen zur Gewinnung neuer Wirkstoffe. Besonders umstritten sind Tierversuche, die weder der Grundlagenforschung noch der Herstellung von Arzneimitteln dienen. Darunter fallen u.a. Tierversuche für die Kosmetikindustrie, die inzwischen aber nur noch sehr eingeschränkt zulässig sind, und Tierversuche im Bereich der Umwelttechnologien. Insbesondere in der Gewässerüberwachung werden vielfach Fische eingesetzt.

Angesichts von über 2,5 Millionen Tieren in Deutschland, über 700 000 in der Schweiz und 220 000 in Österreich, die 2008 für Versuche verwandt wurden, bemühen sich unterschiedliche Stellen um eine Reduzierung von Tierversuchen. So ist es Aufgabe der Zentralstelle zur Erfassung und Bewertung von Ersatz- und Ergänzungsmethoden zum Tierversuch (ZEBET), Alternativen zu Tierversuchen zu dokumentieren, zu bewerten und ihre Anerkennung national und international zu empfehlen und durchzusetzen. Die Einrichtung gehört zum Bundesamt für Risikobewertung. Die Deutsche Forschungsgemeinschaft vergibt 2011 zum vierten Mal einen Preis für erfolgreiche Ersatzmethoden zu Tierversuchen, der mit 50 000 Euro dotiert ist. Kleinere Preise werden auch vom BMELV und anderen Stellen verliehen. In der Schweiz hat sich die Stiftung Forschung der drei „r" des Themas angenommen. Sie stehen für „replace, reduce, refine". Gemeint ist damit der Ersatz von Tierversuchen, wo immer dies möglich ist, die Reduzierung der Anzahl der Versuche und der verwendeten Tiere auf das notwendige Minimum und die Optimierung der angewandten Methoden, so dass unumgängliche Tierversuche mit geringerer Belastung für die Tiere durchgeführt werden können. Die Stiftung fördert Projekte, die diese Anliegen verfolgen, und setzt sich für eine bessere Ausbildung aller mit Versuchstieren beschäftigten Personen ein.

auch Informatik werden hier immer bedeutsamer. In internationalen Unternehmen sind gute Fremdsprachenkenntnisse und interkulturelle Kompetenzen wichtig.

Da Wirkstoffkandidaten nicht nur in Zellkulturen getestet werden, sondern auch an Tieren untersucht werden müssen, sind Erfahrungen in der Arbeit mit Versuchstieren hilfreich. Dies gilt auch für Labormitarbeiter und technische Angestellte. Ihnen bieten sich hier anspruchsvolle Aufgaben.

Projektmanager Präklinik

Während der präklinischen Phase wird ein Forschungsprojekt bereits von einem Projektmanager mit allen beteiligten Stellen koordiniert. Der Projektmanager verfügt über einen wissenschaftlichen Hintergrund und kann die Forschungsergebnisse fachlich einschätzen. Gleichzeitig wird von ihm erwartet, dass er Budgetverantwortung übernimmt und die Einhaltung von Zeitplänen sicherstellt. Dies bedeutet auch, dass er bei nicht ausreichendem Potenzial eines Wirkstoffkandidaten die weitere Forschung abbrechen lässt. Dies kann sehr schwerfallen, wenn in ein Projekt bereits viel Arbeit gesteckt wurde und man erkennen muss, dass es nicht weitergeht. Der Projektmanager muss eine solche Entscheidung den Vorgesetzten plausibel machen sowie gleichzeitig das ganze Team überzeugen und möglichst umgehend für ein neues Projekt motivieren. Projektmanager haben häufig bereits als wissenschaftliche Mitarbeiter in der Forschung gearbeitet und haben Projektmanagementkompetenzen erworben. Ihr Fachwissen haben sie um das Wissen über Zulassungsverfahren und Anforderungen an die Dokumentationspflichten ergänzt. Häufig besitzen sie Know-how im Bereich Patentschutz und im Pharmamarketing.

Aufgrund dieser Vielseitigkeit sind sie gut gerüstet, unternehmensintern mit allen beteiligten Stellen gut zusammenzuarbeiten und ihr Projekt zu koordinieren. Sie sind kommunikativ, arbeiten strukturiert und sind in der Lage, sowohl Details zu beachten als auch den Überblick zu behalten.

Manager Business Development

Da Pharmafirmen nicht mehr nur von ihren eigenen Entwicklungen leben, sondern Projekte einlizenzieren oder kaufen, beschäftigen sie Mitarbeiter, die sich damit befassen. Üblicherweise wird ihre Tätigkeit als „Business Development" bezeichnet. Die korrekte Berufsbezeichnung lautet dann häufig „Manager Business Development" oder ähnlich. Business Developer suchen nach interessanten Forschungsergebnissen in akademischen Instituten und anderen Unternehmen, und dies überwiegend weltweit. Kernpunkt der Aufgaben ist es, Forschungsprojekte sehr gründlich zu beleuchten und anschließend zu beurteilen, ob sich das Projekt für das eigene Unternehmen lohnen könnte oder nicht. Dabei geht es einerseits um eine wissenschaftliche Prüfung der Stoffe oder Verfahren und andererseits um eine kommerzielle Begutachtung des Projekts im Hinblick auf Patentierbarkeit oder bereits bestehenden Patentschutz, Kosten und Absatzchancen. Deshalb ist sowohl pharmakologisches Wissen notwendig als auch ökonomisches. Im zulassungspflichtigen Bereich ist auch das Wissen um Zulassungsbedingungen und -verfahren notwendig. In der Regel finden sich in diesen Positionen Naturwissenschaftler, die sich die speziellen pharmakologischen Fakten aneignen und sich in die betriebswirtschaftlichen Methoden einarbeiten. Seltener arbeiten hier Ökonomen. Die Fähigkeit, mit Forschern auf Augenhöhe zu kommunizieren, ist sehr wichtig, da die fachliche Einschätzung zu einem großen Teil auf Gesprächen mit den wissenschaftlichen Mitarbeitern im Labor und deren Unterlagen basiert. 

Der Bereich „Business Development" ist als Abteilung oder Stab in der Regel direkt beim Vorstand eines Unternehmens angesiedelt, was es auch notwendig macht, gut mit Chefs kommunizieren zu können. Dazu sollte man schnell Überblickswissen vermitteln, eine Vielzahl von Fakten auf das Wesentliche reduzieren und eine klare Linie vertreten können, auch wenn es Widerspruch gibt. Schließlich will der Vorstand richtig und nicht opportunistisch beraten werden.

Gute kommunikative Fähigkeiten, hohe Reisebereitschaft, Auslandserfahrung und Lust auf ständig Neues sind also gute Voraussetzungen für dieses Tätigkeitsfeld.

Ein Direkteinstieg nach dem Studium oder der Promotion ist eher ungewöhnlich. Häufig haben Business Developer vorher als wissenschaftliche Mitarbeiter gearbeitet, waren im Bereich Lizenzen und Patente tätig oder haben Erfahrungen in der Zulassungsabteilung oder im Marketing gesammelt und sich auch in ihrer Persönlichkeit passend zu dieser anspruchsvollen Aufgabe entwickelt.

2.3 Klinische Forschung und Zulassung

Hat ein Arzneimittelkandidat die präklinischen Untersuchungen erfolgreich bestanden, gelangt er in die klinische Entwicklung. Die klinische Prüfung von Arzneimitteln läuft in mindestens vier Phasen ab.

Der Start, die erste klinische Studienphase (Phase I), erfolgt mit 10 bis 50 gesunden Probanden. Wenn aus den Tierversuchen hinreichend gesichert ist, dass ein Wirkstoff verträglich ist, kann dieser an Menschen getestet werden. Dabei geht es nicht um die Erforschung der therapeutischen Wirksamkeit, sondern um eine Verträglichkeitsprüfung und um die Ermittlung einer Dosierungsbandbreite. Die Prüfung findet im Regelfall an gesunden Erwachsenen statt, die in der Lage sind, über ihre Teilnahme frei zu entscheiden, und dafür bezahlt

Arzneimittelstudien in Deutschland
im Jahr 2009

387	388	402	90
Phase I	II	III	IV

Quelle: vfa Die forschenden Pharma-
Unternehmen

werden. Der Schutz der Probanden steht im Vordergrund. So wird den Teilnehmern u.a. zugesichert, dass sie jederzeit aus begonnen Versuchen aussteigen können. Welche Parameter in der Phase I an den Probanden untersucht werden, hängt vom konkreten Studiendesign ab. Dazu gehören aber auf jeden Fall regelmäßige Untersuchungen von Blut und Urin zur Ermittlung der Aufnahme und der Verteilung des Wirkstoffs im Organismus, der chemischen Um- und Abbauprozesse sowie der Ausscheidung (Pharmakokinetik). Ebenso wichtig sind die Untersuchung von Herzfrequenz, Blutdruck und Körpergewicht sowie weitere Messungen, um die physiologischen Funktionen des Wirkstoffs kennenzulernen (Pharmakodynamik). Zusätzlich werden ausführliche Befragungen der Probanden durchgeführt. Phase I dauert rund ein bis zwei Jahre, die Verabreichung der Wirkstoffe und die Untersuchungen der Probanden erfolgt durch Ärzte. Die Pharmaunternehmen als Auftraggeber und Sponsoren der Studien setzen wissenschaftlich ausgebildete Fachkräfte zur Beaufsichtigung ein, die die exakte Einhaltung des Studiendesigns sicherstellen und alle relevanten Daten aufzeichnen und auswerten.

In der zweiten klinischen Studienphase (Phase II) werden die Arzneimittelkandidaten auf ihre therapeutische Wirksamkeit getestet. Einer Stichprobe von 50 bis einigen hundert Patienten wird bei bestehender Indikation der Wirkstoff verabreicht. Prüfungsgegenstand ist, den wirksamen Dosisbereich zu ermitteln und die Unbedenklichkeit der Anwendung nachzuweisen. Dabei geht es darum, Nebenwirkungen wie Alkoholtoleranz und Konzentrationsbeeinflussung sowie ihre Korrelation mit der verabreichten Dosis zu erkennen, um Empfehlungen für die klinische Anwendungen zu generieren. Außerdem wird in dieser Phase die endgültige Darreichungsform festgelegt. Die Auswahl der teilnehmenden Patienten ist für den Erfolg der klinischen Prüfung in Phase II sehr bedeutsam. Aus diesem Grund werden Ein- und Ausschlusskriterien sehr exakt bestimmt. Die Daten sollen möglichst repräsentativ sein und gleichzeitig klare wissenschaftliche Ergebnisse erzeugen. Phase II kann etwa zwei Jahren dauern.

In der dritten klinischen Studienphase (Phase III) sollen an einer größeren Patientengruppe über einen längeren Zeitraum hinweg so viele aussagefähige Daten über die Wirkungsweise eines Stoffes gewonnen werden, dass am Ende der Studie die Zulassung des Arzneimittels erfolgen kann. Daher nehmen an Studien der Phase III im Regelfall mehrere hundert bis zu über tausend Patienten teil, häufig weltweit verteilt auf mehrere Studienzentren. Es geht darum, unter realen klinischen oder therapeutischen Bedingungen die Langzeitwirksamkeit sowie unerwünschte Wirkungen des Arzneimittelkandidaten zu erfassen. Dazu gehören Wirkungszusammenhänge mit anderen Arzneimitteln und mit äußeren Faktoren wie der Lebensweise und Ernährung. Am Ende von Phase III soll eindeutig geklärt sein, dass und wie der Arzneimittelkandidat wirkt, in welchen Dosen er zu verabreichen ist, in welchem Umfang er unerwünschte Wirkungen erzielt und wie sich seine Wirksamkeit im Vergleich zu anderen Standardtherapieformen darstellt. Die dazu gesammelten Daten werden den zuständigen Behörden zur Entscheidung über den Zulassungsantrag vorgelegt. Studien der Phase III dauern in der Regel mindestens zwei Jahre und bei chronischen Erkrankungen als Indikationsgebiet häufig vier Jahre und länger.

Anders als hier schematisch dargestellt, laufen in der Praxis die Phasen I bis III nicht unbedingt nacheinander ab, sondern überlappen sich.

In der vierten klinischen Studienphase (Phase IV) wird die weitere Anwendung des bereits zugelassenen Arzneimittels begleitet, um die Langzeitverträglichkeit zu beurteilen sowie seltene Nebenwirkungen zu beobachten. Dabei wird auch die Relation des therapeutischen Nutzens im Vergleich zu den verursachten Kosten begutachtet.

Die großen pharmazeutischen Unternehmen verfügen über eine eigene Abteilung für die klinische Prüfung der von ihnen entwickelten Arzneimittelkandidaten. Neben eigenen Mitarbeitern werden häufig auch noch externe Unternehmen beteiligt, sogenannte Contract Research Organisations (CRO). Je kleiner ein Pharmaunternehmen ist, desto größer ist der Anteil der externen Dienstleistungen an klinischen Studien. Biotechnologieunternehmen vergeben diese Arbeiten oft komplett an die Spezialisten. Die verschiedenen Berufsbilder rund um klinische Studien werden aus diesem Grund in Abschnitt 7.2 näher vorgestellt.

Die wichtigste Rolle bei der Arzneimittelentwicklung spielt jedoch stets der Projektmanager. Diese Funktion ist immer beim Auftraggeber einer klinischen Studie angesiedelt. Wer Projektmanager oder Projektleiter in der klinischen Forschung werden will, benötigt neben sehr gutem Fachwissen die Kompetenz, Menschen anzuleiten, Projekte zu steuern und mit allen an der weiteren Entwicklung des Arzneimittels beteiligten Kollegen u.a. aus der Qualitätsmanagement-, Marketing- und Zulassungsabteilung zu kommunizieren. Projektmanager betreuen ihr Projekt oder ihre Projekte selbständig und organisieren die Zusammenarbeit mit externen Partnern, z.B. Universitäten, Ärzten und Dienstleistungsunternehmen, die die weiteren Schritte durchführen. Ob sie das Projekt in Phase I oder erst in Phase II übernehmen, ist unterschiedlich organisiert. Manchmal wird die Phase I der präklinischen Forschung zugeordnet. In jedem Fall sind die Projektmanager für das eingesetzte Budget und die Einhaltung von Zeitplänen während

Projektmanager/Projektleiter in der Arzneimittelentwicklung

der wichtigen klinischen Phasen verantwortlich. Sie steuern das gesamte Studienteam und schreiben alle notwendigen Berichte für das Zulassungsverfahren. Projektmanager in der Arzneimittelentwicklung sollten praktische Erfahrung in der Produktion und im Qualitätsmanagement haben. Zertifizierungen im Projektmanagement, z.B. durch die Deutsche Gesellschaft für Projektmanagement (GPM) bzw. die International Project Management Association (IPMA) oder durch das Project Management Institute (PMI), werden zwar nicht ungern gesehen, ersetzen aber entsprechende Berufserfahrung nicht.

Gleiches gilt für Zertifizierungen im Bereich Good Manufacturing Practice (GMP). Die Regeln der Good Clinical Practice (GCP), einem internationalen Standard für ethische und wissenschaftliche Richtlinien zur Durchführung von klinischen Studien, müssen allerdings ebenso beherrscht werden wie interne Arbeitsanweisungen (Standard Operating Procedures, SOP). Darin werden Projektmanager regelmäßig fortgebildet. Zielorientierung und hohes Risikobewusstsein sind in dieser Funktion notwendig. Bei internationalen Studien ist es zudem wichtig, gute Fremdsprachenkenntnisse mitzubringen und über interkulturelle Kompetenz zu verfügen. Aus diesem Grund werden gerne Naturwissenschaftler beschäftigt, die während ihrer Ausbildung oder als Postdoc im Ausland waren. Eine hohe Frustrationstoleranz und die Fähigkeit, sich selbst zu motivieren, sind sehr hilfreich. Schließlich dauern Projekte lange und können bis zuletzt immer noch scheitern.

Der Einstieg in dieses Betätigungsfeld setzt häufig Berufserfahrung voraus. Wenn er direkt erfolgen soll, ist das Absolvieren eines Traineeprogramms oder die Mitarbeit an klinischen Studien an einer Universität oder Uni-Klinik empfehlenswert. Für kommunikativ veranlagte Wissenschaftler sind Funktionen im Projektmanagement eine vielseitige Aufgabe, die Spaß macht und viele internationale Kontakte mit sich bringt.

Die Arzneimittelzulassung ist das Herzstück vieler pharmazeutischer Entwicklungen. Wenn die Studien die gewünschten Ergebnisse zeigen und die Qualität der Unterlagen den Anforderungen entspricht, wird die Zulassung für all die Länder beantragt, in denen das Arzneimittel vermarktet werden soll. Dabei kann die Arzneimittelzulassung parallel in mehreren Staaten erfolgen, oder aber sie erfolgt zuerst in einem Staat und wird anschließend durch andere Staaten anerkannt. In Europa gibt es zudem die Möglichkeit, eine zentrale Zulassung für alle Mitgliedsstaaten und ggf. für assoziierte Länder zu bekommen. Die Europäische Arzneimittelagentur (European Medicines Agency, EMA) mit Sitz in London ist für die wissenschaftliche Beurteilung von Anträgen auf Erteilung der europäischen Genehmigung für das Inverkehrbringen von Arzneimitteln für Mensch und Tier zuständig. Wird das zentralisierte Verfahren angewandt, reichen die Unternehmen einen einzigen Antrag bei der EMA ein. Für biotechnologisch oder in anderen hochtechnologischen Verfahren hergestellte Arzneimittel ist das zentralisierte Verfahren vorgeschrieben. Das gilt auch für bestimmte Indikationen (HIV/AIDS-Infektionen, Krebs, Diabetes oder neurodegenerative Erkrankungen) sowie für alle Arzneimittel, die zur Behandlung von seltenen Krankheiten ausgewiesen sind („orphan drugs"). Zudem durchlaufen alle Tierarzneimittel, die zur Förderung des Wachstums oder zur Ertragssteigerung der behandelten Tiere eingesetzt werden sollen, das zentralisierte Verfahren. Von der Einreichung eines Zulassungsantrags mit allen notwendigen Unterlagen bis zur Entscheidung kann es sechs bis acht Monate dauern. Wesentlich vereinfachte Zulassungsverfahren gibt es in Europa für homöopathische und anthroposophische Arzneimittel, deren Wirkung naturwissenschaftlich nicht oder nur eingeschränkt nachweisbar ist, sowie für traditionelle pflanzliche Arzneimittel. Ebenfalls stark vereinfacht ist die Zulassung von Generika (Nachahmerpräparate). Hingegen obliegt die Zulassung der Biosimilars der EMA. Als Biosimilars bezeichnet man Kopien oder Nachfolgeprodukte eines biologischen Arzneimittels, für das keine patentrechtlichen Schutzfristen mehr gelten. Die Herstellung erfolgt durch rekombinante DNA-Technologie in Bakterien- oder Säugetierzellen. Die Nachahmerprodukte sind in Bezug auf Qualität, Wirksamkeit und Sicherheit mit dem europäischen Referenzprodukt vergleichbar und bei denselben Indikationen anzuwenden, für die das Referenzprodukt zugelassen ist. Für die Zulassung wurde 2005 ein besonderes Verfahren entwickelt, das zwar den Nachweis der Qualität, Wirksamkeit und Sicherheit durch klinische Studien fordert, aber eine Vereinfachung gegenüber Neuzulassungen vorsieht.

In den USA erfolgt die Zulassung von Arzneimitteln durch die US Food and Drug Administration (FDA), die neben Tier- und Humanarzneimitteln auch für die Zulassung von diätetischen und kosmetischen Produkten sowie von Tabakprodukten zuständig ist. Anders als in Europa werden Biosimilars in den USA bisher wie Neuzulassungen behandelt. Für 2011 ist die Einführung eines neuen vereinfachten Verfahrens geplant.

In pharmazeutischen Unternehmen wird die Zulassung von der Abteilung „Regulatory Affairs" vorbereitet und betrieben. Diese Abteilung wird fast ausschließlich mit diesem englischen Begriff bezeichnet und ggf. noch unterteilt in weltweite, europaweite oder nationale Zuständigkeiten.

Die Stellenbezeichnungen in diesem Bereich lauten „Manager Regulatory Affairs", „Coordinator (International) Regulatory Affairs" oder „Experte Regulatory Affairs". Bisweilen findet sich sogar nur die Abkürzung „DRA" für Drug Regulatory Affairs. Seltener werden deutsche Begriffe wie „Spezialist Zulassungen" oder „Fachreferent Arzneimittelzulassung" verwendet. Die Aufgabe dieser Positionsinhaber ist es, verschiedene Antragsverfahren für die Zulassung von Medikamenten zu betreuen. Dazu gehört, das richtige Vorgehen festzulegen, die notwendigen Antragsunterlagen zu erstellen oder zusammenzustellen und die Verfahren bis zum Abschluss zu begleiten. Mitarbeiter in der Zulassungsabteilung schreiben folglich viel und müssen die Ergebnisse wissenschaftlicher und klinischer Arbeit in geeigneter Weise darstellen und zusammenfassen. Auch nach erteilter Zulassung sind diese Experten gefragt, wenn Zulassungen erneuert oder auf andere Indikationsgebiete erweitert werden sollen oder es im Langzeiteinsatz von Arzneimitteln zu Auffälligkeiten kommt. Sie begleiten den gesamten Lebenszyklus eines Arzneimittels und werden bei jeder Änderung im Produktionsprozess oder in der Rezeptur hinzugezogen. Ihre Tätigkeit hat sowohl naturwissenschaftliche als auch rechtliche und wirtschaftliche Aspekte und lebt von einer engen Zusammenarbeit mit der Forschung, der Produktion und der Qualitätskontolle und -sicherung, dem Marketing und externen Stellen. Manager der Abteilung „Regulatory Affairs" verfügen über einen naturwissenschaftlichen oder pharmazeutischen Studienabschluss und somit über solide wissenschaftliche Grundkenntnisse, die sie in die Lage versetzen, Sachverhalte einzuschätzen. Zudem sollten sie über folgende Fähigkeiten verfügen:

- hohe Detailorientierung und Bereitschaft, genau zu arbeiten
- Fähigkeit, den Überblick zu behalten
- gutes schriftliches Ausdrucksvermögen
- gute Kommunikationsfähigkeit mit anderen Abteilungen und Behördenvertretern
- Ausdauer, Geduld, Hartnäckigkeit
- Organisationstalent und Projektmanagementkompetenz
- Mehrsprachigkeit, neben Englisch sind oft weitere Kenntnisse in europäischen Amtssprachen gefragt

Erste Erfahrungen z.B. durch Praktika bei einer Zulassungsbehörde oder in der Zulassungsabteilung eines Unternehmens erleichtern den Einstieg. Die Einarbeitung dauert für gänzlich Unerfahrene sonst bis zu zwei Jahren. Die Mühe lohnt sich allerdings. Die Perspektiven sind gut, denn bereits vergleichsweise wenig Berufserfahrung in diesem Bereich lässt die Stelleninhaber schnell zu gefragten Experten werden. Eine hohe Arbeitsplatzsicherheit und eine recht attraktive Vergütung machen diese Stellen aus und bieten interessante – auch internationale – Perspektiven. Zwar gibt es auch Stellen, in denen nur nationale Zulassungsverfahren betreut werden, und für den

Einstieg ist dies sicher in Ordnung. Interessanter sind jedoch die internationalen Verfahren und sie bereichern die persönlichen Kompetenzen erheblich.

Als Manager Regulatory Affairs kann man sich zudem selbständig machen und als Freelancer für verschiedene Auftraggeber arbeiten.

Die Mitteleuropäische Gesellschaft für Regulatory Affairs ist ein Zusammenschluss von Fachleuten aus Industrie, Verbänden, Behörden und sonstigen Organisationen, vornehmlich aus deutschsprachigen Ländern.

Mitteleuropäische Gesellschaft für Regulatory Affairs (MEGRA), www.megra.org

Eine besondere Position nehmen Medical Writers ein. Auch hier hat sich der englische Begriff durchgesetzt. Sie haben die Aufgabe, die Studienergebnisse, die zunächst nur in Form sehr vieler einzelner Daten vorliegen, in einen verständlichen Abschlussbericht zu bringen. Dass sich daraus ein eigenes Berufsbild entwickelt hat, ist eine recht neue Entwicklung der letzten 15 Jahre und auf gestiegene Ansprüche der Zulassungsstellen zurückzuführen.

Medical Writers – Menschen, die gut schreiben können

Medical Writers sollten aus Studiendaten die richtigen Schlüsse ziehen und diese gut in schriftlicher Form darlegen können – in aller Regel auf Englisch. Daher benötigen sie vertiefte mathematische Fähigkeiten, insbesondere in der Statistik. Kommunikationsfähigkeit und die Kompetenz, sich ständig mit vielen Beteiligten abzustimmen, sind ebenfalls notwendig. Außerdem sollte man Stress gegenüber unanfällig sein. Als letztes Glied in einer Kette muss der Medical Writer schon einmal Zeit wieder aufholen, die an anderen Stellen im Projekt überschritten wurde. Er ist Teil eines oder mehrerer Studienteams. Ob es eine eigene Abteilung „Medical Writing" gibt oder diese Spezialisten einer anderen Abteilung zugeordnet sind, hängt von der Größe des Pharmaunternehmens ab. Einen festen Ausbildungsgang gibt es im deutschsprachigen Raum bisher nicht, aber es gibt eine europäische Organisation für Medical Writer, die European Medical Writers Association (EMWA), die Fortbildungskurse anbietet und Ihnen damit einen ersten Eindruck vermitteln kann, ob Ihnen die Tätigkeit liegt.

European Medical Writers Association (EMWA), www.emwa.org

Es bestehen gute Chancen, sich mit ein paar Jahren Berufserfahrung als Spezialist unentbehrlich zu machen oder erfolgreich in die Freiberuflichkeit zu wechseln. Ein Aufstieg in Senior- und Führungspositionen ist in großen Pharmakonzernen möglich, die eine eigene Abteilung „Medical Writing" haben. Gute Fachleute sind sehr gesucht. Entsprechende Stellen finden sich unter den Bezeichnungen „Medical Writer", „Scientific Communicator" oder „Medical Communication Scientist" und werden u.a. auf der Website der EMWA ausgeschrieben.

2.4 Produktion und Qualitätsmanagement

Die Bereiche „Produktion" und „Qualitätsmanagement" spielen in der pharmazeutischen Industrie eine erhebliche Rolle und sind eng miteinander verknüpft. Die Produktion von Arzneimitteln unterliegt gesetzlichen Regularien auf nationaler und internationaler Ebene und wird zudem von Verordnungen, Richtlinien und Selbstverpflichtungen der Hersteller bestimmt. Gute Herstellungspraxis bzw. Good Manufactoring Practice (GMP) ist der Sammelbegriff für alle Richtlinien rund um die Herstellung pharmazeutischer und medizintechnischer Produkte. So wird nicht nur das zugelassene Arzneimittel nach GMP-Richtlinien produziert, sondern bereits die Arzneistoffe, die im Zulassungsverfahren im Rahmen der klinischen Studien verwandt werden, müssen den gleichen Normen dieses Regelwerks im Hinblick auf die Hygiene in der Herstellung, die Anforderungen an Räumlichkeiten und Ausrüstungsgegenstände und die Qualifikation von Mitarbeitern entsprechen. Die Einhaltung dieser Bestimmungen wird ständig dokumentiert und muss jederzeit nachweisbar sein. Regelmäßige interne Kontrollen und Inspektionen durch Externe begleiten die Fertigungsprozesse in diesem Industriezweig. Entsprechend vielseitig sind die Berufsfelder in diesem Bereich. Einerseits arbeiten hier viele Ingenieure, z.B. Verfahrenstechnologen bzw. Techniker, und andererseits Naturwissenschaftler und Pharmazeuten. Ganz wichtig ist ein gutes Zusammenspiel, was die Fähigkeit zu interdisziplinärem Arbeiten voraussetzt. Aus diesem Grund bietet der Bereich Qualitätsmanagement auch gute Perspektiven für Menschen mit einer interdisziplinären Ausbildung. Organisatorisch unterscheidet man zwischen Qualitätssicherung auf der einen Seite und der Qualitätskontrolle auf der anderen. Die Qualitätssicherung ist für die Festlegung der Prozesse verantwortlich, die zur Einhaltung bestimmter Qualitätsparameter notwendig sind. Sie bestimmt beispielsweise die Haltbarkeitsdauer eines Präparats und die Produktionsstandards anhand bestehender Regeln. Die Qualitätskontrolle ist im Regelfall in einer eigenen Abteilung angesiedelt und stellt sicher, dass die vorgegebenen Standards eingehalten werden. Zur Qualitätskontrolle werden zahlreiche Überprüfungen durchgeführt und die Ergebnisse dokumentiert.

Sachkundige Person – Qualified Person

An zentraler Stelle steht die sachkundige Person (Qualified Person, QP). Den europäischen Arzneimittelrichtlinien zufolge obliegt es ihr, dafür zu sorgen, dass jede Arzneimittelcharge entsprechend den Zulassungsunterlagen und den geltenden GMP-Bestimmungen hergestellt wird. Sie muss sich jederzeit davon überzeugen, dass Herstell- und Prüfverfahren den Bestimmungen entsprechen und regelmäßig durch ein Qualitätssicherungssystem überprüft werden sowie dass alle notwendigen Prüfprotokolle vollständig sind. Qualified Persons müssen über die notwendige Sachkunde verfügen. Paragraf 15 Arzneimittelgesetz (AMG) sieht vor, dass diese Sachkunde durch die Approbation als Apotheker oder durch ein abgeschlossenes Studium der Pharmazie, Chemie, Biologie, Medizin oder Veterinärmedizin sowie eine mindestens zweijährige Berufstätigkeit im Bereich der Qualitätssicherung von Arzneimitteln nachgewiesen werden kann. Sachkundige Personen müssen zudem mit den Produkten und Herstellungsprozessen vertraut sein, die relevanten GMP-Regeln kennen und sehr zuverlässig sein. Nach außen übernehmen sie die gesamte Verantwortung für den Produktionsprozess und können persönlich belangt werden, wenn es zu Fehlern kommt. Aus diesem Grund kommt der Auswahl und Ausbildung der von sachkundigen Personen eingesetzten Mitarbeiter eine erhebliche Rolle zu. Diese Mitarbeiter werden regelmäßig geschult und die Schulungen entsprechend dokumentiert. Dies gilt für Mitarbeiter der Qualitätssicherung und Qualitätskontrolle ebenso wie für ihre Führungskräfte.

Während Qualitätssicherung in der Pharmaindustrie bedeutet, entsprechende Verfahren zur Gewährleistung der Produktsicherheit zu konzipieren bzw. anzuwenden, heißt Qualitätskontrolle, die Einhaltung dieser Verfahren sicherzustellen. Jedes Unternehmen, das Fertigarzneimittel in den Verkehr bringt, benötigt innerhalb der Qualitätssicherung einen Stufenplanbeauftragten. Aufgabe dieses Beauftragten ist es, für die Erfüllung aller Anzeigepflichten gegenüber den Behörden zu sorgen, soweit sie Arzneimittelrisiken betreffen. Bei Bekanntwerden derartiger Risiken sammelt der Stufenplanbeauftragte alle notwendigen Informationen, bewertet die Risiken, entscheidet, welche notwendigen Maßnahmen zu treffen sind und koordiniert diese. Auch diese Person muss über die notwendige Fachkompetenz verfügen und zuverlässig sein.

Stufenplanbeauftragter

Sie wird von weiteren Mitarbeitern in der Qualitätssicherung unterstützt, die für die Erstellung von Sicherheitsberichten verantwortlich sind und an Produktinformationen zu Neben- und Wechselwirkungen sowie Gegenanzeigen mitwirken.

Mitarbeiter in der Qualitätskontrolle befassen sich intensiv mit dem Herstellungsprozess und den verwendeten Ausgangsstoffen. Sie überprüfen alle Produktionsschritte, alle zugelieferten Stoffe, Zwischen- und Fertigprodukte bis hin zur Verpackung, Lagerung und zum Transport. Sie bewerten Lieferanten, sichern die hygienischen Anforderungen an die Produktion und erarbeiten Verbesserungen für den Herstellungsprozess.

Mitarbeiter Qualitätssicherung und Qualitätskontrolle

Sowohl in der Qualitätssicherung als auch in der Qualitätskontrolle wird von Mitarbeitern erwartet, dass sie die gesetzlichen Grundlagen der pharmazeutischen Produktion sowie die einschlägigen GMP-Regelungen kennen und anwenden können. Zudem sollten sie sehr gewissenhaft sein, ein hohes Risikobewusstsein besitzen und sich trauen, auch unbeliebte Entscheidungen umzusetzen. Wegen der Abstimmung mit vielen anderen Stellen in- und außerhalb des Unternehmens sind kommunikative Kompetenzen notwendig. Berufserfahrung wird häufig vorausgesetzt. Allerdings gibt es auch Stellen, die für Einsteiger geeignet sind, die sich in dieses Feld einarbeiten wollen.

Stellen in der internen Weiterbildung im Bereich „Gute Herstellungspraxis" – eine Perspektive für Menschen mit Berufserfahrung

Interne Schulungen von Mitarbeitern in der Arzneimittelproduktion spielen eine große Rolle. Sie werden von eigenen Mitarbeitern oder von externen Anbietern durchgeführt. Neben der Freude an pädagogischer Arbeit und Interesse an der fachlichen Entwicklung ist hier Berufserfahrung notwendig. Deshalb finden sich in diesen Tätigkeitsfeldern überwiegend Menschen, die an anderen Stellen im Pharmasektor begonnen und sich in diese Richtung entwickelt haben oder die in der Produktion als Facharbeiter gestartet sind und sich erfolgreich weiterentwickeln konnten.

Eine klassische Karriereleiter im Qualitätsmanagement gibt es nicht unbedingt. Zwar sind einzelne Führungspositionen vorhanden, Karriereschritte erfolgen aber eher, indem andere Aufgaben übernommen werden oder in andere Bereiche gewechselt wird.

2.5 Pharmamarketing und Öffentlichkeitsarbeit

Marketing in der Pharmaindustrie – ein Feld für Marktforscher und Kommunikationsspezialisten

Pharmamarketing erlebt der Branchenfremde eigentlich nur in Form von Werbung für nicht verschreibungspflichtige, in Apotheken frei verkäufliche Medikamente (OTC-Produkte) durch Anzeigen und Fernsehspots. Dies ist Folge gesetzlicher Verbote, wie sie nahezu weltweit existieren. Daher mutet es zunächst überraschend an, wenn die Pharmaindustrie bis zu 30 Prozent ihrer Umsätze für Pharmamarketing aufwendet, ohne dass diese Ausgaben für eine breite Öffentlichkeit wahrnehmbar werden. Natürlich umfasst Marketing einen deutlich größeren Bereich als die reine Marktkommunikation und beginnt bereits viel früher. Marketing besteht aus Marktforschung und -planung sowie aus Marketinginstrumenten wie Kommunikation, Distribution und Verkauf (Abb. 2.2).

Im Pharmasektor beschäftigt sich Marktforschung mit der Suche nach interessanten Indikationsgebieten, mit der Analyse

Abb. 2.2 Prozessdarstellung des Pharmamarketings

der Wettbewerbsprodukte und der laufenden Aktivitäten der Wettbewerber sowie mit den Rahmenbedingungen im Gesundheitswesen und dem Verhalten und den Einstellungen von Ärzten und Patienten.

So befasst sich Pharmamarketing bereits mit der Formulierung von Arzneimitteln. Ob ein Arzneimittel in Form einer Tablette, eines Dragees, einer Kapsel oder in flüssiger Form hergestellt wird und welche Farbe es erhält, hängt nur teilweise mit den Wirkstoffen und der gewünschten Aufnahme im Organismus zusammen. Ebenso erheblich und Gegenstand der Marktforschung ist, welche Wirkung die Patienten mit dem jeweiligen äußeren Erscheinungsbild eines Arzneimittels verbinden, wobei auch kulturelle Unterschiede eine Rolle spielen. Dahinter verbirgt sich die Erkenntnis, dass Patienten sich subjektiv besser fühlen, wenn das Arzneimittel ihren Vorstellungen von „heilend" entspricht. Dort, wo beispielsweise als Standardmittel gegen Husten ein Hustensaft gilt, werden Tabletten nicht in gleichem Maß den gewünschten Zuspruch von Patienten bekommen – völlig unabhängig von den Inhaltsstoffen.

Am meisten investieren Pharmaunternehmen jedoch in die Kommunikation in Fachkreisen. Zielgruppe der Marketinganstrengungen sind weniger die Patienten, im Fokus stehen die verschreibenden Ärzte in Krankenhäusern und Praxen sowie die Apotheker. Ärzte entscheiden im verschreibungspflichtigen Bereich, welche Medikamente ihren Patienten verordnet werden, und nehmen damit eine Schlüsselstellung ein, wenn es um die Auswahl unter mehreren Konkurrenzprodukten oder die Einführung eines neuen Medikaments geht. Aus diesem Grund berichten Pharmaunternehmen bereits sehr frühzeitig und regelmäßig über ihre Entwicklungen, nehmen aktiv an einem Austausch zwischen Grundlagenforschern und Anwendern teil und versorgen das Fachpublikum mit aussagefähigem Material, um von der Wirkungsweise ihrer Produkte zu überzeugen. Aus diesem Grund werden bereits lange vor der Zulassung eines Arzneimittels Studienergebnisse veröffentlicht und Ärzte unterrichtet. Das Ziel ist, dass mit dem Tag seiner Zulassung das Arzneimittel auch schon eingesetzt wird. Aufgrund des zeitlich begrenzten Patentschutzes ist es wichtig, dass der gesamte Lebenszyklus eines Medikaments ausgeschöpft wird. Der Patentschutz dauert im Normalfall 20 Jahre, wovon aber die ersten acht bis zehn Jahre vor der Arzneimittelzulassung liegen, so dass für die Vermarktung ein Zeitraum von zehn bis zwölf Jahren zur Verfügung steht. Die Umsatzkurve eines Arzneimittels soll im Idealfall direkt nach der Zulassung steil ansteigen und sich dann möglichst bis zum Ende des Patentschutzes stetig weiter nach oben bewegen oder zumindest auf einem hohen Niveau halten. Sie fällt dann zwangsläufig mit Zulassung des ersten Generikas auf ein erheblich niedrigeres Niveau. In der Praxis fällt sie häufig bereits mit der Zulassung konkurrierender Arzneimittel im gleichen Indikationsgebiet (Abb. 2.3).

Ärzte werden daher auch nach erfolgreicher Zulassung über den weiteren Verlauf der Studien (Phase IV) informiert und in-

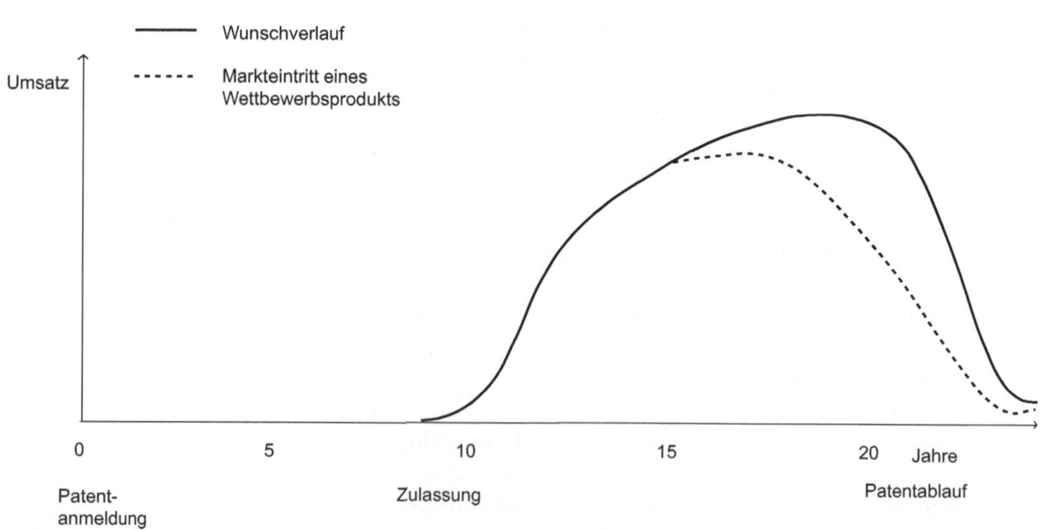

Abb. 2.3 Umsatzverlauf im Lebenszyklus eines Arzneimittels

tensiv persönlich betreut. Außerdem werden sie über die rechtlichen Bedingungen des jeweiligen Gesundheitssystems unterrichtet, so dass sie wissen, in welcher Form sich die Verschreibung eines Medikaments in ihrer täglichen Praxis hinsichtlich der Erstattungsfähigkeit, der Budgetrelevanz und weiterer Faktoren auswirkt. Interessant ist, wie sich das Pharmamarketing künftig entwickeln wird. Fachleute halten den Aufbau von Marken und eine Markenpflege, wie sie u.a. die Konsumgüterindustrie kennt, für schwierig. So überrascht es nicht, dass unter den 100 wertvollsten Marken dieser Welt keine Pharmamarke auftaucht. Dennoch gibt es Ansätze, die direkte Betreuung von Ärzten durch Pharmafirmen zu reduzieren und stattdessen Serviceprodukte rund um Arzneimittel anzubieten, welche aus Patienten selbstverantwortliche und gut informierte Kunden machen, die der Arzt im Genesungsprozess wirksam unterstützt. Beispiele für solche Dienstleistungen sind Patienteninformationen, Analysetools und Empfehlungen im Hinblick auf die persönliche Lebensführung. Eine ähnliche Überlegung steckt hinter den Bemühungen, Apotheken zur Ergänzung ihres Sortiments auch Pflege- und Nahrungsergänzungsmittel sowie ansprechendes und verständliches Informationsmaterial für bestimmte Zielgruppen anzubieten. Hier steckt noch viel Potenzial für kreative Ideen und findige Köpfe.

Neben Marktforschungsspezialisten mit einem kaufmännischen Hintergrund und Kommunikationsspezialisten, wie Kommunikationswissenschaftlern, Politologen, Journalisten, Medienfachleuten, finden sich im Pharmamarketing Naturwissenschaftler, die als Produktmanager oder als Spezialisten für Fachkommunikation arbeiten. In diesem Bereich gibt es sowohl Einstiegschancen für Berufsstarter auf einem Junior- oder Associate-Level als auch Aufstiegsmöglichkeiten für Berufserfahrene, die häufig zuvor in anderen Bereichen der Pharmaentwicklung oder im Vertrieb tätig waren.

Produktmanager in der Pharmaindustrie

Ein Produktmanager übernimmt die volle Verantwortung für ein Produkt oder eine Produktgruppe. Er trägt die Kosten- und Umsatzverantwortung, legt das Marketingbudget fest, erstellt die Marketingpläne und organisiert deren gesamte Durchführung. Damit ist er für die Planung und Organisation von Kongressen und Tagungen für Ärzte, für alle schriftlichen Kommunikationsmittel sowie für die Beschaffung der wissenschaftlichen Informationen aus der Forschungsabteilung verantwortlich. Er arbeitet eng mit der Zulassungsabteilung, der Abteilung für Gesundheitswesen (manchmal auch Abteilung für Gesundheitspolitik oder Gesundheitsökonomie) und dem Vertrieb zusammen. In der Regel steuert der Produktmanager ein kleines Team, das ihn bei diesen Aufgaben unterstützt. Zu diesem Team gehören weitere Produktmanager, ggf. in Junior-

oder Seniorfunktionen, und Assistenten, die entweder einen kaufmännischen oder einen pharmazeutisch-medizinischen Hintergrund haben. Der Produktmanager führt sie und motiviert sie in schwierigen Situationen. Er hat eine in hohem Maß koordinierende Funktion und arbeitet als zentrale Schaltstelle im Unternehmen mit vielen internen und externen Partnern zusammen. Geschick im Umgang mit Menschen, hohe Koordinations- und Überzeugungsfähigkeit sind gefragte Eigenschaften. Produktmanager verfügen entweder über einen naturwissenschaftlichen Studienabschluss oder eine wirtschaftswissenschaftliche Qualifikation – ggf. arbeiten sie in interdisziplinären Teams, in denen wissenschaftsnahe und kaufmännische Aufgaben entsprechend verteilt werden. Pharmazeutisches Know-how ist allerdings für die Kommunikation mit den Experten unerlässlich. Dies kann sich ein Wirtschaftswissenschaftler schwerer aneignen als ein Naturwissenschaftler die Marketingkompetenz, die diesem zunächst fehlt. Produktmanager müssen zudem teamfähig sein und ihre Mitarbeiter gut motivieren können. Sie sollten durchsetzungsfähig sein und dabei über Empathie verfügen. Gute Präsentations- und Verhandlungsfähigkeit in englischer und einer weiteren Sprache sind notwendige Voraussetzung, um in diesem Umfeld erfolgreich zu sein. Und schließlich sollten Projektmanager nicht nur verkäuferische Fähigkeiten haben, sondern auch ethische Maßstäbe berücksichtigen können. Richtlinie ihres Handelns ist in Deutschland der Kodex der Mitglieder des Vereins Freiwillige Selbstkontrolle für die Arzneimittelindustrie e.V. (FSA). Zwar hilft diese Richtlinie in der täglichen Praxis zunächst weiter, aber mit zunehmender Erfahrung sollte sich jeder Produktmanager die Fähigkeit aneignen, auch in Grenzfällen sicher zu entscheiden.

Produktmanager arbeiten in einem Bereich, in dem das Thema „Outsourcing" bereits etabliert ist. So werden Werbemittel und Kundengeschenke selten vom Pharmaunternehmen selbst entwickelt, sondern von externen Partnern.

Auch die Organisation wissenschaftlicher Events wird von externen Partnern übernommen. Spezialisierte Agenturen konzentrieren sich auf dieses Geschäft und unterstützen Pharmaunternehmen kompetent. Eine gute Zusammenarbeit setzt jedoch einen engen Austausch mit den externen Partnern voraus, für den der Produktmanager verantwortlich ist. Die Partner müssen ausgesucht und in ihre jeweilige Aufgabe eingewiesen werden sowie im Hinblick auf ihre Ergebnisse Rückmeldungen bekommen, was einen hohen Koordinierungsaufwand bedeutet.

Projektassistent in der Pharmaindustrie

In die Überwachung der Externen werden Projektassistenten eingebunden, die aus anderen pharmazeutischen Bereichen stammen oder eine kaufmännische Ausbildung haben.

Sie übermitteln den Produktmanagern wichtige Daten, übernehmen Teilprojekte selbständig oder sorgen für die Einhaltung von Budget- und Zeitplänen. Damit haben sie vielfältige Möglichkeiten, im Produktmanagement Verantwortung zu übernehmen. Dies könnte künftig auch eine geeignete Einstiegsposition für Bachelors sein.

Die Fachberatung für Ärzte und Patienten fällt in den Bereich „Fachkommunikation" und ist organisatorisch vom „Pharmamarketing" getrennt. Gänzlich frei von Marketingaspekten ist die Kommunikation mit Ärzten und Patienten aber nicht. Der „Customer Medical Care Advisor" – eine von vielen Bezeichnungen – soll Fachfragen von Ärzten und Patienten kompetent beantworten. Große Pharmaunternehmen stellen Ärzten und Patienten nahezu rund um die Uhr einen Auskunftsdienst zu Verfügung. Die Mitarbeiter arbeiten in Callcentern und geben entsprechende Auskünfte am Telefon. Unterstützt werden sie von firmeninternen Datenbanken, die alle notwendigen Informationen enthalten. Mitarbeiter in diesem Bereich verfügen über Fachkenntnisse in Medizin, Naturwissenschaft und Pharmazie. Einheitliche Einstellungsvoraussetzungen gibt es für dieses Tätigkeitsfeld allerdings nicht. Customer Medical Care Advisors sollten Erfahrung im Umgang mit Datenbanken haben und ausgesprochen serviceorientiert sein. Neben Fachwissen und Freude am Umgang mit Patienten und Angehörigen sind Sprachkenntnisse ein wichtiges Qualifikationsmerkmal. Neben deutsch, englisch und französisch sind Kenntnisse in weniger verbreiteten Sprachen sehr hilfreich, damit möglichst in allen Ländern, in denen das Unternehmen seine Produkte anbietet, Auskunft gegeben werden kann.

Spezialisten für gesundheitspolitische Fragestellungen arbeiten in jedem Pharmaunternehmen. In großen Konzernen beschäftigen sich ganze Abteilungen mit gesundheitspolitischen Fragen, in kleineren sind es naturgemäß nur einzelne Mitarbeiter. Diese Spezialisten haben die Aufgabe, die gesetzlichen Rahmenbedingungen für die Preisgestaltung zu ermitteln und sich mit Fragen zur Kosten-Nutzen-Relation auseinanderzusetzen. Über diese Ergebnisse kommunizieren sie mit Krankenkassen und der kassenärztlichen Vereinigung ebenso wie mit Vertreten der Gesundheitspolitik. In manchen Fällen handeln sie die Rabattverträge mit Vertretern der Krankenkassen aus oder begleiten die Verhandlungen. Sie führen zudem Informationsveranstaltungen über gesundheitspolitische Entwicklungen durch und schulen die Außendienstmitarbeiter in diesen Fragen. Und schließlich halten sie durch regelmäßige Publikationen, Newsletter und Veranstaltungen die Ärzte auf dem Laufenden. Ihren Auftritt nach außen stimmen sie dabei mit dem Produktmanagern und den Kommunikationsexperten ab. Als Mitarbeiter für gesundheitspolitische Fragestellun-

Customer Medical Care Advisor

Spezialist Gesundheitspolitik

gen werden Spezialisten gesucht, die über Berufserfahrung in einem anderen Bereich verfügen, z.B. im Außendienst tätig waren, eine Weile als Produktmanager gearbeitet haben oder aus dem Bereich der Kommunikation kommen. Denkbar ist ein solches Tätigkeitsfeld auch für Menschen mit einer Ausbildung in Gesundheitsökonomie. Ein klares Berufsprofil existiert allerdings nicht. Gelegentlich eröffnet sich auch die Chance zu einem Einstieg in einer entsprechenden Abteilung für Nachwuchskräfte. Diese sollten neben der naturwissenschaftlichen Kompetenz Interesse haben, sich in rechtliche Fragestellungen einzuarbeiten. Zudem benötigen sie Kommunikationsfähigkeit sowohl in mündlicher als auch in schriftlicher Form. Ferner sollten sie sehr aktiv Kontakte inner- und außerhalb des Unternehmens pflegen, um viele Informationen über künftige Entwicklungen mitzubekommen. Dazu gehören auch Kontakte zu Sozialversicherungsträgern und zu Politikern. Ein geschickter Umgang mit Behörden, vielleicht aufgrund erster Erfahrungen aus einer anderen Tätigkeit, hilft ebenfalls weiter.

Public Relation (PR) – Spezialist, Mitarbeiter Öffentlichkeitsarbeit

Während Produktmanagement und Marktkommunikation sich auf einzelne Produkte oder Produktgruppen fokussieren und darüber ihre jeweiligen Zielgruppen informieren, haben Spezialisten in der Öffentlichkeitsarbeit (Public Relation) die Aufgabe, das Unternehmen nach außen darzustellen. Sie veröffentlichen regelmäßig Informationen zu wirtschaftlichen Rahmendaten, zur Entwicklung künftiger Produkte, zu Kooperationen, Unternehmens- oder Lizenzkäufen und sind bei börsennotierten Unternehmen auch für die gesetzlichen Publikationspflichten verantwortlich. Eine ganz besondere Aufgabe kommt ihnen zu, wenn es darum geht, Krisenkommunikation zu betreiben. Krisen sind immer dann eine besondere Herausforderung in der Außendarstellung von Unternehmen, wenn sie unerwartet kommen und keine Zeit zur Vorbereitung besteht. Dazu gehören beispielsweise große Störfälle im Betrieb, unerwartete Nebenwirkungen bis hin zu Todesfällen bei Arzneimitteln oder überraschende Streiks der Arbeitnehmer. Hier besteht die Herausforderung in einer schnellen Reaktion, die gleichzeitig strategisch abgestimmt ist und geschickt Emotionen einfängt. Mitarbeiter in diesem Bereich sollten daher gute Nerven haben und besonnen reagieren können. Ein gutes Kommunikationsvermögen, Sicherheit in Wort und Schrift sowie Erfahrungen in der Medienarbeit sind unerlässlich, der fachliche Hintergrund ist notwendig, um komplexe Sachverhalten sicher erläutern zu können. Daher finden sich hier sowohl Naturwissenschaftler als auch Kommunikationsexperten.

2.6 Vertrieb

Vertriebspositionen bieten eine gute Einstiegsmöglichkeit für alle Absolventen, sei es mit Bachelor- oder Masterabschluss oder auch mit Promotion. Auch Rückkehrer nach beruflichen Pausen haben hier eine Chance.

Berufschancen im Vertrieb – ein paar generelle Wahrheiten

Für viele Lebenswissenschaftler scheinen diese Stellen zunächst einmal nicht sehr attraktiv zu sein, aber dahinter verbergen sich häufig Vorurteile oder Unkenntnis. Warum und unter welchen Voraussetzungen ein Einstieg im Vertrieb sehr sinnvoll sein kann, soll im Folgenden dargestellt werden.

Zum einen lernt man im Vertrieb, wie Kunden denken und wie der Markt auf Produkte reagiert. Das gilt für den Pharmavertrieb ebenso wie für den Vertrieb von Medizingeräten, Laborausstattungen, Dienstleistungen u.Ä. Der Erfolg eines Produkts oder einer Dienstleistung hängt bei weitem nicht nur von der Technologie, der Qualität und dem innovativen Charakter des Produkts ab, sondern von vielen weiteren Faktoren, die dem Kunden wichtig sind. Daher stellt sich immer zuerst die Frage, mit welchen Kunden ein Vertriebsmitarbeiter zu tun hat. Sind die Kunden Ärzte, Krankenhäuser, Apotheken oder Patienten? Des Weiteren ist die Komplexität der zu vertreibenden Produkte oder Dienstleistungen entscheidend. Je anspruchsvoller und erklärungsbedürftiger ein Produkt ist, desto qualifizierter müssen Käufer und Verkäufer sein, um sich auf Augenhöhe begegnen zu können. So findet der Vertrieb komplexer Laborgeräte oder sehr spezieller Anwendungen an Forschungslabore nur durch Fachkräfte statt, die die Situation ihrer Kunden genau einschätzen und ihnen fachlichen Rat geben können. Der Beratungsanteil steigt mit zunehmenden Ansprüchen an das Produkt erheblich und fordert entsprechende fachliche Qualifikationen. Ein solcher Vertrieb hat mit dem „Klinkenputzen", wie es vielfach assoziiert wird, nichts zu tun, sondern erfordert fundiertes Spezialwissen, wie es nur durch akademische Abschlüsse erlangt werden kann. Eine Promotion kann hier durchaus sinnvoll sein, weil damit vertieftes methodisches Wissen und Anwendererfahrung verbunden ist. So zeigt ein Gang über Branchenmessen wie die Biotechnica oder Analytica, dass promovierte Mitarbeiter an den Messeständen keineswegs eine Ausnahme darstellen. Fragt man sie nach ihren Berufsbiografien, so sind viele nach einem Studium in einem lebenswissenschaftlichen Fach und der Promotion (manchmal auch nach einer Postdoc-Stelle) direkt im Vertrieb gestartet oder sie haben zunächst im Produktmanagement begonnen und sich dann in Richtung Vertrieb weiterentwickeln können.

Wer gerne nach passenden Lösungen für anspruchsvolle Kunden sucht, dem stehen im Vertrieb viele Karrierewege of-

fen. Man beginnt dort meistens als Sales Manager, der nur für ein Produkt verantwortlich ist, und übernimmt dann Verantwortung für mehrere Produkte oder größere Regionen z.B. als Area Sales Manager, oder man bleibt bei demselben Produkt, übernimmt aber immer speziellere Kunden. So ist ein Key Account Manager nur für wenige Großkunden zuständig, die besonders intensiv betreut werden. Aber auch, wer nicht dauerhaft im Vertrieb bleiben will, findet gute Entwicklungsmöglichkeiten im Produktmanagement, im Business Development oder im Marketing. Einmal im Leben Vertriebserfahrung gemacht zu haben, zahlt sich in der Regel im Lauf der Karriere aus, weil das Wissen über Märkte und Kunden sehr bereichernd ist und Vorteile verschafft. Den Vorwurf, man wisse ja gar nicht, wie der Markt „ticke", braucht man sich jedenfalls nie wieder machen zu lassen.

Nicht unwichtig ist, wie und wo der Einstieg im Vertrieb gefunden wird. Der Start in einer Position als Spezialist für wenige Produkte ist besser als in einer Position, in der die Verantwortlichkeit umfassender, der fachliche Anspruch aber niedriger ist. Als Spezialist kann man sich intensiv mit fachlichen Themen beschäftigen und ist stärker in seinen naturwissenschaftlichen oder technischen Kompetenzen gefordert. Tendenziell ist dies eher in kleineren Unternehmen möglich als in großen Konzernen. Neben einer Vertriebstätigkeit in einem produzierenden Unternehmen kommt die Tätigkeit in einer Vertriebsorganisation in Betracht, deren Geschäft ausschließlich im Vertrieb fremder Produkte besteht. Auch hier gibt es große Pharmavertriebsunternehmen und kleinere, stärker spezialisierte Unternehmen, die sich auf bestimmte Kunden oder Produktgruppen z.B. im Laborbereich fokussieren. Vertriebsorganisationen haben den Vorteil, dass sie ihre Mitarbeiter häufig sehr gut ausbilden, sehr vielseitig sind und gute Entwicklungsperspektiven bieten. Fachmessen sind ein gutes Forum, um Kontakte zu Vertriebsprofis zu knüpfen und einen ersten Eindruck von ihren Aufgaben und dem jeweiligen Unternehmen zu bekommen.

Die Anforderungen an Menschen im Vertrieb sind unabhängig vom Produkt immer ähnlich. Zum einen sind Fachkompetenzen notwendig. Je komplexer ein Produkt und je anspruchsvoller die Zielgruppe ist, desto höher sind die Anforderungen. Ebenso wichtig sind aber die Anforderungen an die eigene Persönlichkeit. Erwartet wird, dass man mit anderen gut kommunizieren kann, was nicht heißt, ständig selbst zu reden. Gerade hier spielt das Zuhören eine große Rolle, um Kundenbedürfnisse richtig zu erfassen. Darüber hinaus sollte man in der Lage sein, komplizierte Dinge möglichst einfach zu formulieren, um Themen gut erklären zu können. Zudem ist ein Grundwissen über betriebswirtschaftliche Belange in Verbindung mit einer kaufmännischen Einstellung sehr nützlich und wird von Arbeitgebern gern gesehen. Schließlich begegnen den Vertriebsmitarbeitern auf der Kundenseite Unternehmer, u.U. auch Kaufleute, die Einkaufsentscheidungen (mit-)verantworten. Sich in ihr Denken hineinversetzen zu können, ist sehr hilfreich. Alles andere lernt man in der Regel durch Erfahrung. Das wichtigste Instrument eines Vertriebsmitarbeiters ist jedoch immer seine Persönlichkeit und die Fähigkeit, Vertrauen aufzubauen.

Die Anforderungen an Mitarbeiter im Pharmavertrieb liegen eindeutig nicht nur im fachlichen Bereich. Während Vertriebsmitarbeiter in anderen Branchen sich durch praktische Tätigkeit das notwendige Know-how erwerben, gibt es für den Pharmavertrieb eigene Ausbildungsgänge mit staatlich anerkanntem Abschluss als „Pharmareferent". Dabei handelt es sich um ein in Deutschland anerkanntes Berufsbild, für das eine Prüfung vor der Industrie- und Handelskammer abgelegt werden muss. Aufgabe von Pharmareferenten ist es, Angehörige von Heilberufen, in der Regel Ärzte, Apotheker und Klinikpersonal, fachlich, kritisch und vollständig über Arzneimittel unter Beachtung der geltenden Rechtsvorschriften zu informieren. Pharmareferenten werben zwar für die Produkte, für die sie verantwortlich sind, sind aber verpflichtet, unerwünschte Nebenwirkungen und Gegenanzeigen der Arzneimittel, über die Ärzte berichten, zu dokumentieren und dem Auftraggeber zu übermitteln. Diese Verpflichtung ergibt sich aus der „Verordnung über die Prüfung zum anerkannten Abschluss Geprüfter Pharmareferent/Geprüfte Pharmareferentin" und stellt insofern eine Ausnahme dar, da der Gesetzgeber das Handeln von Vertriebsmitarbeitern in anderen Bereichen nicht regelt, sondern den Beteiligten im Rahmen der allgemeinen privatrechtlichen Bestimmungen überlässt. Pharmareferenten verkaufen zudem nicht, sondern geben nur unverkäufliche Muster ab. Hierfür kommen die imagebildenden Koffer und Taschen zum Einsatz. Pharmareferenten sind ein Bindeglied zwischen den Pharmaunternehmen und den Ärzten vor Ort. Zudem sind sie an der Durchführung von Kongressen und Messen beteiligt, werden in die ärztliche Fortbildung eingebunden oder stehen Patienten und Selbsthilfegruppen beratend zur Verfügung. Sie arbeiten eng mit Produktmanagern zusammen und geben Rückmeldung über eingesetzte Informations- und Werbematerialien. Pharmareferenten arbeiten überwiegend im Außendienst, ein späterer Wechsel in den Innendienst oder in andere Bereiche, z.B. die Betreuung von klinischen Studien, ist durchaus möglich.

Einer aktuellen Studie zufolge sind Pharmareferenten für die Imagebildung eines Arzneimittelunternehmens bei Ärzten der entscheidende Faktor. „Niedergelassene Ärzte differenzieren

Pharmavertrieb: Pharmareferenten und Pharmaberater – das sind die mit den schicken Koffern

Ausgaben für Pharmamarketing weltweit
93,2 Milliarden US-Dollar im Jahr 2009

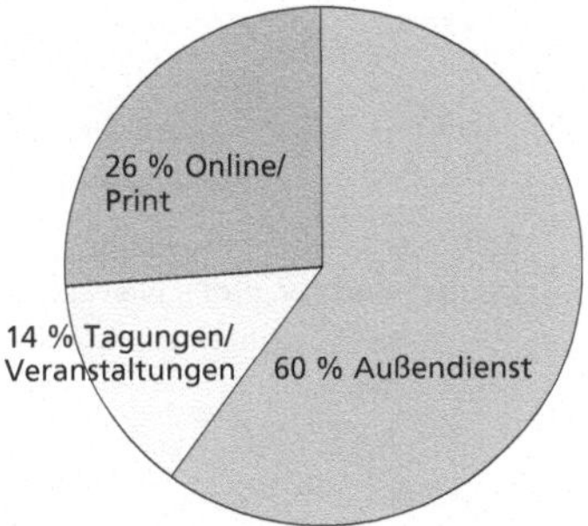

Quelle: www.pharma-marketing.de

zwischen konkurrierenden Firmen vor allem über das Bild, das der Pharmareferent in ihren Augen besitzt. Anders als die Zufriedenheit, die situativ wechseln kann, ist das Außendienstimage länger beständig und schwerer zu verändern. Damit stellt es nicht nur ein wichtiges Instrument der Kundenbindung und -gewinnung dar, sondern ist auch ein unternehmensstrategisches Gestaltungselement", so die Studie des Instituts für betriebswirtschaftliche Analysen, Beratung und Strategie-Entwicklung (IFABS).

Die Anforderungen an Pharmareferenten sind hinsichtlich der fachlichen Themen ebenfalls in der „Verordnung über die Prüfung zum anerkannten Abschluss Geprüfter Pharmareferent/Geprüfte Pharmareferentin" aufgelistet.

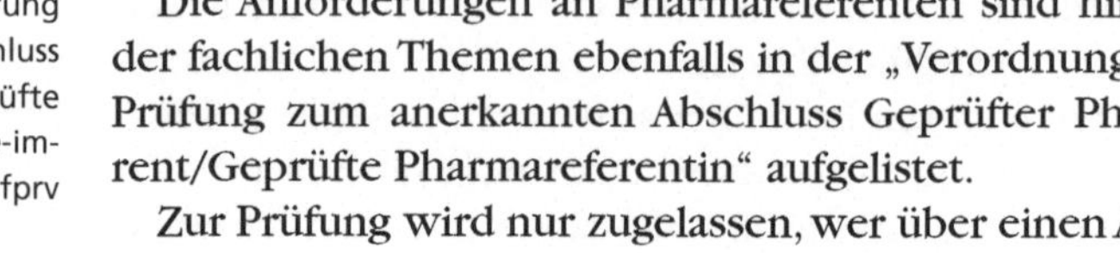

§§ 2,3 „Verordnung über die Prüfung zum anerkannten Abschluss Geprüfter Pharmareferent/Geprüfte Pharmareferentin", www.gesetze-im-internet.de/pharmrefprv

Zur Prüfung wird nur zugelassen, wer über einen Abschluss in einem anerkannten medizinischen, naturwissenschaftlichen, heilberuflichen oder kaufmännischen Ausbildungsberuf verfügt und eine zweijährige Berufspraxis in diesem Bereich mitbringt. Alternativ ist auch eine mindestens fünfjährige einschlägige Berufspraxis möglich. Zudem muss er an einer für die Prüfung qualifizierenden Bildungsmaßnahme teilgenommen haben oder in anderer Weise glaubhaft machen, die entsprechenden Kenntnisse über „Naturwissenschaftliche und medizinische Grundlagen", über „Pharmakologie, die Pharmakotherapie und Krankheitsbilder", über „Arzneimittelrecht, das Gesundheitsmanagement und -ökonomie" sowie über „Kommunikation, Pharmamarkt, Pharmamarketing" auf andere Weise erworben zu haben. Über diesen Weg ist ein Zugang für Studienabbrecher möglich, die hier durchaus Perspektiven finden können, z.B. in der Betreuung von Kliniken.

Pharmareferenten müssen außerdem mobil sein und benötigen für ihre vielen Autofahrten eine gültige Fahrerlaubnis.

Berufsverband der Pharmaberater Deutschland e.V. (BdP), www.bdp-pharmaberater.de

Man sollte zudem unbedingt die Fähigkeit mitbringen, gut mit Menschen in Kontakt zu kommen, selbständig und eigeninitiativ arbeiten zu können, sowie ein gutes Auftreten haben. Ärzte stehen in dem Ruf, Wert auf ein gepflegtes Erscheinungsbild und tadellose Manieren zu legen. Diesem Bild sollte man entsprechen können. Fleiß und Lernbereitschaft gepaart mit einem sympathischen Auftreten treffen die Idealvorstellungen der Pharmaunternehmen oder Vertriebsorganisationen. Für Pharmareferenten steht ein eigener Berufsverband offen, der über die Tätigkeit und die verschiedenen Ausbildungsangebote informiert. Zudem bietet er Fortbildungen an und ist an der Weiterentwicklung des Berufsbildes maßgeblich beteiligt.

Informationen zum Beruf des Pharmareferenten in Österreich, www.pharmig.at

In Österreich gibt es ebenfalls das Berufsbild des Pharmareferenten mit vergleichbaren gesetzlichen Regularien. Die Pharmig, ein Verband der pharmazeutischen Industrie, organisiert für das Bundesministerium für Gesundheit und Frauen die Prüfungsanmeldung sowie die Prüfung nach dem österreichischen Arzneimittelgesetz (AMG). Pharmaberater sind in einem eigenen Berufsverband organisiert.

In der Schweiz gibt es für Pharmaberater und -referenten zwar keine Pflicht, eine staatliche Prüfung abzulegen, das Berufsbild ist hier jedoch ebenso bekannt und ein eigener Berufsverband, der Schweizer Ärztebesucher Verband (SABV), kümmert sich um berufliche Standards. Er unterstützt die Verbandsprüfung durch die swiss health quality association (shqa) und empfiehlt seinen Mitgliedern den Erwerb des Basiszertifikats „zertifizierte/r Pharmaberater/in shqa". Der SABV betreibt zudem eine Jobbörse mit aktuellen Stellenausschreibungen.

Der Pharmaaußendienst wird nicht nur von den pharmazeutischen Unternehmen selbst durchgeführt, sondern vielfach ganz oder teilweise von Dienstleistungsunternehmen (Contract Sales Organisations, CSO) übernommen, um Synergien zu nutzen, Kompetenzen zu bündeln und eine höhere Flexibilität zu gewinnen. Der Markt wird von einigen großen Unternehmen bestimmt, die selbst Nachwuchs für Vertriebsaufgaben aus- und weiterbilden und permanent Mitarbeiter mit und ohne Berufserfahrung einstellen.

Große Unternehmen in der Branche:
- Quintiles, eine Firmengruppe, die in 60 Ländern mit 23 000 Mitarbeitern in den Bereichen „Clinical Research" und „Vertrieb" operiert und mehrere Standorte in Deutschland, Österreich und der Schweiz unterhält
- Pharmexx, die größte CSO in Europa, die mit 4 500 Mitarbeitern in 22 Ländern arbeitet

Mittelgroße Unternehmen in Deutschland:
- Marvecs mit Sitz in Ulm und einigen hundert Mitarbeitern
- Sellxpert mit Sitz in Bruchsal und weltweit einigen hundert Mitarbeitern

Darüber hinaus gibt es eine Fülle von mittelständischen und kleinen Unternehmen, die im deutschsprachigen oder auch europäischen Raum präsent sind. Man findet sie auf Jobmessen der Pharma- und Health-Care-Branche ebenso wie in allen großen Internet-Jobbörsen.

Berufsverband der Pharmareferenten Österreichs (BVPÖ), www.bvpoe.at

Schweizer Ärztebesucher Verband (SABV), www.sabv.ch; swiss health quality association (shqa), www.shqa.ch

2.7 Pharmagroßhandel

Weder die großen Pharmakonzerne noch die kleinen Unternehmen versorgen Ärzte, Apotheken und Krankenhäuser mit Arzneimitteln. Dies ist Aufgabe des Pharmagroßhandels, dessen besondere Kompetenz in einer flächendeckenden Logistik liegt, so dass auch seltene Arzneimittel gelagert werden und kurzfristig verfügbar sind. Über 21 000 Apotheken werden in Deutschland täglich oder in Ballungsräumen auch mehrmals täglich beliefert. Der Pharmagroßhandel liegt nicht in den Händen der pharmazeutischen Unternehmen. In Deutschland gibt es fünf Pharmagroßhändler, die eine flächendeckende Versorgung sicherstellen können: Phoenix Pharmahandel GmbH & Co. KG, Celesio AG, Andreae-Noris Zahn AG (Anzag), Sanacorp Pharmahandel GmbH und Noweda eG, die Einkaufsgenossenschaft der Apotheker. Darüber hinaus gibt es mittelständische Pharmagroßhändler, die im Verbund die Versorgung der Apotheken sicherstellen. Alle sind im Bundesverband des pharmazeutischen Großhandels (PHAGRO e.V.) organisiert, den es bereits seit über 100 Jahren gibt. Mit dieser Struktur soll ein Minimum an Wettbewerb gewährleistet werden, weiteren Konzentrationsbemühungen in Deutschland hat das Bundeskartellamt bisher einen Riegel vorgeschoben. Daneben betreiben ungezählte Apotheker neben dem Betrieb ihrer Apotheke einen Zwischenhandel und beliefern andere Apotheken mit Arzneimitteln. Öffentliche Aufmerksamkeit genießt das Thema „Pharmagroßhandel" immer dann, wenn aus gesundheitsökonomischen Gründen Handelsspannen zur Diskussion gestellt werden oder wenn Großhändler Versuche unternehmen, den Versandhandel mit Arzneimitteln auszudehnen.

In Österreich findet man eine ähnliche Situation vor. Neun Großhändler beliefern den Markt und stellen die Arzneimittelversorgung sicher. In der Schweiz versorgen vier im Verband pharmalog.ch zusammengeschlossene private Pharmavollgrossisten – Amedis-UE, Galexis, Unione Farmaceutica und Voigt – die Apotheken und Krankenhäuser des Landes. Im internationalen Vergleich sind diese Unternehmen immer noch sehr klein.

Der Pharmagroßhandel hängt weniger von der naturwissenschaftlich-pharmakologischen Kompetenz seiner Mitarbeiter ab, sondern eher von deren kaufmännischem Vermögen, Kundenorientierung und ausgeprägtem Logistik-Know-how. Erwartet wird von Mitarbeitern Verhandlungsgeschick, Erfahrung im Einkauf und Internationalität. Englischkenntnisse sind zwingend, das Beherrschen anderer Sprachen wird gerne gesehen. Insgesamt ist das Arbeitsumfeld weniger akademisch geprägt als die Pharmaindustrie. Wirtschaftswissenschaftler mit Spezialkenntnissen im Bereich „Finanzen und Controlling",

technische Assistenten, IT-Spezialisten sowie vereinzelt auch Naturwissenschaftler und Pharmazeuten finden gute Ein- und Aufstiegsmöglichkeiten. Kaufmännische Mitarbeiter werden in der Auftragsannahme und -bearbeitung, im Einkauf, in der Finanzabteilung und in der Kundenbetreuung eingesetzt. Die großen Unternehmen bilden diese Mitarbeiter selbst aus, bieten zudem duale Studiengänge und/oder Traineeprogramme an, die für Berufseinsteiger interessant sein können. Die Stellen findet man am besten auf den entsprechenden Karriereseiten der Unternehmen.

2.8 Personalwirtschaft und Finanzwesen

Die pharmazeutische Industrie bietet neben den bereits vorgestellten typischen Berufsbildern viele interessante Aufgabenstellungen für Menschen, die sich für Querschnittsaufgaben wie Personal und Finanzen interessieren. Diese Tätigkeiten kommen keineswegs nur für Ökonomen, Juristen, Psychologen oder Sozialwissenschaftler in Betracht. Gerade der Pharmabereich sucht Mitarbeiter mit naturwissenschaftlichem, pharmazeutischem oder medizinischem Hintergrund für bestimmte personalwirtschaftliche Aufgaben.

Dazu gehören vor allem das Recruiting von Personal und die innerbetriebliche Ausbildung. Wer Nachwuchskräfte für ein Unternehmen gewinnen will, tut sich leicht, wenn er Ausbildungsgänge und Sozialisation der Zielgruppe kennt und weiß, was sie anspricht. Im Übrigen ist er selbst ein gutes Beispiel für die Bandbreite an Möglichkeiten, die in der Wirtschaft offenstehen. Wer Freude am Umgang mit Menschen hat, findet vielleicht eher hier als Human Resources Referent oder Human Resources Manager seine Berufung als in der Forschung oder Produktion.

Human Resources (HR) – HR-Referent, HR-Manager

Im Finanzwesen sind in der Pharmaindustrie die Felder internes und externes Rechnungswesen genauso relevant wie in anderen Industriezweigen. Zudem geht es um die Steuerung von Liquidität, die Finanzierung von Investitionen, die Wiederanlage verfügbarer Kapitalmittel und den Umgang mit Währungsschwankungen. Für all diese Aufgaben werden kaufmännische Experten ebenso gesucht wie Nachwuchskräfte. Techniker, Naturwissenschaftler und Ingenieure sind in diesem Umfeld die Ausnahme, es finden sich aber Menschen mit Doppelqualifikationen.

Finanzmanager, Controller, Buchhalter, Treasurer

3 Berufsfelder in der Biotechnologie

3.1 Wirtschaftliche Rahmenbedingungen

Das Wort „Biotechnologie" hat sich zu einem schillernden Begriff entwickelt, der sehr unterschiedliche Assoziationen auslöst. Während einige damit Begriffe wie „Gentechnik" und „Genmanipulation" verbinden und um ihre Gesundheit fürchten, bedeutet er für andere die Zukunft der Arzneimittelentwicklung, verbunden mit der Hoffnung, heute noch unheilbare Krankheiten besser behandeln zu können, und für Dritte die Aussicht auf lukrative Gewinne ihrer Kapitalanlagen.

Für Verwirrung sorgt bereits die unterschiedliche Verwendung des Begriffs. Zum einen bezeichnet Biotechnologie, wie das Wort auch nahelegt, eine Technologie, die in unterschiedlichen Branchen eingesetzt wird. Dazu gehören die pharmazeutische Industrie, die Lebensmittelindustrie, die chemische Industrie und die Agrarwirtschaft ebenso wie die Kunststoffindustrie und die Energieversorger – ein sehr breites Anwendungsfeld für biotechnologische Herstellungsprozesse.

Zum anderen wird Biotechnologie als Branche verstanden, mit der viele Zukunftshoffnungen in Bezug auf medizinischen Fortschritt, neue Materialien und Technologien sowie Beschäftigungswirksamkeit verbunden werden.

Daher wird diese Branche wirtschaftlich stark gefördert, was mit der Erwartung verbunden ist, dass sie in großem Umfang zukunftsfähige Arbeitsplätze in Deutschland schafft. In den USA setzte die Entwicklung einer nationalen Biotechnologie-Industrie bereits 1976 mit der Gründung des ersten Biotechnologieunternehmens, Genentech, ein. Das Unternehmen konnte bereits 1978 die Rechte an rekombinantem Humaninsulin an Eli Lilly & Co. verkaufen, die 1982 die Zulassung erhielten. Dies war der Grundstein für die Entwicklung eines erfolgreichen Industriezweiges während der 80er Jahre und macht die USA bis heute zur führenden Biotechnologienation.

In Deutschland war bis in die 90er Jahre hinein die Situation für den Aufbau von Biotechnologieunternehmen sehr schwierig. Die strikte Trennung von Wirtschaft und Wissenschaft behinderte den Know-how-Transfer und die Skepsis von Kapitalgebern und Pharmaunternehmen erschwerte die Finanzierung von Start-up-Unternehmen. Dies änderte sich erst mit der

Biotechnische-Industrie-Organisation in Deutschland (BIO Deutschland), www.biodeutschland.org; Deutsche Industrievereinigung Biotechnologie (DIB), www.dib.org; Vereinigung Deutscher Biotechnologie-Unternehmen (VBU), www.v-b-u.org

Aktivitäten des Bundesministeriums für Bildung und Forschung, www.biotechnologie.de

Einführung des BioRegio-Wettbewerbs 1996. Ziel war es, Konzepte zur Kooperation von Wirtschaft, Wissenschaft und öffentlichen Stellen zu fördern, die einen erfolgreichen Technologietransfer sicherstellten. Gleichzeitig fanden sich in den Folgejahren bis 2001 Venture-Capital-Geber zur Finanzierung der neu gegründeten Unternehmen und die Kapitalmärkte ermöglichten frühe Börsengänge. Selbst wenn mit dem Börsencrash 2001 die erste große Finanzierungswelle endete und bei näherem Hinsehen nicht alles, was unterstützt wurde, auch nachhaltig erfolgreich war, so genießt die Branche immer noch hohe politische Aufmerksamkeit und wird in vielfältiger Form öffentlich gefördert, wobei der Schwerpunkt heute auf der Förderung eines schnellen Technologietransfers aus der akademischen Forschung in die Praxis liegt. Im Vergleich zu der großen Biotechnologienation USA und den aufstrebenden Ländern Singapur, Südkorea und Kanada hinken die öffentlichen Förderungen hierzulande zwar hinterher, können einem europäischen Vergleich aber standhalten. Besondere Aufmerksamkeit genießt die frühe Internationalisierung dieser jungen Unternehmen. Das in den Biotechnologie-Clustern und den „BioRegionen" zur Verfügung stehende Know-how erleichtert es jungen Unternehmen von Beginn an, den Zugang zum wichtigsten Zielmarkt USA und zu anderen Märkten zu bekommen.

Die Finanzierung hat sich nach der Anfangseuphorie zwar als immer schwieriger herausgestellt, stabilisiert sich aber seit einigen Jahren auf einem niedrigeren Niveau. Während in der Anfangszeit Venture-Capital-Geber dominierten, treten heute vorwiegend vermögende Privatleute in Erscheinung, die Geld in Biotechnologieunternehmen investieren. In Deutschland ist dies der SAP-Mitgründer Dietmar Hopp sowie Thomas Strüngmann, der gemeinsam mit seinem Bruder Andreas das Unternehmen Hexal aufgebaut und an Novartis verkauft hat. Andere Finanzierungsmodelle entstehen aus Kooperationen mit großen Pharmakonzernen.

Die öffentliche Förderung hat in Deutschland dazu geführt, dass Biotechnologie an vielen Standorten in Deutschland als Hoffnungsträger gesehen wurde. Auf diese Weise sind nicht nur in unmittelbarer Nähe zu großen Pharma- oder Forschungsstandorten Biotechnologieunternehmen entstanden, sondern auch abseits der großen Zentren. Schwerpunkte konnten sich in Deutschland rund um München und Berlin, in den Regionen Rhein-Neckar und Rhein-Main, im Rheinland und in Hamburg etablieren. In Österreich ist Biotechnologie neben Wien vor allem in Tirol vertreten und in der Schweiz in den Regionen Basel und Zürich.

Über Biotechnologie als Branche stehen verschiedene Berichte zum Teil mit umfangreichem Zahlenwerk zur Verfügung, die leider nicht ganz konsistent sind, weil die Abgrenzung der

Biotechnology Map of Germany 2011, Ernst & Young: www.ey.com

Branche oder die Zuordnung zur Biotechnologie unterschiedlich vorgenommen wird. An erster Stelle sei der Branchenreport von Ernst & Young genannt, der jährlich erscheint und mit vielen Daten die Situation der Biotechnologie in Deutschland beleuchtet. Demnach gibt es in Deutschland derzeit (Stand Ende 2009) 531 Unternehmen, die sich ausschließlich mit Biotechnologie beschäftigen und über 14 500 Mitarbeiter verfügen. Die überwiegende Anzahl der Unternehmen hat demzufolge weniger als 50 Beschäftigte und die wenigen großen Biotechnologieunternehmen in Deutschland, wie Evotec (knapp 500) oder Morphosis (über 400), sind mit einigen hundert Mitarbeitern immer noch kleine Mittelständler. Nicht enthalten sind in diesen Zahlen Firmen, die nicht mit molekularbiologischen Methoden, sondern wie Unternehmen der Umwelttechnologie oder Nahrungsmittelindustrie mit klassischen biotechnologischen Methoden arbeiten, sowie reine Analysebetriebe, auch wenn sie mit molekularbiologischen Methoden arbeiten.

Dazu gehört etwa Eurofins Scientific, ein deutsch-französisches Unternehmen, das sich auf Analysen aller Art spezialisiert hat und mit über 7 000 Mitarbeitern in mehr als 30 Ländern (davon 1 800 in Deutschland) zu den Großen der Branche gehört. Die bekanntesten deutschen Unternehmen sind Qiagen und GATC. Neben den Mitarbeitern in reinen Biotechnologieunternehmen gibt es noch einmal etwa die gleiche Zahl an Mitarbeitern, die in biotechnologischen Prozessen anderer Industriezweige tätig sind.

Exkurs: Finanzierung von Biotechnologieunternehmen

Aufgrund der langen Entwicklungszyklen, die insbesondere auf dem Gebiet der Wirkstoffentwicklung in der medizinischen Biotechnologie benötigt werden, haben sich für die Finanzierung junger Biotechnologieunternehmen eigene Spielregeln etabliert, die in dieser Form und Kombination in anderen Branchen nicht zu finden sind.

In der ersten Phase eines Biotechnologieunternehmens muss die Gründung selbst vorbereitet werden. Das Unternehmen braucht Geld für die Forschungsarbeiten, die notwendig sind, um den Proof of Concept der Technologie vorzubereiten, und es braucht Geld für die Ausbildung der Gründer, die in der Regel aus der Wissenschaft kommen und an unternehmerische Aufgaben herangeführt werden müssen. Für diese Frühphasenfinanzierung stehen herkömmliche Kreditmittel der Geschäftsbanken oder der Kreditanstalt für Wiederaufbau (KfW) in der Regel nicht zur Verfügung. Auch Privatinvestoren, die sich direkt an Unternehmen beteiligen oder über Venture-Capital-Fonds Geld investieren, wollen das hohe Risiko dieser Anfangsphase nicht tragen. Für die Frühfinanzierung greifen die Unternehmensgründer daher in der Regel auf eigene Mittel zurück und sind auf öffentliche Förderungen angewiesen, z.B. durch die Exist-Programme des Bundesministeriums für Wirtschaft und Technologie, das Gründerstipendien vergibt und Forschungstransfer finanziert, oder GO-Bio, einer Initiative des Bundesministeriums für Bildung und Forschung. Diese Pre-Seed-Phase dauert zwischen zwölf und 36 Monaten und ist noch bestimmt von einer engen Zusammenarbeit zwischen den Gründern und der akademischen Einrichtung, aus der sie stammen. In der Gründungsphase selbst stehen für die Durchführung des Proof of Concept Mittel des High-Tech Gründerfonds und ggf. auch private Geldgeber in Form von Business Angels zur Verfügung, die zu diesem frühen Zeitpunkt bereits für ein Investment begeistert werden können. Die öffentliche Förderung überwiegt hier aber in der Regel gegenüber dem privaten Engagement. Dieser Zeitraum von zwölf bis 18 Monaten wird häufig als Seed-Finanzierung bezeichnet. Ähnliche öffentliche Fördermittel stehen auch in der Schweiz und Österreich zur Verfügung.

Anschließend in der First- und Second-Stage-Finanzierung spielen institutionelle Investoren eine zunehmend wichtigere Rolle. Venture-Capital-Unternehmen und Beteiligungsgesellschaften investieren in Unternehmen, deren Geschäftsmodell und deren Gründungsmannschaft sie überzeugt hat. Diese Unternehmen sind entweder breit aufgestellt und finanzieren branchenunabhängig in neue Technologien oder sie sind auf Biotechnologiegründungen spezialisiert und fokussieren sich ausschließlich auf diesen Markt. Zu diesem Zweck sammeln sie Geld von Privatleuten (Private Equity) ein und bilden Fonds, die sich an mehreren Gründungen beteiligen, was für den Anleger eine Risikostreuung bedeutet, oder sie beteiligen sich direkt an den Unternehmen. Eine neuere Entwicklung stellen Venture-Capital-Gesellschaften dar, die von Pharmakonzernen gegründet werden. So können z.B. die Novartis Venture Funds bereits auf einige Jahre Erfahrung zurückblicken, während Merck Serono 2009 und Boehringer 2010 Venture-Capital-Fonds gründeten, um in junge Biotechnologieunternehmen zu investieren. Über diese Finanzierungsform wird ggf. in mehreren Runden eine Wirkstoffentwicklung bis zur klinischen Prüfung in Phase I (ggf. auch einschließlich Phase I) finanziert. Diese Phasen dauern mehrere Jahre und können bereits mehrere hundert Millionen Euro verschlingen, ohne dass bis dahin Gründer oder Investoren Geld verdient haben. Zu diesem Zeitpunkt ist dann ein Exit möglich, d.h., die Eigentümer können versuchen, das Unternehmen an der Börse zu platzieren, oder sie verkaufen es komplett an ein Pharmaunternehmen.

Alternativ zu diesem Finanzierungsverlauf haben sich in den letzten Jahren unter dem Begriff „Partnering" verschiedene Modelle zur Finanzierung der Wirkstoffentwicklung durch Pharmaunternehmen etabliert, die beiden Partnern Vorteile bringen. Pharmaunternehmen sichern sich durch die frühe Beteiligung an Biotechnologieunternehmen den Zugriff auf die entwickelten Wirkstoffe und ergänzen ihre eigenen Forschungsaktivitäten. Die Varianten, die sich dazu herausbilden, sind sehr unterschiedlich und reichen von der Kapitalerhöhung und direkten Beteiligung an einem Unternehmen über Kreditvergaben bis zum Erwerb von Patentlizenzen. Die Mittel fließen anhand verabredeter Meilensteine und nur im Erfolgsfall, d.h., die Partner verabreden bestimmte Erfolgsparameter, wie z.B. Eintritt in die nächste Phase einer klinischen Prüfung, und machen davon die nächste Zahlung abhängig. Auf diese Weise reduzieren Investoren ihr Risiko und Biotechnologieunternehmen müssen ihre Forschungsaktivitäten sorgfältig planen und den Aufwand abschätzen können. Insgesamt ist die Finanzierung von Biotechnologieunternehmen seit der Börsenkrise 2001 sowohl auf der Seite der Kapitalgeber als auch in den Unternehmen selbst erheblich professioneller geworden und damit zu einem spannenden Arbeitsfeld für Kaufleute, die sich hier einarbeiten wollen.

3.2　Rote oder medizinische Biotechnologie

Rote Biotechnologie macht mit 188 Wirkstoffen 16 Prozent des gesamten Umsatzes im Pharmamarkt aus

Eine ganz andere Sichtweise auf Biotechnologie ergibt sich aus der Unterteilung in Anwendungsfelder, die durch eine sprechende Farbgebung unterstützt wird. Starten wir mit der roten Biotechnologie.

Darunter wird der Einsatz von molekularbiologischen Methoden in der Medizin verstanden. Man unterscheidet grundsätzlich zwischen den Produktgruppen „Wirkstoffe" und „Diagnostika". Erstere dienen zur Behandlung; Letztere zum Nachweis von Krankheiten entweder durch krankheitsrelevante Proteine oder durch verändertes Erbgut. Ende 2009 waren bereits 188 Biopharmazeutika verfügbar, davon 54 Impfstoffe, 32 Insuline und 22 monoklonale Antikörper. Der Rest verteilt sich auf Hormone, Enzyme und Gerinnungsmodulatoren. Die Wirkstoffe kommen dabei hauptsächlich in den Behandlungsfeldern Immunologie, Onkologie und Stoffwechselerkrankungen zum Einsatz.

Mit diesen Medikamenten wurde im Jahr 2009 in Deutschland ein Umsatz von 4,7 Milliarden Euro erzielt. Das entspricht 16 Prozent des gesamten Pharmamarktes. Von 44 neu zugelassenen Medikamenten im Jahr 2009 sind zwölf Biopharmazeutika. Im Durchschnitt der letzten Jahre betrug der Anteil der Biopharmazeutika 25 Prozent der neu zugelassenen Medikamente. Schon diese wenigen Zahlen machen deutlich, dass die medizinische Biotechnologie aus der Medikamentenentwicklung nicht mehr wegzudenken ist. Dies wird noch deutlicher, wenn man auf die Anzahl der Wirkstoffkandidaten blickt. Ende 2009 waren 468 Wirkstoffe, vorrangig Impfstoffe und Medikamente für die Krebstherapie in der klinischen Prüfung, davon 89 in Phase III. Neben den Wirkstoffentwicklern und -produzenten gibt es auf dem Gebiet der medizinischen Biotechnologie eine Reihe von Unternehmen, die Technologieplattformen, z.B. Basistechnologien zur Genom- oder Proteomanalyse, entwickelt haben und diese anderen Unternehmen und öffentlichen Forschungseinrichtungen zur Verfügung stellen oder die in diesem Bereich als Dienstleister und Zulieferer tätig sind. Zu den Dienstleistungen gehören z.B. High-Throughput-Screening für das Auffinden von Wirkstoffen aus Substanzdatenbanken und molekularbiologische Arbeiten (Sequenzierungen, Synthesen, Herstellung rekombinanter Proteine).

Insgesamt sind im Bereich der roten Biotechnologie in Deutschland knapp 35 000 Menschen beschäftigt, die 5,7 Milliarden Euro erwirtschaften (Stand Ende 2009). Dabei ist nun seit Jahren ein geringes Wachstum bei den Beschäftigtenzahlen und ein stabiles Umsatzwachstum zu verzeichnen. Die Branche hat sich auch während der Finanzkrise als robust erwiesen. Die Zukunftprognosen sind im Hinblick auf den gestiegenen Bedarf an medizinischer Versorgung durch eine alternde Bevölkerung in den Industrieländern und steigende Ansprüche der Bevölkerung in sich entwickelnden Staaten wie den BRIC-Ländern (Brasilien, Russland, Indien, China) sehr positiv zu bewerten. Hinzu kommen neue Felder wie die genetische Beratung, deren Einsatzmöglichkeit noch in den Anfängen steckt.

Dienstleistungen in der roten Biotechnologie
Arzneimittelentwicklung:
– Methoden der Grundlagenforschung
– Wirkstofferforschung und -entwicklung
– präklinische Entwicklung
Auftragsentwicklung:
– Diagnostika
– Testsysteme
– Medizinprodukte und biomedizinisches Material
– molekularbiologische Werkzeuge
– Methoden und Prozesse
Auftragsproduktion:
– Antikörper
– Nukleinsäuren
– Biopharmazeutika und -impfstoffe
– Proteinexpression und Proteinfermentation
– Peptidsynthese
Analytik:
– In-vitro-Diagnostik
– biologisches Material
– Arzneimittel
Bioinformatik:
– Analyse experimenteller Daten
– Genom- und Sequenzanalysen
– Entwicklung von Software
– Hochdurchsatz-Screening
Sonstiges:
– Aufbewahrung von biologischem Material (Proben) und Logistik

3.3 Weiße oder industrielle Biotechnologie

Weiße Biotechnologie ist die Anwendung von Naturwissenschaft und Technologie an lebenden Organismen, deren Teilen sowie Produkten von ihnen, so die offizielle Definition der Organisation für wirtschaftliche Zusammenarbeit und Entwicklung (OECD).

In Deutschland ist die weiße Biotechnologie ein bedeutender Wirtschaftszweig, der einer breiteren Öffentlichkeit jedoch weitgehend unbekannt ist. Dies liegt im Wesentlich daran, dass hier Vorprodukte für andere Industriezweige hergestellt werden, z.B. Enzyme für die Waschmittelproduktion, Aromastoffe für die Lebensmittelindustrie, Aminosäuren für Tierfutter und Fettstoffe für Kosmetikhersteller. Ein anderer Zweig der weißen Biotechnologie beschäftigt sich mit Ersatzprodukten für fossile Brennstoffe, Biogas, Bioethanol und Biowasserstoff. Und recht neu ist die Entwicklung und Herstellung von Biopolymeren, die derzeit noch überwiegend im Forschungsstadium steckt, aber über viel Potenzial für eine industrielle Anwendung verfügt. Der Anteil der biotechnologischen Kunststoffe beträgt derzeit EU-weit erst 3 Prozent.

Während es in der roten Biotechnologie um die Entwicklung von Wirkstoffen oder Diagnostika geht, die im Fall der Zulassung aufgrund ihres Patentschutzes und der Preisgestaltungsmöglichkeiten der Produzenten, einen Return on Invest sicherstellen, befinden sich die Produzenten weißer Biotechnologie in einem permanenten Kostenwettbewerb mit Produkten, die über vergleichbare Eigenschaften verfügen, aber überwiegend petrochemisch produziert werden. Gefragt sind innovative Produkte, die schnell die Marktreife erlangen und sich auch in margenschwachen Segmenten durchsetzen können. Die Hauptaktivitäten der weißen Biotechnologie finden in den großen Industrieunternehmen der jeweiligen Branche wie BASF, Henkel und Wacker Chemie statt. Dezidierte Biotechnologieunternehmen dieses Zweiges gibt es in Deutschland rund 50 mit einem Umsatzvolumen von 150 Millionen Euro im Jahr 2009. Eines der größten ist die B.R.A.I.N AG in Zwingenberg.

3.4 Grüne oder Pflanzenbiotechnologie

Die grüne Biotechnologie beschäftigt sich mit Pflanzen, um das Saatgut für die Gewinnung von Nahrungs- und Futtermitteln zu verbessern oder Pflanzenschutzmittel herzustellen. Es geht um Resistenzen gegen Schädlinge, die Verträglichkeit von Unkrautvernichtungsmitteln oder die qualitative oder quantitative Verbesserung der Erträge. Auch in der Biomasseproduktion wird biotechnologisch gearbeitet. So soll die Gewinnung von Ethanol durch den Einsatz gentechnisch veränderter Pflanzen effizienter werden. Damit werden Ziele verfolgt, wie sie auch bisher mit klassischen Methoden der Pflanzenzucht angestrebt wurden.

Was bisher durch Kreuzung und Selektion erfolgte, kann nun mit gentechnischen Methoden in wesentlich kürzerer Zeit erzielt werden. Hinzu kommt, dass mit gentechnischen Methoden Eigenschaften auch nicht-verwandter Arten kombiniert werden können. Ein transgener Mais (BT-Mais), der resistent gegen Larven des Maiszünslers ist, enthält ein Gen zur Produktion eines für den Schädling giftigen Proteins. Das Gen stammt aus dem Bakterium Bacillus thuringiensis. Ein weiteres Beispiel ist Goldener Reis. Durch Einbau zweier artfremder Gene, eines aus Narzissen, eines aus einem Bakterium, wurde erreicht, dass der Reis Provitamin A produziert, ein Stoff, den Menschen nur über Nahrungsmittel aufnehmen können. Mangelerscheinungen an Provitamin A kommen in vielen Entwicklungsländern vor und führen zu Augenkrankheiten bis hin zur Erblindung.

Goldener Reis, entwickelt von Ingo Potrykus, ETH-Zürich, zusammen mit Peter Beyer, Albert-Ludwigs-Universität Freiburg

Innerhalb der Europäischen Union sind gentechnische Veränderungen an Pflanzen für die Herstellung von Nahrungs- oder Futtermitteln äußerst umstritten und der Anbau von Versuchsflächen ist genehmigungspflichtig. Der Anbau transgener Pflanzen unterliegt der EU-Freisetzungsrichtlinie. In Deutschland wurde sie ins Gentechnikgesetz übernommen. Die Entscheidung über eine Freisetzung ergeht im Benehmen mit dem Bundesamt für Naturschutz und dem Robert Koch-Institut sowie dem Bundesinstitut für Risikobewertung. Zuvor ist eine Stellungnahme des Julius Kühn-Instituts, Bundesforschungsinstitut für Kulturpflanzen, einzuholen und – soweit gentechnisch veränderte Wirbeltiere oder gentechnisch veränderte Mikroorganismen, die an Wirbeltieren angewendet werden, betroffen sind – auch eine des Friedrich-Loeffler-Institutes.

In Österreich ist aufgrund des österreichischen Gentechnikgesetzes das Bundesministerium für Gesundheit federführend zuständig. Beteiligt werden weiterhin das Bundesministerium für Wissenschaft und Forschung sowie das Bundesministerium für Land- und Forstwirtschaft, Umwelt und Wasserwirtschaft.

In der Schweiz ist aufgrund des Bundesgesetzes über den Umweltschutz der Schweizer Bundesrat zuständig. Er hat gerade ein bestehendes Moratorium bis 2013 verlängert, das die kommerzielle Nutzung von gentechnisch veränderten Pflanzen und Tieren in der Schweiz verbietet. Während in Deutschland und vielen anderen europäischen Ländern Genehmigungen nur schwer erzielbar sind und zunächst der Nachweis erbracht werden muss, dass der Schutz von Mensch und Umwelt gewährt ist, werden weltweit auf rund 125 Millionen Hektar transgene Pflanzen angebaut, vor allem in den USA und Argentinien. Selbst gentechnisch veränderte Pflanzen für industrielle Anwendungen durchlaufen einen langjährigen Genehmigungsprozess, wie das Beispiel der Kartoffel Amflora zeigt, deren Stärke für die Papier- und Klebstoffindustrie verwandt werden soll. Der kommerzielle Anbau dieser Kartoffelsorte wurde 2010 nach 13 Jahren genehmigt.

Diese Situation hat zwar Einfluss auf die Beschäftigungschancen in diesem Industriezweig in Deutschland und in weiten Teilen Europas, sollte aber nicht darüber hinwegtäuschen, dass die Branche weltweit von großer wirtschaftlicher Bedeutung ist. Insgesamt gibt es in Deutschland 130 Betriebe, die sich mit Handel und Herstellung von Saatgut beschäftigen und mit 12 000 Mitarbeitern einen Umsatz von knapp 1,5 Milliarden Euro erwirtschaften.

60 Unternehmen verfolgen eigene Zuchtprogramme, statistisch nicht erfasst ist, wie viele Unternehmen davon biotechnologisch arbeiten und wie hoch der Anteil der Beschäftigten in diesem Bereich ist. Angesichts der großen Aufgabe Welternährung kommt der Pflanzenzucht insgesamt eine erhebliche Bedeutung zu, die sich in hohen Aufwendungen für die Forschung niederschlägt, so dass sich interessante Arbeitsplätze finden lassen.

Bundesverband Deutscher Pflanzenzüchter e.V. (BDP), www.bdp-online.de, Karriere in der Pflanzenzüchtung (pdf)

3.5 Blaue oder aquatische Biotechnologie

Blaue oder aquatische Biotechnologie – dient der züchterischen Verbesserung von Fischen und Schalentieren sowie der Nutzung von Meerestieren zur Gewinnung von neuen Wirkstoffen

Die „Farbpalette" ist noch nicht zu Ende. Großes Potenzial wird der blauen oder aquatischen Biotechnologie zugesprochen, die sich mit der Nutzung von im Wasser befindlichen Ressourcen beschäftigt. Da Meere der Lebensraum für ca. 80 Prozent aller Lebewesen sind, bieten sich hier eine Fülle von Substanzen und Verbindungen an, die für den Erhalt unserer Ökosysteme, für die Behandlung von Krankheiten, für Nahrungs- und Futtermittel und für Anwendungen der chemischen Industrie interessant sein können. So versuchen Forscher aktuell aus oder nach dem Vorbild von Byssusfäden von Muscheln einen medizinischen Klebstoff zu entwickeln.

Bereits etabliert hat sich die Aufzucht von Fischen und Schalentieren in Aquakulturen. Der Anteil an der gesamten Weltfischereiproduktion liegt inzwischen bei 30 Prozent. Produziert wird nahezu weltweit. In Asien sind China, Vietnam und Thailand führend, in den USA und Kanada gibt es Kulturen für unterschiedlichste Süß- und Salzwasserfische, in Südamerika sind die Länder Chile, Ecuador, Kolumbien und Peru aktiv und in Europa gibt es Aquakulturen vorwiegend in Norwegen und Griechenland, aber auch in Deutschland werden einige Großanlagen betrieben, z.B. in Jessen zur Produktion von Kaviar.

Die Zuchtmethoden beschränkten sich lange auf selektive Programme aus der Nachzucht von Wildfängen zur Erzielung der gewünschten Merkmale. Mit zunehmender Identifizierung von Fischgenen kommen auch molekularbiologische Verfahren in der Fischzucht zum Einsatz, um die gewünschten Effekte in der Farbe, dem Geschmack und der Beschaffenheit zu erreichen. Außerdem spielt die Weiterentwicklung von Fischfutter für die kommerzielle Aufzucht eine große Rolle. So ist Astaxanthin ein natürliches Pigment aus einer Alge, das in der Lachsmast eingesetzt wird, um den Fischen eine möglichst rote Farbe zu geben. Es kann auch synthetisch hergestellt werden, wurde aber durch die Firma Igene Biotech, USA, mit Hilfe von Genklonierungstechniken biotechnologisch hergestellt und wird auch heute noch im industriellen Maßstab produziert.

Aquabiotechnologen beschäftigen sich neben der züchterischen Verbesserung von Fischen und Schalentieren mit der Bekämpfung von Krankheiten und Parasiten in Kulturen und arbeiten an der Entwicklung von Biosensoren zur Früherkennung von Kontaminationen in Wasser und Meerestieren. Als ökonomisch erfolgreich hat sich die Gewinnung von Gefrierschutzproteinen aus einigen Fischarten herausgestellt. Mit der gentechnischen Einführung dieser Proteine sind sowohl für Pflanzen als auch für Tiere niedrige Temperaturen besser verträglich. Zudem spielen diese Proteine in der Speiseeisherstellung und in der Medizin eine Rolle. Eine weitere biotechnologische Anwendung ist der Einsatz des grün fluoreszierenden Proteins (GFP) als Marker. Damit können lebende Zellen in Bakterien, Pflanzen und Tieren gekennzeichnet und Vorgänge in lebenden Zellen sichtbar gemacht werden.

Unternehmen, die sich mit blauer Biotechnologie beschäftigen, sind in Deutschland noch rar gesät. Am weitesten fortgeschritten scheint eine Anwendung des BASF-Konzerns zu sein, Rapspflanzen mit Genen von Algen zu kombinieren, um künftig Omega-3- und Omega-6-Fettsäuren auf dem Feld herstellen zu können.

Interessant ist das Exzellenz-Zentrum BIOTECmarin, das die Ergebnisse wissenschaftlicher Arbeit mit Hilfe öffentlicher Förderung in kommerziellen Produkten zur Anwendung bringen will. U.a. entwickelt man derzeit Substanzen aus Schwämmen zur Oberflächenbehandlung von Schiffen.

BMBF-Exzellenz-Zentrum
BIOTECmarin
Institut für Physiologische Chemie
und Pathobiochemie
Universität Mainz
Duesbergweg 6
D-55099 Mainz
www.biotecmarin.de

Das Potenzial der blauen Biotechnologie wird als außerordentlich groß eingeschätzt, so dass sich hier zukünftig Chancen auftun können, für die man sicher noch ein paar Jahre Geduld braucht. Marktdaten mit Umsatz- und Beschäftigtenzahlen stehen aus diesem Grund noch nicht zur Verfügung.

3.6 Graue oder Umweltbiotechnologie

Den farbigen Reigen beendet die graue Biotechnologie. Spätestens seit dem Einsatz dieser Technologie bei großen Umweltkatastrophen durch havarierte Schiffe oder schadhafte Bohrinseln ist auch einer breiten Öffentlichkeit bekannt, dass Mikroorganismen zur Schadstoffbeseitigung verwendet werden können. Sie werden sowohl in der Abfallbeseitigung zum Müllrecycling, zur Behandlung von Abwässern und zur Reinhaltung von Luft als auch in der Altlastensanierung zur Behandlung kontaminierter Böden und verunreinigten Grundwassers eingesetzt. Aus diesem Grund wird häufig der Begriff „Umweltbiotechnologie" verwandt. Neben Mikroorganismen kommen auch Pflanzen zum Einsatz. So ist es gelungen, transgene Pappeln (Erweiterung um ein Gen aus der Bakterium Escherichia coli) zu erzeugen, die stressresistenter gegenüber Schwermetallbelastungen im Boden sind als herkömmliche Pappeln. Sie wachsen dort nicht nur, sondern sie nehmen Schwermetalle aus dem Boden auf, befördern die Schadstoffe in die Blätter und reichern sie dort an, so dass sie eingesammelt und entsorgt werden können. Weitere Versuche gibt es mit Luzernen, Sonnenblumen und Wacholdern.

Die Produktentwicklung im Bereich der Umweltbiotechnologie bewegt sich derzeit weg von End-of-Pipe-Technologien (EOF), d.h. der Nachsorge und dem Abbau bereits entstandener Schadstoffe, hin zu produktionsintegrierten Umweltschutztechnologien (PIUS). PIUS setzt dabei auf einen verminderten Einsatz von Ressourcen, wie geringerer Energie- oder Materialverbrauch, was häufig die komplette Umstellung von Produktionsabläufen nach sich zieht. Durch geringere laufende Kosten kann sich der Aufwand jedoch auch wirtschaftlich lohnen.

Gefördert werden innovative Projekte in diesem Bereich u.a. von der Deutschen Bundesstiftung Umwelt (DBU). Bisher hat die Stiftung über 7 600 Projekte mit mehr als 1,3 Milliarden Euro gefördert. Unternehmen aus der grauen Biotechnologie verfügen noch nicht über einen eigenen Dachverband, so dass keine Zahlen zu Umsätzen und keine Beschäftigungsdaten vorliegen.

Die Deutsche Bundesstiftung Umwelt (DBU) fördert seit 1991 Projekte aus den Bereichen Umwelttechnik, Umweltforschung/Naturschutz und Umweltkommunikation, www.dbu.de

Die meisten Unternehmen sind neben anderen in der Deutschen Vereinigung für Wasserwirtschaft, Abwasser und Abfall e.V. (DWA) organisiert. Hier gibt es weiterführende Informationen über Unternehmen und Bildungsangebote. Geprägt wird die Branche von kleinen und mittelständischen Unternehmen. Sie bietet ein abwechslungsreiches Aufgabenfeld für Techniker, Ingenieure und Biologen.

Deutschen Vereinigung für Wasserwirtschaft, Abwasser und Abfall e.V. (DWA), www.dwa.de

3.7 Stellen in Biotechnologieunternehmen

Die Beschäftigungssituation in der Biotechnologie ist uneinheitlich. Zum einen gibt es große Unternehmen in der chemischen und pharmazeutischen Industrie und auf der anderen Seite viele kleine Neugründungen seit den 90er Jahren. Arbeitsplätze in diesen Klein- und Kleinstunternehmen werden häufig von Stellensuchenden als unsicher empfunden und die großen Unternehmen bevorzugt. Dieses Argument trifft nur teilweise zu. Zwar gibt es unter den kleinen Unternehmen immer einmal wieder eine Insolvenz oder ein Unternehmen wird aufgekauft und zerschlagen und dann gehen Arbeitsplätze verloren. Wenn eine Finanzierungsrunde scheitert, bleibt häufig nur, sich von Personal zu trennen. Dies kommt jedoch immer seltener vor und die guten Mitarbeiter finden sehr schnell wieder etwas Neues und profitieren dabei von der Vernetzung der kleinen Unternehmen untereinander. Ein weiterer Aspekt ist, dass die Tätigkeiten in kleinen Unternehmen im Zweifel vielseitiger und abwechslungsreicher sind, weil die Arbeitsteilung nicht so tief geht wie in Großunternehmen und man im Zweifel mehrere Funktionen gleichzeitig ausübt. Dies bedeutet für manche Mitarbeiter eine Herausforderung, kann aber für andere auch eine Überforderung darstellen. Flexibilität ist jedenfalls ein Muss für alle, die in diesen kleinen Unternehmen bestehen wollen.

Offene Stellen im Bereich der Biotechnologie gibt es für technische Assistenten nahezu aller Fachrichtungen (BTA, CTA, LTA, PTA usw.). Biotechnologieunternehmen konkurrieren bei der Stellenbesetzung sowohl mit großen Konzernen als auch mit dem öffentlichen Dienst um gute Bewerber und können freie Stellen häufig nicht sofort oder nicht in der gewünschten Qualität wiederbesetzen. Dies gilt insbesondere für Firmen, die sich in den großen Ballungsräumen der Biotech-Szene angesiedelt haben. Daher ist es kein Zufall, dass 2010 im Innovations- und Gründerzentrum der Biotechnologieregion München in Planegg-Martinsried eine Schule zur Ausbildung von biologisch-technischen Assistenten ihre Arbeit

Technischer Assistent in der Biotechnologie

aufgenommen hat. Die Nähe zu Praktikums- und Arbeitsplätzen soll für beide Seiten Vorteile bringen. Die Aussichten für Bewerber sind also durchaus gut.

Manchmal ist nur der Einstieg schwer, da Bewerber mit Berufserfahrung bevorzugt werden. Erwartet wird von guten Kandidaten, dass sie möglichst vielseitig ausgebildet wurden, d.h. über ein breites Spektrum von zellbiologischen und molekularbiologischen Methoden verfügen, und dass sie gut englisch sprechen. Die Englischkenntnisse sind zum einen wichtig für alle Arten von Dokumentationen, die häufig in englischer Sprache erfolgen, weil die Unternehmen international kooperieren, internationale Kunden haben oder ihre Zulassungen für internationale Märkte anstreben. Hinzu kommt, dass in vielen Firmen die wissenschaftlichen Mitarbeiter nicht alle fließend deutsch sprechen, so dass sich Englisch als Arbeitssprache in der Biotechnologie sehr weit verbreitet hat. Technische Mitarbeiter, die hier mithalten können, haben große Vorteile. Im Labor sollten insbesondere Anfänger und Mitarbeiter mit wenig Berufserfahrung über ein breites Spektrum verschiedener Analyse- und Bearbeitungsmethoden sowie über gute manuelle Fertigkeiten verfügen. Nicht alle Schritte sind in einem kleinen Biotech-Unternehmen bereits automatisiert. Eine Spezialisierung erfolgt mit zunehmender Berufstätigkeit automatisch. Dabei sollte man entweder in einer sehr nachgefragten Technologie tätig sein oder doch versuchen, möglichst vielseitig zu arbeiten. Wertvoll sind Erfahrungen im Umgang mit den Qualitätsmanagementstandards „Good Manufacturing Practice" (GMP) und/oder „Good Laboratory Practice" (GLP). Im Übrigen erwarten Unternehmen sorgfältiges Arbeiten, auch in Routineangelegenheiten, und eine hohe Bereitschaft, sich in bestehende Teams zu integrieren und gut zusammenzuarbeiten. Die Entwicklungsperspektive von technischen Assistenten ist in vielen Fällen beschränkt, weil sie in Laboren nach Anweisung der wissenschaftlichen Mitarbeiter arbeiten. Die Übernahme von mehr Verantwortung und damit auch bessere Verdienstmöglichkeiten sind nur in wenigen Unternehmen möglich, die eine solche Entwicklung fördern. Stärker verbreitet ist die Haltung, dass technische Assistenten sich zwar fachlich weiterentwickeln sollen, aber kaum Möglichkeiten zu einem hierarchischen Aufstieg haben. Dieser ist Akademikern vorbehalten. Dennoch arbeiten technische Assistenten in einem spannenden Umfeld und werden sehr nachgefragt, was sich auf Gehälter und Nebenleistungen positiv auswirkt.

Stellen für wissenschaftliche Mitarbeiter in Biotechnologie-unternehmen werden unter sehr unterschiedlichen Bezeichnungen angeboten:

- Wissenschaftlicher Mitarbeiter
- Expert
- (Research) Scientist
- Research Assistent
- Research Associate
- Ph.D. level Scientist
- Analytiker
- Assistenzprüfleiter
- Biologe für Forschung und Entwicklung
- Molecular Biologist

So oder ähnlich lauten in Stellenanzeigen die Positionen für wissenschaftliche Mitarbeiter in Biotechnologieunternehmen. Die englischen Stellenbezeichnungen sind dabei keineswegs ausländischen Unternehmen vorbehalten, sondern werden auch in Deutschland, Österreich und der Schweiz verwandt. Da die Branche wächst und zudem ihre Fluktuation ausgleichen muss, gibt es durchaus offene Stellen, allerdings auch erheblichen Wettbewerb unter vielen ähnlich qualifizierten Bewerbern. Die fachlichen Anforderungen hängen von der Tätigkeit des Unternehmens ab und werden in den Ausschreibungen näher beschrieben. Von wissenschaftlichen Mitarbeitern wird in der Regel mindestens ein abgeschlossenes Hochschulstudium, d.h. Diplom oder Master, und häufig auch eine Promotion in einem einschlägigen Fach (Pharmazie, Biologie, Biotechnologie, Chemie, Medizin oder Veterinärmedizin, Agrarwissenschaften u.a.) erwartet, in dem die notwendigen Fachkenntnisse erworben wurden. Die fachlichen Schwerpunkte sowie die Themenstellung der Diplom- bzw. Masterarbeit und Dissertation spielen dabei eine große Rolle und sind der Nachweis für vertiefte Kenntnisse in dem jeweiligen Feld. Auch eine Postdoc-Stelle in der akademischen Forschung kann eine gute Ausgangsposition für eine wissenschaftliche Position in der Biotechnologie sein, wenn das Forschungsgebiet interessant ist und der Kandidat vielleicht sogar in Kooperationen mit Unternehmen gearbeitet hat. Die Einstellung von Bachelorabsolventen erfolgt auf der wissenschaftlichen Ebene kaum. Zusätzlich wird Laborpraxis erwartet, für die manchmal die während der Promotion gesammelten Erfahrungen genügen. Für höhere Positionen ist hingegen mehrjährige Erfahrung in einem industriellen Forschungsumfeld erforderlich. Für die rote Biotechnologie ist es zudem notwendig, nicht nur mit Zellkulturen, sondern auch mit Versuchstieren arbeiten zu können.

Wissenschaftlicher Mitarbeiter in der Biotechnologie

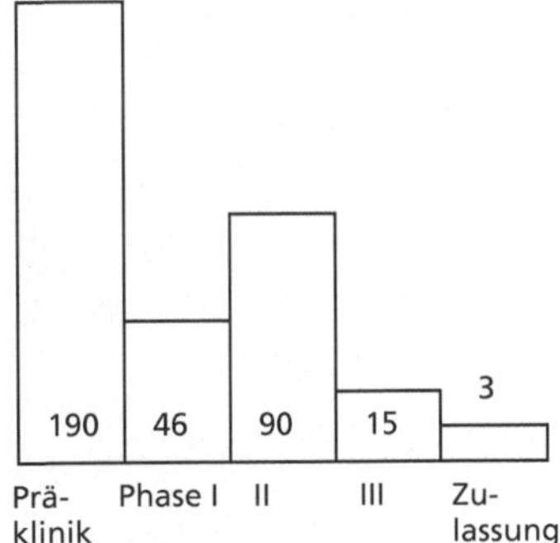

Biotechnologische Wirkstoffe in der Entwicklung 2010

Quelle: Ernst & Young, Deutscher Biotechnologiereport 2011

In fast allen Ausschreibungen werden exzellente Kommunikationsfertigkeiten in Deutsch und Englisch gefordert. Mag man bei der Einstellung von technischen Assistenten darauf noch verzichten wollen, so sind gute Englischkenntnisse für wissenschaftliche Mitarbeiter notwendige Bedingung. Mit der Forderung nach Kommunikationskompetenz ist zudem die Erwartung verbunden, dass Mitarbeiter sich mit Kollegen, Kunden, Behörden, Lieferanten und anderen Gruppen effektiv und zielführend auseinandersetzen können bzw. in der Lage sind, die Ergebnisse ihrer Arbeit vor unterschiedlichen Zielgruppen adäquat zu präsentieren. Die Fähigkeit, sich und andere zu organisieren und eigene Projekte selbständig zu steuern, runden das Profil von Wunschkandidaten ab. Die Berufsperspektiven für wissenschaftliche Mitarbeiter sind gut, weil sie mit zunehmender Erfahrung auch für andere Unternehmen interessant werden und in Positionen als Projektleiter, Team- bzw. Laborleiter aufsteigen können. Diese Positionen sind manchmal auch geeignet für wissenschaftliche Mitarbeiter akademischer Forschungseinrichtungen mit mehreren Jahren Berufserfahrung. Als Leiter noch größerer Einheiten kommen Sie nach mehreren Jahren Berufspraxis in Betracht, wenn Sie neben Ihrer wissenschaftlichen Kompetenz auch Ihre Managementfähigkeiten unter Beweis gestellt haben und wenn Sie bereit sind, den Laborkittel gegen Business-Garderobe einzutauschen.

Vertriebsmitarbeiter in der Biotechnologie

Eine andere Berufsgruppe in der Biotechnologie sind Mitarbeiter im Vertrieb. Auch hier finden sich unterschiedlichste Bezeichnungen wie Mitarbeiter im wissenschaftlichen Außendienst, Sales Manager oder Account Manager, wissenschaftlicher Verkaufsspezialist oder Kundenbetreuer.

Aufgabe dieser Mitarbeiter ist eine intensive fachliche Betreuung ihrer Kunden in Form direkter Besuche und einer gemeinsamer Entwicklung von Produktinnovationen und Lösungen, die Ansprache neuer Kunden, Auftritte im Rahmen von Messen, das Halten wissenschaftlicher Fachvorträge und ggf. das Schreiben wissenschaftlicher Artikeln. Die genaue Aufgabenbeschreibung variiert von Unternehmen zu Unternehmen. Life-Sciences-Experten, die gern im Vertrieb arbeiten würden, werden gesucht und haben interessante Entwicklungsperspektiven. Der Wettbewerb mit gleich qualifizierten Bewerbern ist nicht so groß, da viele gut qualifizierte Naturwissenschaftler Vertriebstätigkeiten nicht übernehmen wollen oder können. Die Möglichkeiten, in andere Felder zu wechseln, sind gut, weil man nach einiger Zeit über gesuchte Berufserfahrungen verfügt. Hinsichtlich der kommunikativen Kompetenzen gelten mindestens die gleichen Anforderungen wie an wissenschaftliche Mitarbeiter. Gutes Ausdrucksvermögen in deutscher und englischer Sprache ist notwendige Voraussetzung

für eine Vertriebstätigkeit. Dazu sollte man Lust haben, auf andere zuzugehen und Kontakte zu knüpfen. Nicht zu unterschätzen ist schließlich die Fähigkeit, Beziehungen über das aktuelle Geschäft hinaus zu pflegen, da viele Unternehmen an langfristigen Kundenbeziehungen interessiert sind. Wenn Sie sich für eine Vertriebstätigkeit bewerben, ist es vorteilhaft, über erste Erfahrungen mit Kunden zu verfügen, selbst wenn diese aus einem völlig anderen Kontext kommen. Im Übrigen können Sie hier persönlich überzeugen und auch dann noch punkten, wenn Ihre wissenschaftlichen Ergebnisse nicht ganz so exzellent sind.

Business Development umschreibt ein Aufgabenfeld, das sich mit der strategischen Planung und der Umsetzung von Geschäftsideen und neuen Produkten beschäftigt. Der Manager Business Development prüft daher in der Regel Produktideen, sammelt Marktdaten und bereitet strategische Entscheidungen im Unternehmen vor. Dieses Verständnis findet sich in vielen Branchen wie Maschinenbau, Automotive und Informationstechnologie.

Manager Business Development in der Biotechnologie

Vor allem in der roten Biotechnologie wird diese Berufsbezeichnung sehr auf die Geschäftsentwicklung im Hinblick auf den An- und Verkauf von Intellectual Property (IP), Patente und Lizenzen, eingeschränkt. Diese Tätigkeit des Business Development entspricht der in pharmazeutischen Unternehmen. Die Aufgaben beziehen sich auf die rechtlichen und kommerziellen Aspekte des unternehmenseigenen IP und dessen Verwertung sowie ggf. auf den Erwerb neuer Lizenzen und Patente. Manchmal wird dieses Aufgabenfeld noch um die Gestaltung von Kooperationen oder um Vertriebsaufgaben ergänzt. Das in Abschnitt 3.1 beschriebene „Partnering" zur weiteren Finanzierung kann ebenso dazu gehören wie der Aufbau von Dienstleistungsbeziehungen. Es lohnt sich, genau hinzusehen, was da gerade ausgeschrieben wird.

Das Anforderungsprofil variiert ebenso stark wie die Aufgabeninhalte. Manchmal überwiegen kaufmännische oder juristische Arbeitsanteile, so dass Juristen oder Kaufleute bevorzugt werden. In anderen Fällen kommt es auf den naturwissenschaftlichen Sachverstand an, dann wird erwartet, dass weitere juristische und kaufmännische Kompetenzen erworben werden entweder z.B. durch ein MBA-Programm oder „on the job". Neben diesen fachlichen Anforderungen sollten Business Developer in Biotechnologieunternehmen unbedingt über Verhandlungskompetenz verfügen und hierin in Deutsch und in Englisch sicher sein. Zudem sollten sie sehr flexibel sein und die Bereitschaft zu weltweiten Dienstreisen mitbringen. Berufseinsteiger erhalten nur Zugang zu diesem Aufgabenfeld, wenn sie zunächst einem erfahrenen Manager über die Schultern schauen können. Praktische Erfahrungen sind mehr wert als einschlägige Weiterbildungsangebote.

Wenn Sie zunächst an anderer Stelle im Unternehmen eingestiegen sind, sollten Sie sich um Projekte kümmern, die Sie gemeinsam mit dem Business Development durchführen können, lesen Sie Brancheninformationen und betrachten Sie Ihre Tätigkeit immer in einem wirtschaftlichen Kontext. Sie können auch über Berufserfahrung im Technologietransfer oder in der Unternehmensberatung ins Business Development wechseln. Von dort aus können Sie entweder in ein größeres Unternehmen innerhalb der Branche oder zum Leiter einer entsprechenden Abteilung im selben Unternehmen aufsteigen. Aber auch eine zunehmende Spezialisierung z.B. zum Portfolio-Manager für ein IP-Portfolio oder zum Experten für Lizenzierungsfragen in einem großen Pharmaunternehmen ist denkbar. Oder der Weg geht in eine Technologietransfergesellschaft oder in die Beratung. Die Vergütungsaussichten sind besser als die der wissenschaftlichen Mitarbeiter und Sie haben sehr gute Chancen, von einer solchen Position in eine Führungsposition in einem Biotechnologieunternehmen zu kommen, sich in diesem Feld als Berater selbständig zu machen oder sich als Partner einer Beratungsgesellschaft anzuschließen.

Die Führungsebenen in Biotechnologieunternehmen sind nicht einheitlich organisiert, ähneln sich aber in der Struktur. So verfügen sie in der Regel über einen wissenschaftlichen und einen kaufmännischen Leiter sowie über einen Vorsitzenden oder Sprecher der Geschäftsführung. Letztere Position wird in sehr kleinen Unternehmen ggf. in Personalunion mit einer der anderen beiden Personen besetzt. Während die kaufmännischen Leiter oder Geschäftsführer, die im Regelfall Chief Financial Officer (CFO) genannt werden, heute zunehmend ein kaufmännisches Studium absolviert und Berufserfahrung im Finanzsektor oder in der Beratung haben, wird von den übrigen Geschäftsführern, Chief Executive Officer (CEO) oder Chief Scientific Officer (CSO) genannt, erwartet, dass sie über ausgezeichnete natur- oder ingenieurwissenschaftliche Kenntnisse verfügen und sich zudem kaufmännisch weiterqualifiziert haben, z.B. durch einen MBA-Abschluss. Als Führungskraft in der Biotechnologie muss man in der Lage sein, Investoren zu überzeugen. Dazu gehört eine gute Kenntnis der eigenen Forschungsziele und eine objektive Bewertung der bisher erzielten Ergebnisse. Daneben sollte man in dieser Position tiefen Einblick in die Wettbewerbssituation und einen Blick auf Märkte und Absatzchancen haben sowie die Fähigkeit besitzen, aus diesen Daten unternehmerische Entscheidungen abzuleiten. Zudem sollten man über eindeutige Führungskompetenzen verfügen oder sich um deren Erwerb bemühen. Ge-

rade Führungskräfte, die aus der akademischen Forschung kommen, übertragen ihre Verhaltensmuster manchmal ungeprüft in ihr Unternehmen und führen ihr Team wie eine akademische Forschergruppe. Unzufriedenheit im Team und hohe Fluktuation sind dann häufig die Folge.

Und schließlich gibt es in der Biotechnologie einige Berufsbilder, die denen in der Pharmaindustrie entsprechen. Positionen im Qualitätsmanagement finden sich dort, wo in der Biotechnologie produziert wird. Die Anforderungen entsprechen denen der Pharmabranche (Abschnitt 2.4). Querschnittsfunktionen wie Marketing und Öffentlichkeitsarbeit oder Personal- und Finanzmanagement gibt es wie in jedem anderen Unternehmen auch, hier arbeiten PR-Manager und Human Resources Manager (Abschnitt 2.5) sowie Finanzmanager, Controller und Buchhalter (Abschnitt 2.8). Unterschiede werden durch die Unternehmensgröße bestimmt. Wenn Unternehmen klein sind, übernehmen Mitarbeiter ein breiteres Aufgabenspektrum als bei der stärkeren Arbeitsteilung der großen Konzerne. Aus diesem Grund ist die genaue Aufgabenbeschreibung einer Stelle die wichtigste Informationsquelle für die Inhalte einer Position.

4 Berufsfelder in der Konsumgüterindustrie

Gesundheit und Umwelt sind Aspekte, die die Konsumgüterindustrie stark beschäftigen und zu immer neuen Produktentwicklungen führen. Anhand zweier ausgewählter Bereiche sollen die interessanten Betätigungsfelder dieser Branche näher vorgestellt werden.

4.1 Lebensmittelindustrie

Mit großem technologischem Aufwand widmet sich die Lebensmittelindustrie der weiteren Entwicklung von Functional Food, ein Begriff, der in den 80er Jahren in Japan entstanden ist. Darunter versteht man Nahrungsmittel, die mit zusätzlichen Inhaltsstoffen versehen werden, die einen positiven Effekt auf die Gesundheit des Konsumenten ausüben sollen. Die Senkung des Cholesterinspiegels und des Blutdrucks, die Sanierung der Darmflora, die Erhöhung der Sehkraft oder der Konzentrationsfähigkeit und weitere positive Effekte versprechen die neuen Zusatzstoffe in Nahrungsmitteln. Die Idee, sich gesund und schön essen oder trinken zu können, klingt bestechend und beflügelt die Wachstumsfantasien für dieses Marktsegment. Die Produktentwickler der Nahrungsmittelfirmen („Fooddesigner") agieren im Grenzbereich zwischen Lebens- und Arzneimitteln und entwickeln Lebensmittel, die hohe Gewinne versprechen. Für diesen Zweck haben die großen Lebensmittelkonzerne leistungsfähige Forschungsabteilungen eingerichtet und führen eine Vielzahl von Studien durch, um die positiven Effekte ihrer Erzeugnisse zu belegen. So investiert Danone jährlich 200 Millionen Euro in die eigene Forschung und beschäftigt in diesem Bereich 1 200 Mitarbeiter, davon 500 Wissenschaftler, die sich überwiegend mit positiven Effekten von Joghurtkulturen befassen. Nestlé steckt jährlich sogar eine Milliarde Euro in die Forschung. Die Nestlé Health Science und das Nestlé Institute of Health Sciences sollen neue Produkte zwischen Lebens- und Arzneimitteln entwickeln, die Krankheiten wie Diabetes, Alzheimer, Herz-Kreislauf-Erkrankungen und Fettleibigkeit vorbeugen oder sie positiv beeinflussen. Nestlé spricht dabei von personalisierter gesunder Ernährung und lehnt sich mit dieser Diktion an die Pharma- und die Biotechnologieindustrie an, die das Ziel der personalisierten Medizin verfolgen.

Lebensmitteltrend: Convenience

Ein anderes, schon länger bestehendes Ziel der Entwicklungsbemühungen auf dem Lebensmittelsektor ist das Feld „Convenience". Welche Angebote an Fertig- oder Halbfertigwaren können dem Konsumenten oder der Gastronomie angeboten werden, um die Zubereitung von schmackhaften Mahlzeiten zu erleichtern? Und wie schafft man es, einen Erdbeerjoghurt nach Erdbeeren schmecken und aussehen zu lassen, obwohl keine einzige Erdbeere darin enthalten ist, weil diese sich nur zum frischen Verzehr eignen? Hier spätestens entzündet sich schnell ein Streit unter Verbrauchern wie Fachleuten über Ernährungsgewohnheiten, Produktinformationen und das, was unter gutem Essen verstanden wird.

Ähnlich vehemente Diskussionen werden über die Wirkungsweisen funktioneller Lebensmittel geführt. Trotz des hohen Studienaufwands ist der wissenschaftliche Nachweis eines Zusatznutzens in der Regel schwer beizubringen, weil die Wirkungsweisen von Nahrungsmitteln im Körper viel komplexer sind, als dass sie Aussagen wie „Stoff xy beugt Krebs vor" zulassen.

Lebensmitteltrend: Natürlichkeit

Parallel dazu gibt es einen Trend zu mehr Natürlichkeit. So sollen z.B. Farb- und Zuckerersatzstoffe möglichst aus natürlichen Rohstoffen gewonnen werden.

All diese Trends sind nicht gegenläufig, sondern bestehen nebeneinander, allerdings mit unterschiedlicher Bedeutung für verschiedene Produzenten. Natürliche Farb- und Zuckerersatzstoffe sind für Getränke- und Süßwarenhersteller von großer Wichtigkeit, gesunde Zusatzstoffe spielen eher in Milchprodukten, Brot, Fetten und Ölen sowie Saftgetränken eine Rolle.

Die European Food Safety Authoriy (EFSA) prüft gesundheitsbezogene Werbeaussagen nach der Health-Claims-Verordnung, www.efsa.europa.eu

Da es hier um Karriereperspektiven geht, überlassen wir die Diskussion anderen und stellen uns der Tatsache, dass es Verbraucher gibt, die diese Produkte kaufen wollen und bereit sind, einen entsprechenden Preis dafür zu bezahlen. Zur Lebenswirklichkeit berufstätiger Menschen in westlichen Industrieländern gehört im Übrigen, dass sie nicht mehr morgens im eigenen Garten Gemüse ernten und daraus mittags eine gute Mahlzeit kochen. Dennoch wollen sie jung, schlank und gesund sein. Diese Konsumenten sorgen für interessante berufliche Perspektiven in einer großen Branche, die kontinuierlich wächst und kaum durch konjunkturelle Faktoren beeinflusst wird. Allzu vollmundigen Werbeversprechen setzt der Gesetzgeber Grenzen, der deutliche Einschränkungen für Werbeaussagen über gesundheitsfördernde Wirkungen von Lebensmitteln vorsieht. Sie müssen belegbar sein und genehmigt werden. Zuständig für die Prüfung dieser sogenannten Health Claims ist die European Food Safety Authoriy (EFSA).

Ein weiterer wichtiger Aspekt, der die Lebensmittelproduzenten umtreibt, sind Umweltaspekte in der Produktion und im Absatz. In der Produktion geht es u.a. um die Reduzierung des Verbrauchs von Trinkwasser, im Absatz u.a. um Verpackungen und deren Wiederverwertbarkeit.

Laut Jahresbericht 2010 der Bundesvereinigung der Deutschen Ernährungsindustrie (BVE) waren rund 535 000 Menschen in dieser Branche beschäftigt und haben einen Umsatz von 149 Milliarden Euro erzielt. Mehr als ein Viertel davon wurde durch Export erzielt. Der Umsatz lag damit zwar ein paar Prozent unter dem Vorjahr, die Beschäftigtenzahlen sind aber sogar geringfügig angestiegen und die Erwartungen der Branche für 2011 sind überaus positiv. Schon diese wenigen Zahlen belegen, dass es sich um eine wichtige Branche in Deutschland handelt.

Bundesvereinigung der Deutschen Ernährungsindustrie (BVE), www.bve-online.de

In Österreich informiert der Fachverband der Lebensmittelindustrie der österreichischen Wirtschaftskammer über Aktuelles aus der Branche, die 2009 mit 27 000 Beschäftigten 7,2 Milliarden Euro Umsatz erwirtschaftete. Auch dies bedeutete einen Rückgang gegenüber 2008 auf etwa gleichem Beschäftigtenniveau. Der Exportanteil liegt mit fast 60 Prozent deutlich höher als in Deutschland, das Hauptimporteurland ist. In der Schweiz sind die Lebensmittelproduzenten und Einzelverbände in der Föderation der Schweizerischen Nahrungsmittel-Industrien (fial) organisiert. Die Branche beschäftigt dort 34 000 Mitarbeiter und erzielt einen Umsatz von umgerechnet 13,5 Milliarden Euro, wovon ca. 17 Prozent auf den Export entfallen. Auf der Internetseite finden sich auch Mitgliederlisten. Europaweit sind die Produzenten in der Confederation of the Food and Drink Industries of the EU (CIAA) organisiert.

Fachverband der Lebensmittelindustrie der österreichischen Wirtschaftskammer, www.dielebensmittel.at; Föderation der Schweizerischen Nahrungsmittel-Industrien (fial), www.fial.ch; Confederation of the Food and Drink Industries of the EU (CIAA), www.ciaa.be

Neben einigen großen Konzernen wie Unilever, Kraft Foods, Nestlé und Dr. Oetker gibt es viele Mittelständler in diesem Markt. Sie sind in den Dachorganisationen und Fachverbänden eher aktiv, die „Großen" vertreten ihre Interessen häufig unabhängig von formalen Organisationen.

Ähnlich verhält es sich mit den Zulieferern. Neben den großen Chemie- und Pharmaunternehmen, die Zusatzstoffe wie Vitamine, Aromen, Konservierungsmittel und Emulgatoren herstellen, befinden sich viele kleine hochspezialisierte Unternehmen am Markt, die deutlich weniger bekannt sind. Ein Beispiel ist das schweizerisch-österreichische Unternehmen Jungbunzlauer, das ein Hidden Champion ist und als Lieferant von Zitronensäure die Pharma-, Kosmetik- und Lebensmittelindustrie beliefert. So gibt es ca. 60 Aromenhersteller in Deutschland, die einen Umsatz von 340 Millionen Euro erzielen und 5 000 Mitarbeiter beschäftigen. Firmenlisten finden sich u.a. auf der Website des BVE, beim Institut für Ernährungs- und Lebensmittelwissenschaften der Universität Bonn, auf der Websi

Institut für Ernährungs- und Lebensmittelwissenschaften der Universität Bonn, www.ehw.uni-bonn.de; Arbeitgebervereinigung Nahrung und Genuß e.V (ANG), www.ang-online.de; Deutscher Verband der Aromaindustrie e.V. (DVAI), www.aromenhaus.de

Vertriebsmitarbeiter in der Lebensmittelindustrie

Produktionsmitarbeiter in der Lebensmittelindustrie

te der Arbeitgebervereinigung Nahrung und Genuß e.V. (ANG) und bei den Fachverbänden z.B. dem Deutschen Verband der Aromaindustrie e.V. (DVAI).

Wichtige Informationsforen sind Messen. Fachmessen von großer Bedeutung sind die Anuga und die Internorga, auf denen Handel und Gastronomie vertreten sind. Beide Messen verfügen über ein umfangreiches Rahmenprogramm, auf dem sich Fachbesucher z.B. über Trends, wissenschaftliche Erkenntnisse und rechtliche Rahmenbedingungen informieren können.

Zwar beschäftigen die Nahrungsmittelunternehmen zahlenmäßig überwiegend gewerbliche Mitarbeiter in Produktion, Verpackung und Logistik, interessante Einsatzfelder gibt es aber auch für Fachkräfte der Lebensmitteltechnik und Akademiker. Diese finden sich in der Produktion, in der Produktentwicklung, im Qualitätsmanagement und natürlich im Marketing und im Vertrieb.

Vor allem im Außendienst werden viele Mitarbeiter gesucht und das Anforderungsspektrum reicht von erfahrenen Verkäufern mit einer kaufmännischen Ausbildung bis hin zum Lebensmittelchemiker oder -technologen mit akademischem Abschluss. Die Tätigkeiten variieren sehr stark, je nach Art des Arbeitgebers. So verlangen Produzenten von Nahrungszusatzstoffen eher akademische Fachkompetenz, da ihre Produkte erklärungsbedürftig sind. Die fachliche Beratung steht im Vordergrund, und Vertriebsmitarbeiter müssen auf Augenhöhe mit Fachleuten auf der Kundenseite kommunizieren können. Anders sieht es aus, wenn der Vertriebsmitarbeiter direkt für einen Nahrungsmittelproduzenten tätig ist und Einzelhandelsunternehmen betreut. Hier steht die verkäuferische Kompetenz im Vordergrund.

Lebensmittelunternehmen tragen eine hohe Verantwortung für die Sicherheit ihrer Produkte. Das europäische Lebensmittelrecht betont die hohe Eigenverantwortung der Lebensmittelunternehmer, weil sie selbst am besten in der Lage sind zu beurteilen, welche Maßnahmen zur Gewährleistung der Rechtskonformität ihrer Produkte und Produktionsmethoden notwendig sind. Sie müssen daher Vorkehrungen treffen, um die gesetzlichen Anforderungen einzuhalten, sie müssen unternehmensinterne Kontrollen vornehmen und sie sind verpflichtet, für Abhilfe zu sorgen, wenn gesetzliche Vorschriften nicht erfüllt werden. Dazu werden in der Regel Qualitätsmanagementsysteme errichtet und betrieben. Dies stellt besondere fachliche Anforderungen an Leiter von Betrieben, Leiter Qualitätssicherung oder andere Führungspositionen im Qualitätsmanagement. Diese Positionen werden deshalb mit Kandidaten besetzt, die Lebensmitteltechnologie, Lebensmittelchemie, Ökotrophologie oder ggf. Pharmazie bzw. Biotechnologie studiert haben und zudem praktische Erfahrung in einer (Junior-)Management-Funktion sammeln konnten. Insbesondere die für Qualität und Hygiene verantwortlichen Mitarbeiter sollten eine hohe soziale Kompetenz mitbringen, damit sie in der Lage sind, gut mit staatlichen Lebensmittelkontrollämtern zu kooperieren und sie z.B. bei der Probenentnahme zu unterstützen und ihre Qualitätsmanagementsysteme kontinuierlich in Abstimmung mit den Ämtern zu verbessern.

Daneben gibt es in Lebensmittelunternehmen Stellen für Facharbeiter und Laborkräfte. Englischkenntnisse werden sehr häufig nachgefragt und dies nicht nur von den internationalen Großkonzernen, sondern auch von international agierenden Mittelständlern.

Der vielleicht spannendste Bereich aus der Life-Sciences-Perspektive ist die Forschung und Produktentwicklung. In der akademischen Forschung betreibt das Fraunhofer Institut für Verfahrenstechnik und Verpackung (Fraunhofer IVV) in Freising interessante Projekte aus der Lebensmittel- und Verpackungstechnologie und beschäftigt zu diesem Zweck Techniker und wissenschaftliche Mitarbeiter.

Wissenschaftlicher Mitarbeiter in der Lebensmittelindustrie

Fraunhofer IVV, Projektliste unter: www.ivv.fraunhofer.de

Eine gemeinsame Plattform für vielfältige Einzelaktivitäten in unterschiedlichen Unternehmen bietet der Forschungskreis der Ernährungsindustrie e.V. (FEI). Dieser Schwesterverband zum Bund für Lebensmittelrecht und Lebensmittelkunde gewährt Einblick in laufende Projekte und verschafft einen guten Überblick über Themen, die derzeit aktuell sind.

Forschungskreis der Ernährungsindustrie e.V (FEI), www.fei-bonn.de

In der Forschung arbeiten in der Regel Naturwissenschaftler neben technischen Mitarbeitern und Laborkräften. Ihre Tätigkeit unterscheidet sich wenig von der in anderen Forschungslaboren. Sie führen Versuche durch, organisieren diese, recherchieren wissenschaftliche Literatur und bereiten diese für verschiedene Zwecke auf. Gesucht werden Chemiker, Lebensmittelchemiker, aber auch Molekularbiologen oder Biochemiker sowie Ökotrophologen, die präzise arbeiten und Freude an Laborarbeit haben. Sie sollten zudem in der Lage sein, sich schnell in neue Themen einzuarbeiten.

Auch in der Lebensmittel- und Zuliefererindustrie gibt es Projektmanager für die Entwicklung neuer Stoffe. Sie koordinieren die Produktentwicklung, die Durchführung von Studien und die Marketingaktivitäten. Ihre Fähigkeiten sind mit denen anderer Projektmanager in jeder Hinsicht vergleichbar. Offenheit, Kommunikationsgeschick, Koordinationsvermögen und eine gewisse charmante Beharrlichkeit sind auch in dieser Branche hilfreiche Eigenschaften.

Projektmanager in der Lebensmittelindustrie

Mitarbeiter für die Produktentwicklung werden unter sehr schillernden Bezeichnungen gesucht. Man findet englische Titel wie Food Technologist, Flavourist, Head of Development und NPD Technologist. „NPD" steht hier für New Product De-

Produktentwickler in der Lebensmittelindustrie

velopment und ist ein in der Branche übliches Kürzel. Es gibt aber ebenso deutsche Funktionsbezeichnungen wie Produktentwickler, Anwendungstechniker, Teamleiter Labor etc. Die wohl „präziseste" Anforderung, die einer Stellenausschreibung zu entnehmen war, lautete „must be a foodie". Dahinter steckt die Erwartung, dass Kandidaten, die sich für Lebensmittel interessieren, verstehen, wie eine Branche „tickt", in der Produkte schnell an den Kunden gebracht werden müssen und rasch wechselnden Trends unterworfen sind. Man spricht von Fast Moving Consumer Goods (FMCG). Zudem sollten Mitarbeiter in der Produktentwicklung intakte Geschmacksnerven haben. Essen und Trinken ist etwas Sinnliches und nicht nur Energieversorgung. Mitarbeiter in diesem Bereich sind häufig in der Situation, Entwicklungen sensorisch beurteilen zu müssen. Wer vor seinem Studium eine Ausbildung als Koch, Bäcker oder Konditor absolviert hat, bringt deutliche Vorteile mit. Hilfreich ist es zudem, sprachgewandt zu sein und Geschmackserlebnisse verbalisieren zu können.

Für Menschen anderer Fachrichtungen bietet die Konsumgüterindustrie ein breites Feld von Tätigkeiten. Eine herausragende Rolle spielt der Bereich „Marketing". Für Experten sind die großen Nahrungsmittelhersteller interessante Arbeitgeber, weil Markenentwicklung und -pflege hier besonders wichtig sind. Aber natürlich gibt es auch einen hohen Bedarf an Finanzfachleuten, Controllern, Einkäufern, Logistikexperten und Personalfachleuten. Interessant ist zudem der Bereich „Lebensmittelrecht". Gesetzgeberische Rahmenvorgaben spielen bei der Zusammensetzung von Lebensmitteln, der Verpackung und der Vermarktung eine entscheidende Rolle und sind ein vielseitiges Betätigungsfeld für Fachleute. Mehr über dieses Thema finden Sie auf der Website des Bundes für Lebensmittelrecht und Lebensmittelkunde e.V. (BLL).

Auffallend an der Lebensmittelbranche ist, dass es zwar viele Informationen über Produkte und Handel gibt, sich aber kaum Publikationen über Arbeitsweise, Technologien, wirtschaftliche Rahmendaten und Beschäftigungsperspektiven finden lassen. Dazu passt vielleicht, dass viele Stellen mit Hilfe von Personalberatern gesucht werden. Zwar zeigen die Unternehmen auf ihren eigenen Websites offene Stellen an, die Suche in Jobbörsen führt aber häufig zu Personalberatern, die im Kundenauftrag die passenden Fachkräfte auswählen und präsentieren. In Tageszeitungen findet man so gut wie keine Stellenanzeigen der Branche. Die wichtigste Informationsquelle ist die Lebensmittelzeitung, die auch regelmäßig einen Karrieretag durchführt.

Bei den Personalberatern handelt es sich zum größten Teil um Beratungsunternehmen, die auf die Branche spezialisiert und außerhalb gänzlich unbekannt sind. Die großen Bera-

Bund für Lebensmittelrecht und Lebensmittelkunde e.V. (BLL), www.bll.de

Lebensmittelzeitung, www.lebensmittelzeitung.net

tungshäuser spielen eine untergeordnete Rolle. Aus diesem Grund lohnt es sich, wenn Sie einige spezialisierte Berater persönlich kennenlernen und sich hier gezielt ein kleines Netzwerk aufbauen.

4.2 Kosmetik- und Reinigungsmittelindustrie

Eine weitere Gruppe von Unternehmen, die dem Bereich „Life Sciences" zuzuordnen sind, sind die Hersteller von Kosmetikprodukten, Pflege- und Reinigungsmitteln und ihre Zulieferer. Der Industrieverband Körperpflege und Waschmittel e.V. (IKW) unterteilt diese Branche in vier Teilbereiche: Körperpflege (einschließlich Zahn- und Haarpflege), Reinigungsmittel, Wasch- und Geschirrspülmittel sowie Hygieneerzeugnisse.

Industrieverband Körperpflege und Waschmittel e.V. (IKW), www.ikw.org

Die Umsatzzahlen, die der IKW angibt, basieren auf Endverbraucherpreisen, schließen also Handelsspannen ein und führen damit im Vergleich verschiedener Branchen ein wenig in die Irre. Demnach macht der Verbrauchermarkt in Deutschland bei Körperpflegeprodukten 12,8 Milliarden Euro und der Wasch-, Putz- und Reinigungsmittelmarkt 4,3 Milliarden Euro aus. Die größte Messe im deutschsprachigen Raum für Zulieferer der Branche ist die CosmeticBusiness, die jährlich im Juni in München stattfindet.

Aktuelles und Ausstellerinfos der Messe CosmeticBusiness unter: www.cosmetic-business.de

Wichtigstes Ziel der beteiligten Unternehmen ist es, ständig Produktinnovationen auf den Markt zu bringen, die entweder kosmetische Ziele verfolgen, die Reinigungsleistung verbessern bzw. vor Wiederverschmutzung schützen oder hinsichtlich ihrer Umweltverträglichkeit einen Fortschritt bedeuten. Die Fachdiskussion spiegelt ähnlich wie in der Lebensmittelbranche eine große Vielfalt von Positionen wider. Themen sind u.a.: die Frage der Verwendung von Stammzellen für kosmetische Zwecke, der Einsatz von Nanotechnologie, die Produktion von Naturkosmetik sowie das Erzielen einer besseren Umweltbilanz von Verpackungsmaterial durch Einsatz von abbaubaren Kunststoffen.

Interdisziplinäre Forscherteams aus Chemikern, Biologen, Physikern und Medizinern werden beschäftigt, um nach neuen, funktionellen Inhaltsstoffen zu suchen. Aufgabe der Kosmetikforschung ist es, das Grundlagenwissen über Haar und Haut zu vertiefen und die biologischen Mechanismen zu identifizieren, die die Alterung und den Sonnenschutz der Haut sowie das Ergrauen und den Ausfall der Haare beeinflussen. Ziel ist die Konzeption, Umsetzung und Testung neuer Produkte in allen Sparten der Kosmetik. Hinzu kommt die Entwicklung von Untersuchungs- und Bewertungsverfahren, mit deren Hilfe grundlegende biologische Prozesse aufgedeckt und die Leistungen neuer Rezepturen geprüft werden können. Dies ist ein interessantes Feld für Akademiker mit und ohne Promotion, die sich bereits mit Hautzellen beschäftigt haben.

Einige sind organisiert in der Deutschen Gesellschaft für Wissenschaftliche und Angewandte Kosmetik e.V. (DGK), die sich zum Ziel gesetzt hat, die wissenschaftliche Forschung und Lehre sowie die technische Entwicklung auf dem Gebiet der Kosmetik zu fördern, die gewonnenen Erkenntnisse zum Nutzen der Allgemeinheit zu veröffentlichen und die Interessen der wissenschaftlichen Belange der Kosmetik wahrzunehmen. Organisiert sind hier Chemiker und Diplomingenieure, die in Forschung und Entwicklung der kosmetischen Industrie und der Rohstoffindustrie sowie in den angrenzenden Gebieten Dermatologie, Pharmazie, Toxikologie und Mikrobiologie tätig sind. Sie tauschen sich regelmäßig auf Tagungen – gemeinsam mit entsprechenden Verbänden in Österreich und der Schweiz – aus.

Weitere Informationen über Forschungsergebnisse zu Inhaltsstoffen gibt es über die European Federation for Cosmetic Ingredients (EFfCI), ein europäischer Industrieverband mit Sitz in Brüssel, der die Hersteller von chemischen und natürlichen Rohstoffen für die Kosmetikindustrie sowie deren Lieferanten und Dienstleister vertritt.

Wie in anderen Industriezweigen organisieren auch in der Kosmetikindustrie Projektmanager die Entwicklungsschritte vom Forschungsergebnis bis zum Produkt. Von ihnen wird ebenfalls erwartet, dass sie Projekte zeit- und budgetkonform steuern und alle relevanten Stellen, wie Marketing und Vertrieb, die Produktion, die Forschung, den Bereich „Regulatory Affairs", die Rechts- und Patentabteilung, in sinnvoller Weise beteiligen.

Dazu benötigen sie nicht nur technische Projektmanagementkompetenzen, sondern auch persönliche Kompetenzen im Zusammenspiel mit anderen. Zudem sollen sie in der Lage sein, leistungsfähige Teams zu bilden.

Neben der Forschung und Produktentwicklung spielt die einwandfreie Produktion und das Qualitätsmanagement in der Kosmetikindustrie eine große Rolle, weshalb Spezialisten mit GMP- und GLP-Erfahrung aus der Pharmaindustrie hier gerne gesehen sind.

Laut einer Kienbaum-Top-Management-Studie zu Trends in der Konsumgüterindustrie von 2010 rechnet die Branche für 2011 mit Wachstum in vorhandenen Geschäftsfeldern und plant die Einstellung von Fachleuten im Vertrieb und im Marketing.

5 Berufsfelder in der Medizintechnik

Die Medizintechnik beschäftigt sich mit ingenieurwissenschaftlichen Verfahren in der Medizin. Das Anwendungsfeld ist sehr weit und lässt sich in mehrere Technologiefelder unterteilen. Eines davon ist die Informationsverarbeitung z.B. zur Erfassung physiologischer Signale oder zur Entwicklung bildgebender Verfahren auf molekularer Ebene, um diagnostische Möglichkeiten zu erweitern. Ein weiteres ist die Herstellung von Biomaterialien. Dazu gehört das Tissue Engineering, das körpereigene Materialien in einem Nährmedium außerhalb des menschlichen Körpers produziert, z.B. zur Herstellung von Knorpel, Haut, Zähnen oder inneren Organen. Zudem können synthetische oder biologische Materialien, die biokompatibel sind, hergestellt werden, so dass sie sich in Bezug auf chemische, physikalische und biologische Reaktionen mit dem körpereigenen Gewebe vertragen. Diese Materialien werden für Implantate oder Prothesen verwandt oder im Rahmen operativer Eingriffe zum dauerhaften oder vorübergehenden Verbleib im Körper eingesetzt. Ein weiterer selbständiger Bereich in der Medizintechnik ist die Herstellung von Therapie- und Diagnosegeräten, die sich vielfach bildgebender Verfahren wie Röntgenstrahlen, Ultraschall, Magnetresonanz- oder Computertomografie bedienen. Und schließlich wird auch die Produktion von Medikamenten nebst Zubehör, z.B. Inhalationsgeräte, der Medizintechnik zugeordnet.

Nach der Definition des Medizinproduktegesetzes sind Medizinprodukte Instrumente, Apparate, Vorrichtungen, Stoffe und Zubereitungen aus Stoffen oder andere Erzeugnisse, die für medizinische Zwecke, wie die Erkennung, Verhütung, Überwachung, Behandlung oder Linderung von Krankheiten, bestimmt sind und deren Hauptwirkung im oder am menschlichen Körper – im Gegensatz zu den Arzneimitteln – nicht auf pharmakologischem, immunologischem oder metabolischem Weg erreicht wird. Von aktiven Medizinprodukten spricht man, wenn die Geräte eine Energiequelle außerhalb des menschlichen Körpers nutzen, z.B. Strom oder Druckluft. Dazu gehören auch Verbandsstoffe, Schienen und Ähnliches.

Da das Spektrum sehr breit ist, gibt es ganz unterschiedliche Medizinproduktehersteller mit verschiedenen Berufsbildern. Einen Überblick über Anwendungsbereiche der Medizintechnik verschafft Tab. 5.1.

Tabelle 5.1: Anwendungsbereiche der Medizintechnik

Bedarf und Verbrauch	Diagnosesysteme	Medizintechnik für besondere Disziplinen
Pflaster, Verband, Operationsmaterial	Blutdruck, EEG, EKG, Lungen- und Schlafdiagnose	Audiologie, Ophthalmologie, Zahnmedizin, Notfallmedizin
Diagnose und Labor Hämatologie, Immunologie, Mikrobiologie, DNA-Chips, Lab-on-Chip	**bildgebende Systeme** Röntgen, Computertomografie, Magnetresonanztomografie, Ultraschall, Positronenemissionstomografie	**Therapiesysteme** Beatmung, Inhalation, Dialyse, Injektion, Infusion, Physiotherapie
Hygiene und Sicherheit Sterilisation, Dosimetrie, Strahlenschutz, Gerätemanagement	**Chirurgie und Intervention** Anästhesie, minimal-invasive Chirurgie, Katheter, Endoskopie, Lasertechnologie	**Strahlentherapie** Röntgen-, Gammastrahlung, Protonenstrahlung und Sicherstellung der Systeme
E-Health und Software elektronische Patientenakte, computergesteuerte Diagnose und Therapie, Telemedizin	**Implantate** aktive Implantate (Herzschrittmacher), passive Implantate (Prothesen, Stents)	**Rehabilitation und Hilfe für Behinderte** Prothesen, Rollstühle
medizintechnische Dienstleistungen Workflow-Management, Informationsmanagement	**Zell- und Gewebetechnik** Tissue Engineering, regenerative Medizin, „künstliche" Organe	

Quelle: acatech Runder Tisch Medizintechnik

Die Branche „Medizintechnik" beschäftigt insgesamt rund 170 000 Mitarbeiter und hat 2009 einen Gesamtumsatz von 18,3 Milliarden Euro erwirtschaftet, davon 62 Prozent durch Export, bei elektromedizinischen Geräten ist der Anteil mit 77 Prozent noch höher. Dabei profitiert die Branche von steigenden Anforderungen in Schwellenländern. Das Krisenjahr 2009 ist zwar nicht spurlos an der Branche vorbeigezogen, sie hat sich jedoch schnell erholt.

Insgesamt ist die Branche hochinnovativ, rund ein Drittel der Umsätze werden mit Produkten erzielt, die nicht älter als drei Jahre sind. Im Durchschnitt werden 9 Prozent der Umsätze in die Forschung investiert und 15 Prozent der Beschäftigten sind im Bereich Forschung und Entwicklung (FuE) tätig. Die Forschungsaktivitäten finden sowohl im Verbund mit akademischen Forschungseinrichtungen als auch im Rahmen rein industrieller Forschung statt. Um dennoch eine gute Vernetzung herzustellen und einen Überblick über die vielfältigen und interdisziplinären Themen zu bekommen, unterstützen das Bundesministerium für Bildung und Forschung (BMBF) und die Deutsche Forschungsgemeinschaft (DFG) eine Daten-

Deutsche Akademie der Technikwissenschaften, www.acatech.de; Datenbank medizintechnischer Forschungsprojekte, web3.v1350.managedvps.de

bank medizintechnischer Projekte der Deutschen Akademie der Technikwissenschaften.

Prägend für die Branche ist, dass es neben einigen Großunternehmen viele mittlere und kleine gibt. Zudem drängen immer mehr Unternehmen aus anderen Industriezweigen in diesen Markt. Medizintechnische Großunternehmen im deutschsprachigen Raum sind Roche und Siemens, große Mittelständler Biotronik, Dräger, Fresenius, Carl Zeiss Meditec, Sartorius, Braun Melsungen und Otto Bock, Göttingen. Die Health-Care- bzw. Medical-Sparten der US-Konzerne General Electric und Johnson & Johnson haben ebenfalls mehrere Standorte im deutschsprachigen Raum. Gleiches gilt für die Stryker Corporation, die in Deutschland, Österreich und der Schweiz Standorte hat, zudem produziert auch Philips Medizin Systeme in Deutschland. Im Übrigen aber dominieren kleine Mittelständler und Kleinstunternehmen mit zum Teil unter 20 Mitarbeitern. Darunter sind einige interessante Hidden Champions zu finden, wie Phonak, weltweit die Nummer eins unter den Hörgeräteherstellen, Brainlab, Hersteller von Positionierungssystemen für chirurgische Instrumente oder 3B Scientific, Weltmarktführer für anatomische Lehrmittel. Die Branche ist weder einheitlich organisiert noch verfügt sie über ein führendes Fachorgan. So sind im Bundesverband Medizintechnologie e.V. (BVMed) nur etwa 235 Unternehmen von insgesamt über 1 000 Mittelständlern und 10 000 Kleinstunternehmen organisiert. Eine Liste findet sich auf der Website.

Andere Medizintechnikunternehmen sind in Industrieverbänden organisiert, in denen es mehrere Branchen oder Fachgruppen wie u.a. Medizintechnik gibt, z.B. in Spectaris e.V. mit dem Fachverband Medizintechnik. Und wieder andere finden sich in spezialisierten Wirtschaftsverbänden, wie dem Verband der Diagnostica-Industrie in Deutschland (VDGH), in dem Hersteller von In-vitro-Diagnostica und Life-Science-Research-Produkten organisiert sind. Recherchen über die Branche werden dadurch nicht einfacher und offene Stellen werden in den unterschiedlichsten Jobbörsen angeboten. Mit ein bisschen Routine findet man aber schnell die richtigen Quellen für die eigenen Wunschvorstellungen. Umfassende Firmenlisten gibt es zudem in den Ausstellerkatalogen großer Messen, z.B. der MEDTEC Europe.

Die zersplitterte Struktur ist u.a. auf viele Neugründungen zwischen 1995 und 2005 zurückzuführen. Vor allem junge Wissenschaftler haben sich mit der Entwicklung und Herstellung von Medizinprodukten oder begleitenden Dienstleistungen selbständig gemacht. Diese Unternehmen haben aber nur zum Teil einen Wachstumsschub erleben dürfen. Zwar hat sich die Medizintechnik in Deutschland in den letzten Jahren kontinuierlich entwickelt und Wachstumsraten von durchschnittlich

Bundesverband Medizintechnologie e.V. (BVMed), www.bvmed.de

Spectaris e.V., www.spectaris.de; Verband der Diagnostica-Industrie (VDGH), www.vdgh.de

7 Prozent erzielen können, dennoch wird das Potenzial, das ein Hochtechnologiestandort bietet, noch nicht vollständig ausgeschöpft. Aus diesem Grund war Medizintechnik Bestandteil der Hightech-Strategie der letzten Jahre und wurde vom Bundesministerium für Bildung und Forschung gefördert.

Regelmäßige Informationen über die Branche liefern die Zeitschriften DeviceMed, meditec international und medizin & technik nebst ihren Webauftritten mit Hinweisen zu Unternehmen, Verbänden, Messen und vielen technisch interessanten Neuigkeiten.

Die Berufsaussichten in der Medizintechnologiebranche sind für Ingenieure und Medizintechniker, aber auch für Marketingspezialisten gut oder sogar sehr gut. Nach einer brancheninternen Umfrage des Bundesverbandes Medizintechnologie e.V. wollen 96 Prozent der befragten Unternehmen Mitarbeiter einstellen, haben aber zunehmend Probleme, offene Stellen adäquat zu besetzen. Als Arbeitgeber sind medizintechnische Unternehmen auch deshalb attraktiv, weil die Branche einen sehr guten Ruf hat. Die öffentliche Meinung ist positiv und das Vertrauen in die Leistungsfähigkeit sehr hoch. Offene Stellen gibt es vor allem in den Bereichen Vertrieb, Marketing und Kommunikation sowie Forschung und Entwicklung. Angesichts des guten Arbeitsmarktes gibt es viele Angebote, die auch Berufseinsteigern offenstehen. Für Naturwissenschaftler finden sich in der Medizintechnik immer wieder geeignete Nischen. So wird Forschung und Produktentwicklung in interdisziplinären Teams durchgeführt, in denen neben verschiedenen Fachingenieuren auch Biologen, Chemiker und Physiker eingesetzt werden. Ebenso gibt es Naturwissenschaftler im Produktmanagement und im Vertrieb.

Medizintechniker sind Fachkräfte mit einer Grundausbildung in der Elektrotechnik oder Metallverarbeitung und einer Zusatzqualifikation zum staatlich geprüften Techniker, Fachrichtung Medizintechnik. Daneben gibt es medizintechnische Studiengänge an Fachhochschulen und Universitäten. Absolventen werden als Servicetechniker eingesetzt und sind mit der Instandhaltung, Reparatur und Wartung medizintechnischer Geräte betraut. Neugeräte installieren sie vor Ort und führen Testläufe und Messungen durch. Häufig gehört dazu die Einweisung der Nutzer in die Gerätebedienung und die Beratung von Kunden und Anwendern. Eine Reihe von administrativen Tätigkeiten wie die Protokollierung von Prüfberichten und die Dokumentation rechnungsrelevanter Tatsachen gehört selbstverständlich dazu. Neben dem technischen Fachwissen und der Kenntnis einschlägiger Normen werden häufig Englischkenntnisse verlangt. Auf der Liste der persönlichen Anforderungen steht eine hohe Serviceorientierung ganz oben. Ein guter Umgang mit Kunden bzw. Nutzern, der durch

Kontaktfreude und hohe Kommunikationsfähigkeit bestimmt wird, sowie Zuverlässigkeit und Sorgfalt sind wichtige Verhaltensmerkmale, die in diesem Bereich gesucht werden. Flexibilität und Mobilität werden im Außendienst ebenfalls erwartet. Dafür sind Servicetechniker sehr eigenverantwortlich tätig.

Medizintechniker, die nicht im Außendienst eingesetzt werden, verantworten Instandhaltungspläne, entwickeln Wartungsprogramme und führen Reparaturen durch. Sie sind für Prüfungen und Messungen verantwortlich und erstellen entsprechende Dokumentationen. Gute IT-Kenntnisse, eine wirtschaftliche Arbeitsweise und ein hohes Verantwortungsbewusstsein zeichnet sie aus.

Vertriebspositionen in der Medizintechnik unterscheiden sich deutlich vom Arzneimittelvertrieb und verlangen häufig eine akademische Vorbildung. Naturwissenschaftler und Ingenieure mit Schwerpunkten im Bereich Materialtechnik oder Medizintechnik finden hier anspruchsvolle Aufgaben. Für Einsteiger bieten die Branchenriesen entsprechende Traineeprogramme an. Techniker mit spezieller Erfahrung z.B. in der Radiologie haben ebenfalls gute Eintrittschancen, wenn sie bereits über mehrjährige Berufserfahrung verfügen. Promovierte Vertriebsmitarbeiter sind allerdings eher selten. Bei komplexen Produkten oder Anlagen besteht die Vertriebstätigkeit überwiegend aus der Beratung der Kunden und der Konzeption des gesamten Projekts. Es geht weniger darum, ein einzelnes Gerät zu verkaufen, indem der Nutzen dargestellt und schließlich ein Preis ausgehandelt wird. Die Aufgabenstellung schließt häufig die Frage nach der Integration des Produktes in eine vorhandene Struktur ein, also die Weiterverwendung bestehender Komponenten und die Anpassung von Betriebssoftware. Aus diesem Grund sieht man häufig die Bezeichnung „Projektmanager" für diese komplexe Aufgabenstellung. Anforderungen sind fundiertes Fachwissen, Denken in Prozessen und Projektmanagementkompetenz. Eigene Erfahrungen als Anwender entsprechender Geräte z.B. im Rahmen einer Forschungstätigkeit können sehr hilfreich sein. Nicht selten gewinnen Medizintechnikproduzenten ihre Vertriebsmitarbeiter bei ihren Kunden. Vertriebsmitarbeiter benötigen auch hier gutes Kommunikationsvermögen einschließlich der Fähigkeit, anderen zuzuhören. Sie sollten Beziehungen aufbauen und pflegen können sowie persönlich überzeugen. Ein selbstbewusstes Auftreten, gute Manieren und Höflichkeit machen sich gut. Neben akademisch vorgebildeten Vertriebsmitarbeitern finden sich Medizinprodukteberater.

Der Medizinprodukteberater informiert Arztpraxen, Kliniken und andere Gesundheitseinrichtungen über Medizinprodukte und leitet das Personal in der Handhabung an. Die Qualifikation ist im Medizinproduktegesetz geregelt. Danach ist

Vertriebsmitarbeiter/Projektmanager in der Medizintechnik

Medizinprodukteberater

zwar keine gesonderte Prüfung erforderlich, aber ein Sachkundenachweis durch eine Grundausbildung in einem medizinischen oder naturwissenschaftlichen Beruf bzw. durch ein einschlägiges Studium und regelmäßige Schulungen. Der Medizinprodukteberater muss Auffälligkeiten, wie Fehlfunktionen, Nebenwirkungen, technische Mängel und Risiken, dem für die Sicherheit der Produkte Verantwortlichen berichten. Ausbildungen bieten in Deutschland und Österreich private Anbieter an, u.a. der BVMed. Viele Schulungen werden zudem unternehmensintern von größeren Medizintechnikunternehmen durchgeführt.

Produktmanager in der Medizintechnik

Die Positionen im Produktmanagement ähneln denen der Pharmaindustrie. Marketingkonzepte entwickeln und umsetzen, Markteinführungen betreuen, Kontakte zu Anwendern und Meinungsbildnern pflegen sowie Markt- und Wettbewerbsanalysen durchführen sind klassische Aufgaben, wie sie auch in anderen Industriezweigen im Marketing vorkommen. Je nach Produkt werden Ingenieure, Naturwissenschaftler oder auch Ökonomen gesucht, die einschlägige Berufserfahrung mitbringen, kommunikativ sind und Spaß an diesen Aufgabenstellungen haben.

Produktentwickler in der Medizintechnik

In der Produktentwicklung, der Produktion und im Qualitätsmanagement werden in der Medizintechnik überwiegend Ingenieure der Fachrichtungen Elektrotechnik, Verfahrenstechnik, Kunststoff- bzw. Werkstofftechnik sowie IT-Spezialisten beschäftigt. So sind Software-Entwickler ebenso gefragt wie Systemingenieure. Fachwissen und eine Affinität zum Gesundheitswesen sind Voraussetzungen, die Bewerber mitbringen sollten. Interessante Aufgaben gibt es aber auch für Bioinformatiker und für technisch interessierte Naturwissenschaftler. Bioinformatiker werden z.B. in der Verarbeitung biologischer Nervensignale eingesetzt, um Prothesen zu steuern. Naturwissenschaftler arbeiten entweder an Fragestellungen der Biokompatibilität oder an der Lösung biologischer oder chemischer Fragestellungen bezüglich eingesetzter Materialien oder Oberflächen, z.B. in der Biofunktionalisierung von Medizinprodukten. Dazu gehören etwa mit Antikörpern beschichtete Stents, die Entzündungsreaktionen verhindern, oder Wundauflagen und Implantate, die mit wachstumsfördernlichen Proteinen ausgerüstet sind. Biotechnologen und Chemiker finden sich zudem in der Entwicklung von technischen Biopolymeren (Biokunststoffe oder auch Biowerkstoffe), die entweder biologisch produziert werden und/oder biologische abbaubar sind. In der Medizintechnik spielt die Bioverträglichkeit eine vorrangige Rolle. So sollen Nahtmaterialien, Schrauben, Kleber oder Implantate vom Körper nach der Nutzungsphase abgebaut und resorbiert werden. Noch schneller sollen Kapselmaterialien von Arzneimitteln vom Körper aufgenommen werden. Und schließlich finden Biokunststoffe in der Hygiene bei Wegwerfprodukten Anwendung, die eine kurze Lebensdauer haben sollen. Das Betätigungsfeld ist sehr vielseitig und stark von einer interdisziplinären Zusammenarbeit verschiedener Fachleute geprägt. Dies bestimmt auch die Anforderungen an dort tätige Mitarbeiter. Verlangt wird eine hohe Bereitschaft, sich in fremde Themen einzuarbeiten und interdisziplinär zu agieren. Dazu muss man unbedingt teamfähig sein. Zudem werden von Forschern und Entwicklern natürlich Ideenreichtum und Innovationsfähigkeit erwartet. Wenn bei Ihnen hohe technische Kompetenz zudem gepaart ist mit einem Sinn für das Machbare und der Fähigkeit zur überzeugenden Präsentation eigener Ideen, stehen Ihnen hier viele Türen offen.

Patentanmeldungen und Patentschutzmaßnahmen spielen in der Medizintechnik eine große Rolle. Die vielen Kleinstunternehmen werden sich in Patentfragen zwar von einschlägigen Kanzleien beraten lassen, die Mittelständler und Großunternehmen verfügen jedoch über eigene Fachleute. Sie beschäftigen entweder zugelassene Patentanwälte oder in Patentsachen erfahrene Akademiker, die aber keine Prüfung als Patentassessor abgelegt haben, als Patentmanager oder Intellectual Property Manager. Ihre Aufgabe ist es, das Unternehmen in Patentstreitigkeiten in wirtschaftlicher und technischer Hinsicht zu beraten, laufende Patentstreitigkeiten zu bearbeiten und in Zusammenarbeit mit Patenanwälten zu koordinieren, Patentstreitigkeiten außergerichtlich beizulegen, Patente zu bewerten und das Patentportfolio strategisch weiterzuentwickeln. Erwartet wird ein ingenieurwissenschaftliches oder naturwissenschaftliches Studium, Erfahrung im Patentwesen aus der pharmazeutischen oder medizintechnischen Industrie sowie sicheres Englisch, wenn das Unternehmen international agiert. Im Übrigen entsprechen die persönlichen Anforderungen denen aller Patentspezialisten. Kommunikationsfähigkeit und Kooperationsbereitschaft sind notwendige Voraussetzungen.

Patentmanager in der Medizintechnik

Die Zulassung von Medizingeräten ist stark reglementiert, unterscheidet sich aber von der Arzneimittelzulassung in Teilen ganz erheblich, da es um sehr unterschiedliche Produkte geht. Im Wesentlichen ist sie durch mehrere EU-Richtlinie geregelt, das Medizinproduktegesetz nimmt darauf Bezug. Die Anforderungen an Verbandsmaterial unterscheiden sich sinnvollerweise von denen an eine Dialysemaschine, ein Diagnose-Kit oder an einen Herzschrittmacher. Die Einteilung wird anhand von Risikoklassifizierungen vorgenommen und reicht von der Klasse I, in der es keine methodischen Risiken, keinen oder unkritischen Hautkontakt oder eine Anwendungsdauer von weniger als 60 Minuten gibt, über IIa und IIb bis zur Klasse III.

Manager Regulatory Affairs in der Medizintechnik

Letztere ist gekennzeichnet durch ein hohes methodisches Risiko, langfristige Medikamentenabgabe oder unmittelbare Anwendung an Herz, zentralem Kreislaufsystem oder zentralem Nervensystem oder invasive Empfängnisverhütung. Beispiele für Klasse I sind ärztliche Instrumente, Gehhilfen, Stützstrümpfe, Beispiele für Klasse III sind Herzkatheder, künstliche Gelenke und Brustimplantate.

CE-Kennzeichnung

Fachleute, die sich mit der Zulassung von Medizinprodukten befassen, verfügen über einen naturwissenschaftlichen oder ingenieurwissenschaftlichen Studienabschluss, sie bringen gute Englischkenntnisse mit, haben Erfahrungen mit internationalen Zulassungen in der Pharmaindustrie oder der Medizintechnik und kennen sich in den CE-Kennzeichnungsbestimmungen und den gesetzlichen Regeln dazu aus. Die CE-Kennzeichnung markiert bestimmte im europäischen Wirtschaftsraum frei verkehrsfähige Industrieerzeugnisse. Sie setzt eine europaweit gültige Konformitätsprüfung voraus. Für Medizinprodukte gelten die Regeln auch in der Schweiz. Für die Prüfung sind die Hersteller selbst oder von ihnen beauftragte Unternehmen verantwortlich. Schweizer Hersteller können eine CE-Kennzeichnung für Medizinprodukte vergeben und umgekehrt akzeptiert die Schweiz bei der Einfuhr entsprechend gekennzeichnete Produkte. Vor allem junge oder sehr kleine Firmen sind mit der Komplexität und der Umsetzung der Regularien und Vorgaben schnell überfordert und schalten aus diesem Grund externe Beratungsunternehmen ein. Daraus hat sich ein eigener Dienstleistungszweig entwickelt. Neben vielen nur Insidern bekannten Anbietern finden sich hier auch Unternehmen, die man aus anderen Feldern kennt, wie die Dekra, die innerhalb der Dekra Certification GmbH einen Zweig Medical Devices betreibt.

Bundesinstitut für Arzneimittel und Medizinprodukte (BAfrM), www.bafrm.de

Im Rahmen von Konformitätsprüfungen können klinische Prüfungen notwendig werden. Diese müssen beim Bundesinstitut für Arzneimittel und Medizinprodukte (BAfrM) angemeldet und dort genehmigt werden. Das BAfrM hat ferner im Bereich Medizintechnik noch die Aufgaben, Risiken aus der Verwendung von Medizinprodukten zu bewerten, zuständige Behörden und Hersteller in Fragen der Klassifizierung von Medizinprodukten zu beraten und bei Normierungen mitzuwirken.

6 Berufsfelder in der Laborgeräteherstellung und im Laborservice

Laborgerätehersteller fertigen Anlagen und Instrumente zum Einsatz in medizinischen, chemischen oder biologischen Laboren und sind häufig hochspezialisierte Firmen. Branchenorganisationen gibt es keine, die besten Informationen gibt es über Zeitschriften wie Laborwelt und Messen wie die Analytica und die jeweiligen Webauftritte. Die Branche besteht auch hier aus wenigen großen, weltweit tätigen Unternehmen, einigen mittelgroßen und vielen sehr kleinen Betrieben. Einige interessante Unternehmen im deutschsprachigen Raum sind die Schweizer Tecan-Gruppe mit über 1 100 Mitarbeitern und knapp 400 Millionen Franken Umsatz, die schweizerisch-amerikanische Hamilton-Gruppe, die Eppendorf AG mit Stammsitz in Hamburg und weltweit 2 500 Mitarbeitern, davon 1 100 in Deutschland, und Sartorius Stedim mit Sitz in Frankreich und Produktion in Deutschland. Standorte im deutschsprachigen Raum haben zudem die US-Größen Thermo Fisher Scientific mit über 35 000 Mitarbeitern und 10 Milliarden US-Dollar Umsatz und Agilent mit rund 20 000 Mitarbeitern. Hidden Champions gibt es hier ebenfalls, z.B. Omicron, ein Hersteller von Rastertunnel- und Rastersondenmikroskopen. Zudem sind in diesem Markt auch Unternehmen tätig, die überwiegend eine oder mehrere andere Sparten bedienen wie Roche Diagnostics in Mannheim oder die eher der Biotechnologie zugeordnet werden wie Millipore und Qiagen, die u.a. Diagnostik-Kits herstellen.

Die Bandbreite der Produkte reicht von Schüttlern, Zentrifugen, Objektträgern und Messgeräten aller Art bis hin zu Mikroskopen, Pipettier- und Analyserobotern und Bioreaktoren. In diesen Unternehmen arbeiten Ingenieure, Naturwissenschaftler und Techniker in enger Kooperation sowohl in der Entwicklung als auch im Produktmanagement und im Vertrieb. Während in der Entwicklung überwiegend Ingenieure und Techniker eingesetzt werden, sind Naturwissenschaftler im Produktmanagement und Vertrieb gerne gesehene Kandidaten, weil sie ihre Kunden gut kennen. Praktische Erfahrungen als Anwender sind beim Berufseinstieg hilfreich. Im Übrigen gelten die üblichen Anforderungen an Kundenorientierung, Kommunikationskompetenz, Englischkenntnisse und

Analytica – jährliche Messe der Laborgerätehersteller in München, www.analytica.de; weitere Infos über die Branche in Laborwelt, www.laborwelt.de

Laborservice und Labordienstleistungen

Auftreten, die inzwischen schon mehrfach beschrieben wurden.

Neben der Entwicklung und dem Verkauf der Laborgeräte gehören zum Geschäftsfeld der Gerätehersteller auch ergänzende Serviceleistungen wie die Wartung und Instandsetzung von Geräten oder die Lieferung von Software-Updates. Von Dienstleistungen spricht man eher, wenn die Laborgerätehersteller selbständige Leistungen anbieten und z. B. Analysearbeiten im Auftrag anderer erledigen. Die Übergänge sind fließend. Neben Herstellern gibt es zahlreiche Dienstleistungsunternehmen wie Labore, Biotechnologieunternehmen und Ingenieurbüros, die im Auftrag anderer Teile eines Forschungs- oder Herstellungsprozesses übernehmen. Große Unternehmen wie die Eurofins-Gruppe mit mehreren Standorten in Deutschland, Österreich und der Schweiz arbeiten für alle Life-Sciences-Sektoren, während andere wie Geneart in Regensburg eher auf spezielle Kundengruppen ausgerichtet sind. Dienstleistungsunternehmen arbeiten sowohl für öffentliche Forschungseinrichtungen und Behörden als auch für private Unternehmen. Die Felder decken die gesamte Bandbreite der Life Sciences ab. Ihre Angebote reichen von der Gensequenzierungen, der Entwicklung und Aufbewahrung von Zellkulturen über die Analyse von Lebensmitteln bis hin zur Erfassung von Arten im Rahmen von Bauvorhaben oder Infrastrukturmaßnahmen. Die Tätigkeiten sind sehr vielfältig und es werden Mitarbeiter mit sehr differenzierten Qualifizierungen gesucht. Interessante Aufgabenfelder gibt es für Laborkräfte, Techniker, Naturwissenschaftler und Ingenieure, die kleine Unternehmen bevorzugen und lieber ein breites Aufgabenfeld vorfinden wollen, in dem sie sehr vielseitig arbeiten können. Interessante Unternehmen findet man häufig in der Umgebung von Forschungsclustern. Firmendatenbanken gibt es u. a. in der Mitgliederliste der Vereinigung Deutscher Biotechnologieunternehmen (VBU) und der Biotechnologiefirmendatenbank des Bundesministeriums für Bildung und Forschung.

Labordienstleister finden sich unter:
www.v-b-u.org, und
www.biotechnologie.de

7 Berufsfelder im Dienstleistungssektor

Neben Labordienstleistern gibt es eine Vielzahl von Dienstleistungsunternehmen rund um die Life Sciences für Spezialfragen aus den Bereichen Marketing, Kommunikation, Übersetzung, Partnering und Fördermitteleinwerbung, in denen Experten arbeiten, die überwiegend Berufserfahrung in größeren Unternehmen oder in der akademischen Forschung gesammelt haben, bevor sie den Schritt in die Selbständigkeit gegangen sind. Beispielhaft sei hier nur die Kleffmann Group erwähnt, Weltmarktführer für Agrarmarktforschung mit zahlreichen Standorten in Europa, Asien und Amerika, die BIOCOM AG, das wichtigste Fachinformationsunternehmen für Biotechnologie in Europa, und die Genius GmbH, eine auf den Life-Science-Sektor spezialisierte PR-Agentur.

Da der Dienstleistungssektor sehr heterogen und in seiner Struktur nicht eindeutig erfasst und abgegrenzt ist, wäre es vermessen, einen vollständigen Überblick geben zu wollen. Daher sollen hier vier Bereiche näher vorgestellt werden, die gute Berufsperspektiven für Lebenswissenschaftler bieten. Dies sind die Felder Unternehmensberatung, Durchführung klinischer Studien, Aus- und Weiterbildung und Patentwesen.

7.1 Dienstleistung Unternehmensberatung

Unternehmensberatung oder Managementberatung ist in Deutschland, Österreich und der Schweiz ein Markt, in dem sich einige große, internationale Gesellschaften präsentieren und ihre Leistungen vornehmlich großen Mittelständlern und Konzernen anbieten. Insbesondere dort, wo weltweite Präsenz gefragt ist, haben sie große Vorteile. Auf der anderen Seite gibt es eine Vielzahl von sehr kleinen Beratungsgesellschaften mit nur einem Berater bzw. einigen wenigen Beratern.

Dazwischen haben sich erfolgreich mittelgroße Beratungsgesellschaften etabliert, die zwischen 50 und 300 Mitarbeiter beschäftigen, zum Teil weltweit tätig sind und einen großen Teil ihres Umsatzes im Ausland machen. Kleinere Beratungsunternehmen entstehen häufig durch Spin-offs aus den großen Beratungshäusern und schaffen es, einen Teil ihrer Kunden mitzunehmen, so dass sie auch weiterhin für große Unter-

Bundesverband Deutscher Unternehmensberater (BDU), www.bdu.de

nehmen arbeiten, weil sie sich hochkompetent auf spezielle Nischen konzentrieren. Andere kleine Beratungsunternehmen werden von Menschen mit Managementhintergrund und viel praktischer Erfahrung neu gegründet. Eine Zugangsbeschränkung gibt es nicht, so dass sich jeder „Unternehmensberater" nennen kann, ohne einen speziellen Kompetenznachweis zu erbringen. Ob er erfolgreich ist, entscheidet der Markt. Der Bundesverband Deutscher Unternehmensberater (BDU) bemüht sich um Qualitätsstandards der bei ihm organisierten Berater und hat eigene Berufsgrundsätze entwickelt. Nach seinen Schätzungen gibt es in Deutschland 13 300 Beratungsgesellschaften mit insgesamt 84 600 Beratern und 29 000 sonstigen Mitarbeitern, die einen Gesamtumsatz von 17,6 Milliarden Euro erwirtschaften (Stand Ende 2009). Davon beschäftigen die acht größten Beratungsunternehmen zusammen 9 400 Mitarbeiter und machen über 2,5 Milliarden Euro Umsatz.

Es gibt unterschiedliche Ansätze, Unternehmensberatungen in Fachgruppen oder Beratungsfelder einzuteilen. Hier soll eine ganz einfache Gruppierung in Strategieberatungen, fachspezifische Beratungen und anlassbezogene Beratungen vorgenommen werden.

Strategieberatungen

In die erste Gruppe gehören alle Beratungsprojekte, die sich mit der strategischen Ausrichtung eines Unternehmens, seinen Geschäftsfeldern, Produkten und Märkten oder dem strategischen Marketing beschäftigen. Manchmal gehört die Begleitung der unternehmensinternen Umsetzung mit zum Leistungsangebot der Beratungsgesellschaft, teilweise geht es auch nur um die Entwicklung von Empfehlungen. Auftraggeber für derartige Projekte sind in der Regel der Vorstand oder die Geschäftsführer, in großen Unternehmen auch Bereichsleiter. In diesem Feld sind vor allem die großen internationalen Beratungsgesellschaften aktiv. Sie haben den Vorteil, bereits viele vergleichbare Problemstellungen aus anderen Projekten zu kennen und damit mit jedem Projekt ihr unternehmensinternes Wissen zu erweitern und ihren Kunden zur Verfügung zu stellen. Dieses Wissen in Verbindung mit einer strukturierten Vorgehensweise führt zu Ergebnissen, die den manchmal großen Aufwand für die Auftraggeber rechtfertigen. Strategieberatung wird überwiegend von den Branchen Finanzdienstleistung, Automobilindustrie und Energie/Verkehr in Anspruch genommen. An vierter Stelle folgt aber schon die chemische und pharmazeutische Industrie, mit eher steigendem Bedarf.

Fachspezifische Beratungen

In der fachspezifischen Beratung geht es um die Lösung konkreter Aufgabenstellung aus einzelnen Unternehmensbereichen z.B. zur Reduzierung von Kosten der Verwaltung, zur Beschleunigung einzelner Produktionsprozesse oder zur Verbesserung von Qualität im Kundenservice. Typischerweise werden folgende Fachberatungen in Anspruch genommen:

- Organisations- und Prozessberatung
- IT-Beratung
- Logistikberatung
- Finanzberatung
- Beratung im Bereich Marketing und Vertrieb
- Technologieberatung
- Human-Resources-Beratung

Beratungsunternehmen, die sich auf eines oder mehrere dieser Felder spezialisiert haben, verfügen über Berater mit praktischen Erfahrungen aus dem jeweiligen Bereich, die sich um kundenspezifische Lösungen bemühen. In der Organisations- und Prozessberatung sind die Themen häufig eng mit strategischen Fragestellungen verbunden, konzentrieren sich aber auf eine Performanceverbesserung innerhalb gesetzter strategischer Vorgaben. Die IT-Beratung befasst sich mit Fragen der Systemintegration verschiedener, häufig bereits vorhandener Einzelanwendungen, mit IT-Lösungen zur Optimierung vorhandener Arbeitsabläufe und mit der Ausrichtung eines Unternehmens auf künftige Arbeitsplatzanforderung z.B. durch Nutzung neuer Medien und die Integration von Social Media in die Unternehmenskommunikation. Die Logistikberatung fokussiert sich auf den Materialfluss von Rohstoffen und Vorprodukten, den Warenfluss und die Lagerung sowie die entsprechenden Warenwirtschaftssysteme, ein Bereich der im produzierenden Gewerbe ein wichtiger Kostenfaktor ist. Finanzberatung ist ein Feld für Spezialisten, die sich um Finanzierungs- und Anlagefragen und um die Organisation von Zahlungsströmen kümmern. Beratungen im Bereich Marketing und Vertrieb beschäftigen sich mit der Generierung von Vertriebswegen, der Erschließung neuer Märkte und der Kommunikation mit potenziellen Kunden. In der Technologieberatung geht es um die Weiterentwicklung von Produkten oder Technologien. Und die Human-Resources-Beratung teilt sich auf in die Personalberatung zur Besetzung von Fach- und Führungskräften und die Personalmanagementberatung, die sich mit Vergütungs- und Altersversorgungssystemen, Talentmanagement- und Führungsinstrumenten oder Prozessoptimierungen in der Human-Resources-Administration auseinandersetzt.

Anlassbezogene Unternehmensberatungen werden von Kunden in Anspruch genommen, deren Unternehmen sich gerade in einer speziellen Phase befindet. So gibt es die Existenzgründungsberatung, die eine Vielzahl unterschiedlicher Themen besetzt, wie sie typischerweise in Gründungssituationen vorkommen, z.B. die strategische Ausrichtung des Start-

Fachverbände im BDU:
Change Management
Finanzierung
Gründung, Entwicklung, Nachfolge
Healthcare
Informationsmanagement + Logistik
Integrative Unternehmensprozesse
Management + Marketing
Öffentlicher Sektor
Outplacementberatung
Personalberatung
Personalmanagement
Sanierungs- und Insolvenzberatung
Unternehmensführung + Controlling

Anlassbezogene Beratungen

up, die rechtliche Gestaltung der Unternehmensform sowie die Finanzierung. Diese Beratungsunternehmen oder Einzelberater arbeiten meistens in lokalen Netzwerken mit Rechtsanwälten, Steuerberatern und anderen, um ein Komplettangebot zu ermöglichen. In diese Gruppe reichen auch Gesellschaften hinein, die sich um Technologietransfer kümmern. Sie beschäftigen Fachleute, die überwiegend in der akademischen Forschung nach verwertbaren Ideen oder Technologien suchen und sie auf eine kommerzielle Verwertbarkeit hin prüfen. Wenn sie diese positiv einschätzen, beraten sie die Forscher hinsichtlich des Patentschutzes sowie der Verwertungsmöglichkeiten und führen diese Verfahren ggf. selbst durch. Anders als klassische Unternehmensberater, die überwiegend mit fest vereinbarten Tages- oder Stundensätzen und selten mit Erfolgshonoraren vergütet werden, verdienen Technologietransfergesellschaften in erster Linie an den Verwertungserlösen, die ihre Auftraggeber erzielen können. Eine Festvergütung kommt hier allenfalls in Form niedriger Grundhonorare in Betracht.

Mit einer ganz besonderen Situation haben Insolvenzberater zu tun. Sie arbeiten nicht wie der Insolvenzverwalter im Auftrag der Gläubiger, sondern stehen dem Unternehmer oder den Vorständen und Geschäftsführern eines Unternehmens zur Seite, wenn es darum geht, wie das Insolvenzverfahren selbst oder zumindest Fehler im Verfahren vermieden werden können. Meistens handelt es sich um kaufmännisch oder juristisch qualifizierte Manager, die selbst unternehmerische Erfahrung gesammelt haben. Sie können aber auch Techniker oder Naturwissenschaftler sein und sich in die übrigen Felder eingearbeitet haben.

Ebenfalls anlassbezogen schalten Unternehmen Outplacement-Berater ein. Diese werden tätig, wenn es um die einvernehmliche Trennung von Fach- und Führungskräften (Einzeloutplacement) oder um die Entlassung größerer Gruppen von Personal (Gruppenoutplacement) geht. Die Beratungsleistung selbst wird zwar gegenüber den betroffenen Mitarbeitern erbracht, und nur in Einzelfällen erfolgt noch eine Beratung im Unternehmen zum Thema Umgang mit Trennungen, dennoch verstehen sich die Gesellschaften für Outplacement-Beratung als Unternehmensberater und die großen dieser Branche sind im BDU organisiert. Als Berater arbeiten hier erfahrene Führungskräfte verschiedenster Branchen, die eine Weiterbildung als Coach, Karriereberater oder Trainer absolviert haben.

Das Inhouse Consulting stellt eine interessante Alternative sowohl für Berufseinsteiger als auch für erfahrene Praktiker dar. Insbesondere große Unternehmen aus der Automobilindustrie, der Finanzbranche sowie der Chemie- und Pharmaindustrie haben in den letzten Jahren eigene interne Consulting-

Beispiele für Inhouse Consulting:
Management Consulting BASF
Bayer Business Consulting
Siemens Management Consulting
Mehr über Beratungsgesellschaften
von führenden Unternehmen unter:
www.inhouse-consulting.de

Abteilungen oder Tochtergesellschaften eingerichtet. Zum Teil agieren diese wie externe Beratungsunternehmen und müssen sich jeweils in einem Wettbewerb um Projekte durchsetzen. In anderen Fällen sind sie bevorzugt in Anspruch zu nehmen. Manche arbeiten nur für ihr Mutterunternehmen, andere sind daneben auch am Markt tätig.

Die Mitarbeiterstruktur der firmeneigenen Berater ist ebenfalls sehr unterschiedlich. Manche beschäftigen erfahrene Berater und stellen ergänzend Nachwuchs ein, während andere sich eher intern aus erfahrenen Managern rekrutieren. Im Hinblick auf Karriereperspektiven sollte man sich die individuelle Situation genau ansehen. Attraktiv sind sicher professionell arbeitende Beratungsunternehmen, die auch außerhalb des eigenen Konzerns tätig sind. Diese Unternehmen nutzen ihr Beraterteam als Talentpool und suchen sich dort Leistungsträger für neue Herausforderungen.

Ebenso vielfältig wie die Beratungsleistungen sind auch die Anforderungen an Berater. Grundsätzlich ist es möglich, in nahezu jeder Phase der beruflichen Entwicklung Unternehmensberater zu werden. Insbesondere der Einstieg in die großen Beratungsgesellschaften erfolgt aber in der Regel unmittelbar nach Abschluss einer akademischen Ausbildung. Erwartet werden exzellente Noten, wobei es auf das Fach nicht ankommt. Das klingt auf den ersten Blick für Nichtinformierte vielleicht überraschend, aber es geht um das intellektuelle Potenzial und die Methodenkompetenz und nicht um das konkrete Wissen. In den großen Strategieberatungen verfügt etwa die Hälfte der Berater über eine kaufmännische Vorbildung. Alle anderen haben geistes- oder naturwissenschaftliche Abschlüsse, sind Ingenieure oder Sozialwissenschaftler. Es gibt wohl kaum eine andere Arbeitsumgebung mit dieser fachlichen Bandbreite. Die Chance, als Biologe mit Musikwissenschaftlern oder Theologen zusammenzuarbeiten, ist nirgendwo größer als hier. Hintergrund für diese Vielfalt ist die Strategie der Unternehmen, möglichst viele unterschiedliche Kompetenzen und methodische Ansätze zu verbinden, um Lösungen zu finden, die nicht einer Standardvorgehensweise entsprechen.

Neben sehr guten Abschlüssen wird Auslandserfahrung und interkulturelle Kompetenz erwartet. Ein multikultureller Hintergrund der eigenen Familie und Mehrsprachigkeit sind gern gesehene Merkmale. Im Übrigen sollen die jungen Berater über gut entwickelte soziale Kompetenzen verfügen. Daher ist ein ehrenamtliches soziales oder kulturelles Engagement ein Pluspunkt. Gerne gesehen wird die aktive Mitarbeit in einer studentischen Unternehmensberatung, die bereits erste Erfahrungen in kommerziellen oder Pro-bono-Projekten vermittelt hat.

Anforderungen an Beraternachwuchs:
sehr gute Studienabschlüsse
Sprachkompetenz
Auslandserfahrung
Sozialkompetenz
Einsatzbereitschaft

Der Einstieg in die Unternehmensberatung ist schon für sehr gute Bachelorabsolventen möglich. Sie können zunächst praktische Erfahrungen machen und werden dann unterstützt, wenn es um eine weitere akademische Ausbildung geht. Der Einstieg kann aber ebenso erst mit dem Diplom- bzw. Masterabschluss erfolgen, und natürlich wird eine Promotion in der Beratung gern gesehen. Auch hier gibt es die Möglichkeit, zunächst erste Consulting-Erfahrungen zu machen und später zu promovieren. Einige Unternehmen bieten Hilfestellung in Form von Freistellungsangeboten oder Finanzierungshilfen. Nähere Informationen finden Interessierte am schnellsten auf den Recruiting-Events der Hochschulen oder Studentenorganisationen. Die großen Beratungshäuser sind hier regelmäßig vertreten und informieren über Einstiegsmöglichkeiten, die Anzahl der zu besetzenden Stellen und die Perspektiven. Dabei erfährt man auch Näheres über besondere Angebote wie Summercamps, Orientierungstage und Praktikumsplätze.

Zwar war 2009 für die Branche ein schwieriges Jahr, sie konnte 2010 aber wieder leicht wachsen und schaut verhalten optimistisch in die Zukunft. Die Perspektiven für Nachwuchsberater in großen Gesellschaften sind gut. Es gibt dort ein ausgeklügeltes System zur beruflichen Entwicklung, das von allen nachvollzogen werden kann. Die Karriereschritte hängen von individuellen Leistungen ab, die regelmäßig beurteilt werden, und von der Gesamtsituation des Unternehmens. Klar ist aber auch, dass nicht alle, die als junge Berater beginnen, eines Tages bis in die Partnerebene aufsteigen. Für Berater, deren Entwicklung irgendwann stagniert, ist dies aber selten ein Problem. Viele verlassen nach ein paar Jahren das Beratungsunternehmen und wechseln zu einem ihrer Auftraggeber. Dies hat den Vorteil, dass sie das Unternehmen bereits kennen und dort ebenfalls persönlich bekannt sind. Manche wählen diesen Schritt ganz bewusst, weil sie endlich selbst entscheiden und nicht nur empfehlen wollen oder weil sie ihre Reisetätigkeit reduzieren wollen.

Akademiker mit einigen Jahren Berufs- und Führungserfahrung, die ins Beraterfach wechseln wollen, sind tendenziell für mittlere und kleine Beratungsunternehmen interessanter als für die großen. Insbesondere Unternehmensberatungen, die die vorgeschlagenen Veränderungen auch mit umsetzen, greifen gerne auf erfahrene Praktiker zurück. Hier gibt es zudem flexible Strukturen, die einen Einstieg auf einem Experten- oder Seniorlevel möglich machen, wenn das fachliche Knowhow stimmt. Die fehlende Methodenkompetenz kann schnell anhand der ersten Projekte erworben werden. Hilfreich für einen derartigen Wechsel sind persönliche Kontakte in der Branche und aktuelles Wissen im jeweiligen Fachgebiet. Interessant sind z.B. Bewerber, die sich durch Lehraufträge auf dem neu-

esten Stand halten. Man sollte sich darauf einstellen, dass man in der Beraterrolle zwar manches offener ansprechen kann als wenn man Teil der beratenen Organisation ist, Entscheidungen fällen aber immer andere. So findet manch gutes Konzept der Berater den Weg in die Ablage, weil das Unternehmen vor der Umsetzung der Empfehlungen zurückschreckt. Wer sich darüber ärgert, wird in der Beratung auf Dauer nicht froh.

Immer wieder wird die Frage aufgeworfen, ob man als Berater noch genügend Freizeit für Freunde und Familie hat. In der Tat war es vor Jahren so, dass die meisten Berater vier Tage in der Woche unterwegs waren und Freitag und Samstag im Büro verbrachten. Sonntagnachmittag ging es dann schon wieder los. Spitzenarbeitszeiten von 60 bis 80 Stunden schienen die Regel zu sein und das soziale Netz der Berater verödete zusehends. Dadurch sind Beratungsgesellschaften in die Kritik geraten. Doch zunehmend kümmern sie sich um eine verbesserte Work-Life-Balance ihrer Mitarbeiter. Zum Teil haben sich bereits feste Regeln etabliert, wie ein freier Abend pro Woche und freie Wochenenden. Zum Teil wird das Arbeitsvolumen längerfristig gesteuert, so dass nach einer anstrengenden Projektphase eine Zeit mit reduzierten Arbeitszeiten oder auch eine Auszeit erfolgt. Auf diese Weise können die Berater familiären Verpflichtungen nachkommen, ihre Freundschaften pflegen oder einem Hobby nachgehen. Diese aktuelle Entwicklung soll aber nicht darüber hinwegtäuschen, dass Unternehmensberatungen einen hohen Arbeitseinsatz fordern und eine 35-Stunden-Woche nicht in diese Welt passt.

Work-Life-Balance in der Unternehmensberatung

7.2 Dienstleistungen rund um klinische Studien

Wie in Kapitel 2 bereits erläutert, ist die Entwicklung von Wirkstoffen oder Diagnostika sehr stark davon geprägt, dass neue Produkte in einem langwierigen Prozess zunächst an gesunden Menschen und später an Patienten getestet werden. Jeder Phase der klinischen Studie wird bestimmten Bedingungen, dem Studiendesign, unterworfen und umfassend dokumentiert, damit zum einen die Einhaltung der Bedingungen nachvollzogen werden kann und zum anderen alle Ergebnisse festgehalten werden. Dies ist ein sehr komplexer Prozess, der viele Spezialisten benötigt. Klinische Studien werden entweder vom jeweiligen Pharmaunternehmen selbst, eigenen darauf spezialisierten Tochtergesellschaften oder von Contract Research Organisations (CRO) durchgeführt. Die CROs spielen eine wichtige Rolle. Es gibt einige große, die weltweit tätig sind, und daneben haben sich viele mittlere und kleine etabliert, die ihre Aktivitäten aber keineswegs auf Deutschland oder die Nachbarländer beschränken. Es gibt kaum noch rein national durchgeführte klinische Studien. Deshalb gilt auch hier, dass man in dieser Branche über gute Englischkenntnisse verfügen sollte. Zudem ist es von Vorteil, wenn man den Klinikbetrieb und die Arbeit von Medizinern kennt. Jede Art von Tätigkeit in einem Krankenhaus oder in einer Arztpraxis kann hier hilfreich sein. Dazu gehören Zivildiensteinsätze, Praktika und frühere Ausbildungen.

Für die Berufsbezeichnungen dieser Branche haben sich überwiegend englische Begriffe etabliert. Man unterscheidet im Wesentlichen folgende Tätigkeiten:

- Clinical Research Manager (CRM) oder auch Clinical Research Associate
- Clinical Monitor
- Clinical Trial Manager oder auch Clinical Trial Assistant
- Study Coordinator bzw. Koordinator für klinische Studien
- Study Manager oder Projektmanager für Funktionen mit einer Gesamtverantwortung für mehrere Studien
- Spezialisten für medizinische Biometrie
- Datenmanager für die Datenhaltung
- Safety Officer für die Arzneimittelsicherheit

Da es sich bei all diesen Begriffen nicht um geschützte Berufsbezeichnungen handelt, werden Sie auch Varianten finden und sich im Zweifel immer ein Bild von der konkreten Tätigkeit machen müssen. Einen Überblick über die Berufsfelder verschafft Abb. 7.1.

Der Clinical Research Manager (CRM) fungiert als Bindeglied zwischen dem Auftraggeber der Studie und den die Studie durchführenden Ärzten. Er sorgt für die ordnungsgemäße Durchführung der Studie, für die vollständige und zutreffende Dokumentation und für die Einhaltung von Terminen und Projektplänen. All das ist nicht immer ganz konfliktfrei, weshalb von CRMs hohes kommunikatives, bisweilen diplomatisches Geschick erwartet wird. Wer moderat vorgeht und es dabei trotzdem versteht, Ziele durchzusetzen, der kann hier sehr erfolgreich werden. Vielleicht ist dies einer der Gründe, weshalb in diesem Arbeitsfeld viele Frauen beschäftigt werden. Charmante Hartnäckigkeit ist gefragt. CRMs reisen viel. Sie müssen nicht nur die beteiligten Krankenhäuser und Ärzte aufsuchen und dafür auch Auslandsreisen unternehmen, sondern auch an regelmäßigen Treffen der Projektbeteiligten teilnehmen, die zum Austausch über den Studienverlauf dienen. Auch diese Treffen finden nur selten am Sitz des beauftragenden Unternehmens statt. Neben Reisebereitschaft sollten CRMs zudem eine hohe Toleranz für Fehlschläge mitbringen. Nur ein Bruch-

Clinical Research Manager – ein Beruf mit vielen Entwicklungsmöglichkeiten

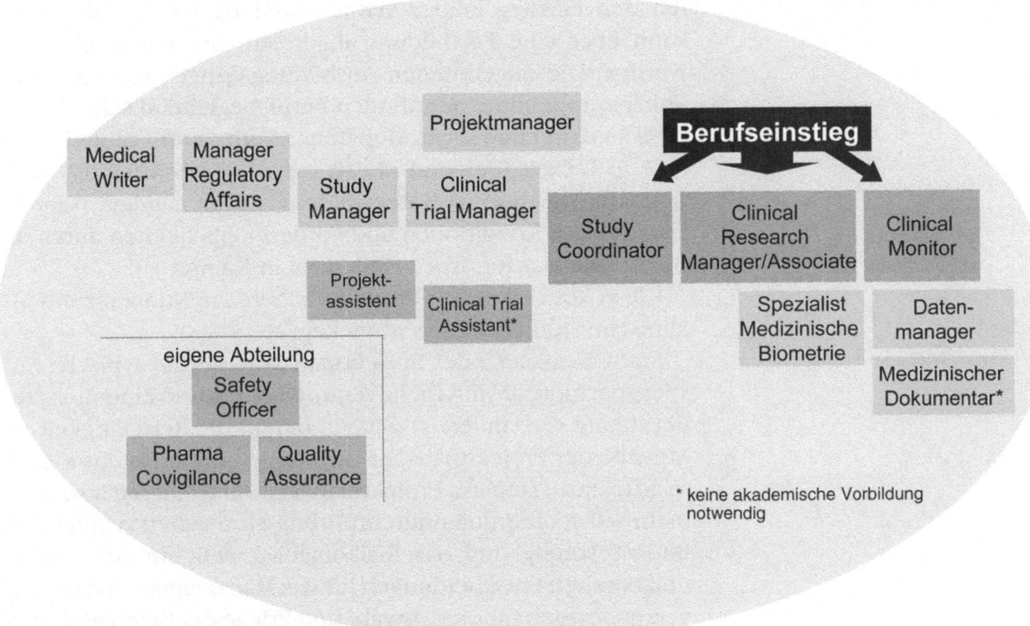

Abb. 7.1 Überblick über Berufsfelder im Bereich klinischer Studien

teil der klinischen Studien führt zur erfolgreichen Zulassung eines Medikaments. Die meisten Wirkstoffe werden aufgrund der Studienergebnisse aus der weiteren Entwicklung genommen. Dann kann zwar die Studie gut gelaufen sein, und die Beteiligten haben alles richtig gemacht, aber der Erfolg tritt trotzdem nicht ein. Damit sollte sich ein CRM rechtzeitig abfinden können.

Die fachlichen Anforderungen an CRMs sind sehr offen. Gefordert wird lediglich eine medizinische, pharmazeutische oder biologische Grundausbildung, so dass technische Assistenten hier ebenso vertreten sind wie Labormitarbeiter und Arzthelferinnen, die diesen Bereich für sich als Karrierechance sehen. Sehr häufig jedoch verfügen die CRMs über ein Studium in Medizin, Pharmazie, Biologie oder Veterinärmedizin.  Möglich ist der Zugang auch für Biochemiker, Lebensmittelchemiker, Agrarwissenschaftler und andere, die Interesse mitbringen, sich in medizinische Fragestellungen einzuarbeiten. Zudem finden sich in diesem Beruf auch Studienabbrecher aus den genannten Fächern und promovierte Naturwissenschaftler. Die langfristigen Karriereperspektiven für Promovierte sind sehr vielversprechend, wenn sie die entsprechenden Managementkompetenzen erwerben. Häufig wird in Stellenausschreibungen gefordert, dass Bewerber über einschlägige Berufserfahrungen verfügen sollen, was für Hochschulabsolven-

ten den Einstieg immer etwas schwierig macht. Die Lücke kann über eine Fortbildung in diesem Bereich geschlossen werden. Die angebotenen Ausbildungsgänge sind entweder Vollzeitprogramme oder finden berufsbegleitend statt, dauern zwischen drei und sechs Monaten in Vollzeit und ca. zwölf Monate in Teilzeit und sind überwiegend kostenpflichtig, da es sich um Angebote privater Bildungsträger handelt. Näheres über Inhalte, Konditionen und Fördermöglichkeiten durch die Bundesagentur für Arbeit finden Sie in Kapitel 19.

CRMs können sich sehr gut in andere Funktionen rund um klinische Studien weiterentwickeln.

Study Manager/Projektmanager

Study Manager oder Projektmanager ist eine typische Aufstiegsposition, die mit mehr Verantwortung und einer höheren Bezahlung verbunden ist. Zudem nimmt die Reisetätigkeit ab. Aufgabe der Projektmanager ist es, eine oder meistens mehrere Studien zu steuern. Projektmanager kontrollieren also nicht mehr selbst die Studiendurchführung, sie machen vielmehr die Budgetplanung und das Risikomanagement für die Studien und bereiten Entscheidungen für das Management vor. Sie sind verantwortlich für die Auswahl und Pflege der beteiligten Partner. Die Anforderungen an die Persönlichkeit der Projektmanager sind sehr hoch. Während sie auf der wissenschaftlichen Seite nicht mehr unbedingt in allen Details vertiefte Kenntnisse benötigen, ist ihre Hauptaufgabe, das Projektteam zum Erfolg zu führen, ohne dass sie den Beteiligten gegenüber weisungsbefugt sind. Kommunikationsfähigkeit, Beharrlichkeit, Diplomatie, gutes Urteilsvermögen, vorausschauende Planung, gutes Problemlösungsverhalten und Zeitmanagement sind u.a. Fähigkeiten, die ein guter Projektmanager mitbringen sollte. Bei Erfolg steht einer weiteren Entwicklung zum Projektleiter oder Koordinator für klinische Studien nichts entgegen.

Projektleiter, Koordinator für klinische Studien

Deren Verantwortung steigt noch einmal an. Sie sind entweder für eine größere Anzahl von Studien, für das gesamte Projektmanagement oder für die strategische Planung von Studien verantwortlich. Die genauen Aufgabeninhalte können von Unternehmen zu Unternehmen stark voneinander abweichen. Stellenbeschreibungen und entsprechendes Nachfragen in Interviews sollten im konkreten Einzelfall zu einem vollständigen Bild führen.

Spezialist medizinische Biometrie, Biometriker

In der Medizin wird zur Objektivierung beobachteter Sachverhalte die Unterstützung durch quantitative Methoden der Statistik und Mathematik benötigt. Unter medizinischer Biometrie versteht man daher alle Methoden zur Planung, Durchführung und Auswertung klinischer und experimenteller Studien. Experten befassen sich mit mathematischen Modellen in der Medizin, mit Methoden zur Prognose und Entscheidungsfindung und mit statistischen Methoden in der klinischen und therapeutischen Forschung sowie mit der Entwicklung systematischer Reviews. Die Deutsche Gesellschaft für Medizinische Informatik, Biometrie und Epidemiologie e.V. (GMDS) kümmert sich um die fachliche Weiterentwicklung auf diesem Gebiet und verleiht gemeinsam mit der Deutschen Region der Internationalen Biometrischen Gesellschaft (IBG) das Zertifikat „Medizinische Biometrie". Das Zertifikat bescheinigt eine operationale Qualifikation für leitende Positionen in medizinischer Biometrie sowohl hinsichtlich der akademischen Aus- bzw. Weiterbildung in medizinischer Biometrie als auch bezüglich einer fünfjährigen erfolgreichen beruflichen Tätigkeit in der Medizin. Das Zertifikat „Medizinische Biometrie" ist vom Bundesinstitut für Arzneimittel und Medizinprodukte (BfArM) anerkannt und verleiht dem Inhaber den Status eines verantwortlichen Biometrikers gemäß der Bekanntmachung von Grundsätzen für die ordnungsgemäße Durchführung der klinischen Prüfung von Arzneimitteln. Neben einer medizinischen oder mathematischen Grundausbildung gibt es entsprechende Weiterbildungen, über die die GMDS informiert.

Voraussetzung für eine berufliche Tätigkeit in diesem Feld ist neben medizinischem Wissen eine intensive Beschäftigung mit statistischen Methoden und Bioinformatik. Experten auf diesem Gebiet haben sehr gute Berufsaussichten.

Eine etwas andere Laufbahn steht den Datenmanagern und den medizinischen Dokumentaren bevor. Sie haben die Aufgabe, das gesamte während der Studie anfallende Datenmaterial zu sammeln und strukturiert so zu verwalten, dass alle Anforderungen der Zulassungsbehörden erfüllt werden und jedes Detail auch im Nachhinein noch nachvollzogen werden kann.

Während der Beruf des medizinischen Dokumentars ein Ausbildungsberuf ist, der in drei Jahren zum Abschluss führt und vielfältige Möglichkeiten auch außerhalb klinischer Studien in Krankenhäusern und in der Gesundheitsökonomie eröffnet, wie in Abschnitt 1.1 beschrieben, ist „Datenmanager" kein festes Berufsbild, sondern ein Betätigungsfeld für Menschen mit naturwissenschaftlichem oder medizinischem Hintergrund und einer hohen IT-Kompetenz. Diese Spezialisten brauchen ein tiefes Verständnis für Datenbanksysteme und Datenmanagement. Dieses kann man entweder bereits im Studium erlangt haben oder anschließend durch entsprechende Kurse. Auch für Bioinformatiker kann der Bereich interessant sein. Die Anforderungen an Kommunikationsfähigkeit und Diplomatie sind deutlich geringer als bei den CRMs. Vielmehr kommt es auf Sorgfalt und eine Mischung aus Detailorientierung und dem Blick fürs Ganze an. Reisetätigkeit spielt in diesem Beruf eine untergeordnete Rolle.

Deutsche Gesellschaft für Medizinische Informatik, Biometrie und Epidemiologie e.V. (GMDS), www.gmds.de

Datenmanager und medizinischer Dokumentar

Medizinische Dokumentare sind organisiert im DVMD e.V., www.dvmd.de

7.3 Dienstleistung Aus- und Weiterbildung

In der Produktion von Pharmazeutika, Kosmetik und medizinischen Geräten sowie in der Verarbeitung von Lebensmitteln spielt die Qualität der Ausgangsstoffe und der Herstellungsverfahren eine große Rolle. Die Risiken fehlerhafter Produktionsverfahren sind enorm, die juristische Haftung kann sehr teuer werden und die moralischen und imageschädigenden Folgen sind nahezu unabsehbar. Aus diesem Grund werden hohe Anforderungen an Hersteller und Zulieferer gestellt. Die Pflicht zur Einrichtung lückenloser Qualitätsmanagementsysteme und die Dokumentation aller Verfahrensschritte und jeder kleinen Änderung setzt bei den Beschäftigten in diesem Bereich viel Wissen voraus, das ständig aktualisiert werden muss. Wenn in diesem Zusammenhang von GxP-Regeln die Rede ist, dann ist damit eine Sammelbezeichnung für mehrere Regelwerke gemeint, die unterschiedliche Situationen betreffen: GMP steht für „Good Manufacturing Practice" (Gute Herstellungspraxis) und umfasst ein Regelwerk zur Qualitätssicherung in der Produktion von Arzneimitteln und Wirkstoffen, die für Tierfutter und Nahrungsmittel verwandt werden. Das wichtigste Regelwerk sind die GMP-Richtlinien der Europäischen Union, die den gesamten Produktionsprozess betreffen (von der Einrichtung von Räumen, den Produktionsanlagen, dem Einsatz qualifizierten Personals, der Herstellung und ihrer Überwachung bis zum Umgang mit Beanstandungen und Bildung von Rückstellproben).

GLP steht für „Good Laboratory Practice" (Gute Laborpraxis) und umfasst ein Regelwerk zur Qualitätssicherung im Bereich von Laboranalysen chemischer Produkte. Es betrifft die Prüfeinrichtung selbst, die Aufgaben und Anforderungen an den Prüfleiter und das Qualitätssicherungssystem. Eine einheitliche europäische Regelung gibt es in diesem Bereich (noch) nicht, so dass nationale Unterschiede nicht ungewöhnlich sind.

GCP steht für „Good Clinical Practice" (Gute klinische Praxis) und stellt die ordnungsgemäße Durchführung klinischer Studien sicher. Diese sind in Europa durch entsprechende EU-Richtlinien einheitlich geregelt und lehnen sich an den US-amerikanischen Standard an. Im Zentrum steht der Schutz der Studienteilnehmer. Die Richtlinie beschreibt die Verantwortung der Auftraggeber, der beteiligten Ärzte, der Ethikkommission und der Organisation, die die Studie durchführt.

Der hohe Schulungsbedarf in diesem Bereich wird teilweise unternehmensintern durchgeführt. Eigene Trainer oder von entsprechenden Bildungsanbietern gestelltes Personal führen

Maßnahmen durch, die möglichst exakt an die Bedürfnisse der Mitarbeiter angepasst werden. Daneben gibt es ein offenes Programm, an dem jeder Interessierte teilnehmen kann und das ein Bildungsanbieter entweder in eigenen oder angemieteten Räumen durchführt. Diese Unternehmen haben sich entweder auf Weiterbildung spezialisiert oder sind in erster Linie Beratungs- oder Dienstleistungsunternehmen und betreiben das Training als eines von mehreren Geschäftsfeldern. Trainer arbeiten entweder haupt- oder nebenberuflich. Die hauptberuflich tätigen haben fast immer eine berufliche Vergangenheit im Schulungsbereich oder sind nach einer wissenschaftlichen Tätigkeit direkt in die Weiterbildung gewechselt. Freude an Lehrtätigkeit ist absolute Voraussetzung. Kommunikative Persönlichkeiten, die schnell Kontakte herstellen können und Netzwerke zu pflegen verstehen, sind in der Weiterbildung willkommen und finden hier anspruchsvolle und abwechslungsreiche Aufgaben. Die Tätigkeit bringt es mit sich, dass man in ein oder mehreren Spezialgebieten immer auf den neuesten Stand ist. Der Arbeitsmarkt ist allerdings klein und freie Positionen werden selten ausgeschrieben. Die hier vorgestellten Aus- und Weiterbildungsthemen stehen lediglich als Beispiele für diverse Schulungen, die in Forschung, Entwicklung und Produktion notwendig sind und von Fachkräften durchgeführt werden. Ein Blick in die Angebotslisten der Anbieter verschafft am schnellsten einen Eindruck von der Themenvielfalt.

Am ehesten kommen Sie über persönliche Kontakte und erste Erfahrungen in nebenberuflicher Form zu einer Weiterbildungstätigkeit. Dabei lässt sich auch bereits testen, ob Sie Spaß an einer solchen Beschäftigung haben.

Beispiele für Weiterbildungsunternehmen:
Klinkner und Partner GmbH
PromoCell Academy
PTS Training Service
Concept Heidelberg GmbH
Decisio
Weitere Infos unter: www.gmp-navigator.de

7.4 Dienstleistungen zum Schutz geistigen Eigentums

Geistiges Eigentum, z.B. die Entwicklung eines neuen Stoffs oder einer neue Technologie, benötigt für eine kommerzielle Verwertung den Schutz durch Patente oder ggf. durch andere Rechte. Im Bereich „Life Sciences" kommt überwiegend der Patentschutz für chemische Stoffe zum Tragen, um den sich zunehmend nicht nur Unternehmen, sondern auch akademische Forschungseinrichtungen bemühen.

Zur Schaffung und Sicherung dieser Schutzrechte bedarf es natur- oder ingenieurwissenschaftlich vorgebildeter Patentanwälte, die Patente anmelden und registrieren lassen. Dies geschieht über Patentschriften, in denen der Patentanwalt eine Erfindung nicht nur technisch beschreibt, sondern auch bewertet und auf juristisch relevante Informationen reduziert.

Patentanwalt

Patentschriften sind folglich komplexe Werke, die vom Patentanwalt neben technischer oder naturwissenschaftlicher Expertise auch patentrechtliches Know-how verlangen. Bis eine solche Schrift zur Anmeldung eingereicht wird, bedarf es häufig vieler Abstimmungsrunden mit den Erfindern. Neben der Anmeldung von Patenten beantragen Patentanwälte auch den Schutz von Marken (Slogans, Logos, Farben, Bilder, Töne) und Geschmacksmustern (Design von Produkten). In diesem Bereich sind neben Patentanwälten auch Rechtsanwälte tätig. Neben der Schaffung und Sicherung von Patenten wirken Patentanwälte bei der Verwertung und Verteidigung dieser Rechte mit. Werden Patente veräußert oder erworben oder Lizenzen daran erteilt, erstellen Patentanwälte die notwendigen Verträge und vertreten ihre Mandanten bei Auseinandersetzungen über diese Vereinbarungen. Auch bei Streitigkeiten anderer Art wie Einsprüchen gegen Patenterteilungen und Verletzungsklagen vertreten Patentanwälte ihre Mandanten vor Gericht oder vor den zuständigen Behörden. Schließlich bewerten sie Patente, wenn es um deren Verwertung geht oder das Unternehmen, das sie besitzt, verkauft werden soll.

Die Ausbildung zum Patentanwalt erfolgt entweder bei einem anderen Patentanwalt oder bei einem Patentassessor – also einem ausgebildeten Patentanwalt, der nicht zur Anwaltschaft zugelassen wurde – in einem Unternehmen. Die Zahl der offenen Stellen ist nicht sehr groß, da überwiegend nur der eigene Nachwuchs ausgebildet wird, und der ist bei ca. 2 500 Patentanwälten in Deutschland überschaubar. Zur Ausbildung wird der Patentanwaltskandidat in einer Sozietät oder bei einem Einzelanwalt angestellt, erhält einen Arbeitsvertrag und bekommt eine Vergütung. Diese Vergütung unterliegt keinen Regeln, sondern wird frei verhandelt und ist abhängig vom Angebot an guten Kandidaten, der Nachfrage und Faktoren wie Ballungsraumnähe und Größe der Kanzlei. Die Bezahlung in dieser Ausbildungszeit ist mit den Gehältern, die Akademiker nach der Promotion in der akademischen Forschung bekommen, durchaus vergleichbar, liegt aber unter den Einstiegsgehältern in der Industrie. Häufig setzen Patentanwaltskanzleien die Anwärter vor ihrer Einstellung eine Zeit als Patentsachbearbeiter oder -ingenieur ein, was als Probezeit betrachtet wird. Für die Ausbildung in einem Unternehmen gelten eigene Spielregeln. Hier spielen vorhergehende Tätigkeit, Bleibevereinbarungen nach Abschluss der Ausbildung und weitere Faktoren eine das Gehalt bestimmende Rolle.

Die Ausbildung beginnt erst mit der Anmeldung des Kandidaten beim Deutschen Patent- und Markenamt (DPMA). Dann wird der Kandidat 26 Monate ausgebildet, davon kann er zwei Monate bei einem Patentgericht verbringen und bis zu sechs Monate Tätigkeit im Ausland auf die Ausbildungszeit anrech-

Exkurs: Rechtliche Grundlagen für die Tätigkeit von Patentanwälten

Ein Patent ist ein hoheitlich erteiltes gewerbliches Schutzrecht für eine Erfindung, das den Inhaber berechtigt, anderen die Benutzung der Erfindung zu untersagen. Erfindungen können auf allen Gebieten der Technik geschützt werden, sofern sie auf einer erfinderischen Tätigkeit beruhen, die neu ist und die gewerblich verwertet werden kann, so Paragraf 1 des Patentgesetzes (PatG). Das gilt auch für biologisches Material. Gerade für biologisches Material enthält das Patentgesetz eine Fülle von Einschränkungen, die für die Life Sciences relevant sind. So kann man sich den menschlichen Körper oder Teile davon nicht patentieren lassen, ebenso wenig Pflanzen und Tiere. Wann eine Erfindung vorliegt, ist nicht immer ganz eindeutig und führt in der Praxis häufig zu Schwierigkeiten, die durch das Deutsche Patent- und Markenamt (DPMA) geklärt werden müssen. Dieses ist auch zuständig für die Umsetzung des Markengesetzes, des Gebrauchs- und des Geschmacksmustergesetzes.

Unter „Marken" versteht das Gesetz „Zeichen, insbesondere Wörter einschließlich Personennamen, Abbildungen, Buchstaben, Zahlen, Hörzeichen, dreidimensionale Gestaltungen einschließlich der Form einer Ware oder ihrer Verpackung sowie sonstige Aufmachungen einschließlich Farben und Farbzusammenstellungen, die geeignet sind, Waren oder Dienstleistungen eines Unternehmens von denjenigen anderer Unternehmen zu unterscheiden" (Paragraf 3, Absatz 1 Markengesetz). Nach diesem Gesetz können auch Herkunftsbezeichnungen geschützt werden. Markenschutz hat eine besonders große Bedeutung für die Lebensmittel- und die Kosmetikindustrie, weil Marken hier in besonderer Weise gepflegt werden.

Das Gebrauchsmustergesetz schützt Erfindungen und hat einen vergleichbaren Anwendungsbereich wie das Patentgesetz. Der Schutz besteht aber nur für drei Jahre und kann maximal auf zehn Jahre verlängert werden.

Das Geschmacksmustergesetz schützt neue Muster von Erzeugnissen aus handwerklicher oder industrieller Fertigung, die über Eigenheiten verfügen (Form, Farbe, Linienführung usw.), in zwei- oder dreidimensionaler Form.

Patentanwälte arbeiten auf allen vier Feldern, wenn es um die Erlangung der jeweiligen Schutzrechte geht, wenn es um die Verteidigung dieser Rechte geht und wenn diese Rechte verwertet werden sollen.

In Österreich gibt es ein Patentgesetz mit einem ähnlichen Schutzzweck wie in Deutschland und ein Patentamt, das für die Umsetzung zuständig ist. Auch der Gebrauchs- und Geschmacksmuster- sowie der Markenschutz ist ähnlich. Zusätzlich existieren aber noch besondere Schutzrechte für Halbleiter und Sortenschutz.

In der Schweiz ist das Patentamt das Eidgenössische Institut für Geistiges Eigentum. Das Schweizer Patentrecht kennt bis auf den Gebrauchsmusterschutz alle auch in Deutschland existierenden Schutzrechte, sieht aber keine Prüfung auf Neuheit und Erfindung vor. Zum Ausgleich können alle eingetragenen Rechte jederzeit im gerichtlichen Verfahren überprüft werden.

nen lassen. In dieser Phase überwiegt die praktische Ausbildung. Der Kandidat sollte möglichst viele Patentanmeldungen selbst schreiben, sicher in der Anwendung der Fachsprachen werden und Einblick in die Arbeit vor Gericht bekommen. Der Kandidat ergänzt die praktische Ausbildung um ein juristisches Studium, in der Regel handelt es sich um das zweijährige Studium „Recht für Patentanwälte" der FernUniversität Hagen. Nach dieser Zeit verbringt er zwei Monate beim DPMA in der Marken- und Patentprüfung und wechselt dann für sechs Monate an das Bundespatentgericht. In dieser Zeit, die üblicherweise als „Amtsjahr" bezeichnet wird, ist der Kandidat nicht mehr in der Kanzlei oder im Unternehmen angestellt und erhält auch von den beteiligten öffentlichen Stellen keine Vergütung, sondern muss sich in diesem Zeitraum selbst finanzieren. Dies erfolgt entweder durch ein Darlehen, durch Vergütungsverzicht in der Zeit zuvor und nachschüssige Auszahlung oder durch eine Nebentätigkeit, die in der Bearbeitung von Akten für andere Patentanwälte besteht. Natürlich lassen sich diese Finanzierungsinstrumente auch beliebig kombinieren.

Nach dem Amtsjahr kann der Kandidat die Prüfung zum Patentassessor, die aus zwei schriftlichen und einem mündlichen Teil besteht, ablegen und ggf. einmal wiederholen (Abb. 7.2).

Nach erfolgreichem Ablegen des Examens kann ein Patentassessor zum Patentanwalt zugelassen werden. Neben der bestandenen Prüfung muss er den Abschluss einer Haftpflichtversicherung nachweisen und den persönlichen Kriterien der Patentanwaltsordnung entsprechen. Um europaweit tätig werden zu können, erwerben deutsche Patentanwälte auch die Zulassung zum European Patent Attorney. Dies berechtigt sie, Anträge beim Europäischen Patentamt (EPA) (European Patent Office, EPO) einzureichen. Das Europäische Patentamt hat die Aufgabe, in einem vereinheitlichten Verfahren über Patentzulassungen in allen 36 europäischen Mitgliedstaaten zu befinden. Spätestens hier sind Sprachkenntnisse in mindestens zwei der drei Amtssprachen Deutsch, Englisch und Französisch unerlässlich. Neben den natur- oder ingenieurwissenschaftlichen Kenntnissen, die durch Hochschulstudium und entsprechende Abschlüsse nachgewiesen werden, muss der European Patent Attorney je nach Level seines Abschlusses über drei bzw. sechs Jahre praktische Tätigkeit im Zusammenhang mit europäi-

European Patent Attorney: Informationen über die europäische Eignungsprüfung und zu Lernmitteln unter: www.epo.org

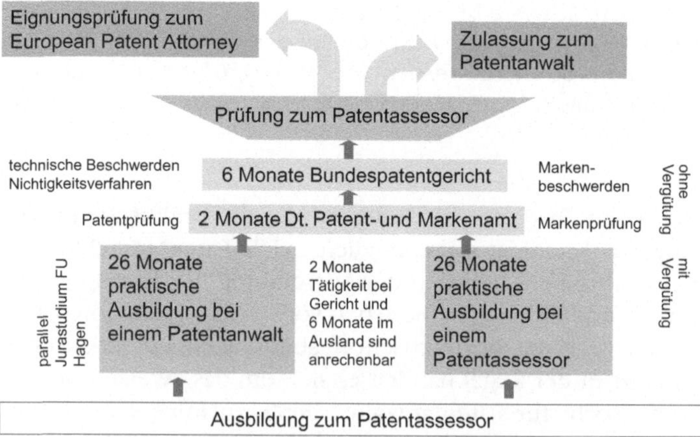

Abb. 7.2 Schematische Darstellung der Ausbildung zum Patentassessor

schen Patenten nachweisen. Die praktische Ausbildungszeit in Deutschland kann komplett, das Amtsjahr mit sechs Monaten angerechnet werden. Notwendig ist das Bestehen der Eignungsprüfung, die sehr anspruchsvoll ist und daher eine gute Vorbereitung erforderlich macht. Diese erfolgt anhand von schriftlichen Unterlagen des Europäischen Patentamtes und selbst organisierten Lernformen.

Patentanwälte arbeiten als Angestellte, freie Mitarbeiter oder Partner in größeren Kanzleien mit anderen Patentanwälten zusammen oder bilden mit anderen Patent- und ggf. Rechtsanwälten eine Bürogemeinschaft. Der Unterschied zwischen einer Partnerschaft oder Sozietät und einer Bürogemeinschaft besteht darin, dass die Partner eine Gesellschaft bilden (meistens eine Gesellschaft bürgerlichen Rechts, zulässig ist aber auch eine GmbH) und als Unternehmen gemeinschaftlich auftreten. In der Bürogemeinschaft arbeitet jeder auf eigene Rechnung, lediglich die Gemeinkosten wie Miete, Nebenkosten, Sekretariat etc. werden geteilt. Seltener sind Patentanwälte als Einzelanwälte tätig. Das ist zwar rechtlich zulässig, aufgrund der Vielseitigkeit der Aufgabenstellung größerer Mandate aber unzweckmäßig. Häufig arbeiten Einzelanwälte als sogenannte Kollegenarbeiter für größere Patentanwaltskanzleien, was sich auf ihr Honorar auswirkt, aber eine Möglichkeit ist, einen eigenen Mandantenstamm in Ruhe aufbauen zu können. Zudem sind Patentanwälte in den Patent- oder Rechtsabteilungen großer Unternehmen tätig, um dort alle relevanten Patentangelegenheiten des Unternehmens zu bearbeiten.

Da Patentanwälte selbständige Dienstleister sind, müssen sie sich um die Akquisition von Aufträgen, die eigene Infrastruktur wie Büro, Equipment, Sekretariat u. Ä. kümmern und dafür sorgen, dass Rechnungen geschrieben werden und jemand die Buchführung überwacht. Außerdem dürfen sie Patentanwaltsfachangestellte ausbilden. Insofern unterscheiden sie sich nicht von anderen selbständigen Unternehmern, unterliegen allerdings strengen berufsrechtlichen Regeln, wie es sie auch für andere freie Berufe gibt. Arbeiten Patentanwälte nur für ein Unternehmen, muss sichergestellt sein, dass sie diese Regeln einhalten können und z. B. über ihre Zeit frei verfügen können. Sind sie angestellt und unterliegen vollständig den Weisungen des Arbeitgebers, so können sie keine Zulassung als Patentanwälte erhalten, sie arbeiten als Patentassessoren.

Organisiert sind deutsche Patentanwälte in der deutschen Patentanwaltskammer (Pflichtmitgliedschaft), die auch die Patentanwaltsordnung, die Berufsordnung der Patentanwälte, erlässt.

Österreichische Patentanwälte sind ebenfalls in einer Patentanwaltskammer organisiert. Sie müssen ein technisches oder naturwissenschaftliches Studium absolviert haben und

Patentanwaltsordnung, die Berufsordnung der deutschen Patentanwälte, unter: www.patentanwalt.de

mindestens fünf Jahre praktisch in Patentsachen gearbeitet haben, bevor sie eine entsprechende Prüfung ablegen können. Details finden sich im österreichischen Patentanwaltsgesetz.

Derzeit gibt es in der Schweiz noch keine gesetzliche Regelung für die Ausbildung von Patentanwälten. Aufgrund der hohen internationalen Verflechtung der heimischen Industrie beantragen Schweizer Patentanwälte im Regelfall die Zulassung beim Europäischen Patentamt und erfüllen damit die Voraussetzung, die internationaler Standard sind, nämlich Abschluss eines technischen oder naturwissenschaftlichen Studiums, praktische Erfahrung in Patentsachen und Ablegen einer Prüfung. Sie sind organisiert im Verband der freiberuflichen Europäischen und Schweizer Patentanwälte (VESPA).

Die Anforderungen an Patentanwälte wie -assessoren sind neben den fachlichen Voraussetzungen vor allem hohes Kommunikationsgeschick, Mehrsprachigkeit, wenn sie europaweit tätig werden wollen, und persönliche Durchsetzungsfähigkeit. Von Naturwissenschaftlern wird zudem eine Promotion erwartet, bei Ingenieuren ist dies nicht zwingend. Hohe Anforderungen und ein langer Ausbildungsweg werden entlohnt mit attraktiven Verdienstmöglichkeiten, die abhängig sind von der technischen oder naturwissenschaftlichen Vorbildung und ihrem Einsatzgebiet.

8 Berufsfelder im öffentlichen Sektor

8.1 Staatliche Forschungseinrichtungen

Universitäten

Die universitäre Laufbahn beginnt in den Natur- und Ingenieurwissenschaften nach der Promotion mit einer Postdoc-Stelle. Doktoranden werden als wissenschaftliche Mitarbeiter befristet bei der Universität angestellt. Sie forschen auf einem Gebiet ihres Lehrstuhlinhabers oder Gruppenleiters und dies weitgehend selbständig. Neben der wissenschaftlichen Tätigkeit führen sie Lehr- und Praktikaveranstaltungen durch und betreuen studentische Arbeiten sowie mit entsprechender Erfahrung auch Promotionen. Postdocs erhalten befristete Verträge und werden jeweils für zwei oder drei Jahre angestellt. Im Rahmen der Befristungsgrenzen des Wissenschaftszeitvertragsgesetzes (WissZeitVG) können sie insgesamt für höchstens zwölf (Mediziner 15) Jahre befristet als wissenschaftliche Mitarbeiter beschäftigt werden, davon sechs Jahre bis zu Promotion und sechs danach.

Daneben werden Stellen für die Laufzeit eines Drittmittelprojekts eingerichtet, deren Dauer je nach Projekt zwischen zwei und fünf Jahren liegt. Bereits nach einer ersten Phase auf einer Postdoc-Stelle sollte sich abzeichnen, wie der weitere akademische Karriereweg aussieht. Die nächste Karrierestufe kann eine Juniorprofessur an der Universität oder eine Nachwuchsgruppenleitung an einer außeruniversitären Einrichtung sein oder eine entsprechend selbständige Tätigkeit an einer ausländischen Forschungseinrichtung. Ganz besonders guten Absolventen gelingt manchmal sogar direkt der Wechsel auf eine Stelle mit eigener Arbeitsgruppe.

In der Funktion des Juniorprofessors ist der junge Wissenschaftler weitgehend selbständig tätig. Er hat ein eigenes Budget, übernimmt Personalverantwortung für ein kleines Team und entscheidet über Inhalte und Vorgehen seiner wissenschaftlichen Arbeit. Wie groß sein Team ist, hängt nicht zuletzt davon ab, ob er lediglich aus Grundmitteln der Universität finanziert wird oder ob es ihm gelingt, weitere Gelder einzuwerben, mit denen er zusätzliche Mitarbeiter beschäftigen kann. So gibt es durchaus Nachwuchsgruppen mit über 20 wissenschaftlichen Mitarbeitern. Auch die Juniorprofessur bzw. die Nachwuchsgruppenleitung ist eine befristete Position, die entweder für fünf bis sechs Jahre besteht oder zunächst für

Befristungen in der Wissenschaft (Wissenschaftszeitvertragsgesetz), weitere Infos beim Bundesministerium für Wissenschaft und Forschung (BMBF)

Juniorprofessor, Nachwuchsgruppenleiter

drei Jahre mit der Verlängerungsoption um zwei oder drei Jahre eingerichtet wird. In dieser Zeit soll sich der Nachwuchswissenschaftler für eine dauerhafte Professur qualifizieren.

Professor

Erst mit der Berufung auf eine Professur erhält er eine unbefristete Beschäftigung, entweder als Beamter auf Lebenszeit oder als Angestellter. Die befristete Berufung auf eine Erstprofessur wird nur selten praktiziert. Ob sich Juniorprofessoren und Nachwuchsgruppenleiter in dieser Phase zusätzlich habilitieren oder nicht, ist je nach Fachrichtung sehr unterschiedlich.

Kumulative Habilitation

In den Naturwissenschaften lassen sich die Wissenschaftler häufig parallel habilitieren, weil dies in der Regel nicht durch eine Habilitationsschrift, sondern kumulativ durch mehrere Veröffentlichungen geschieht, und diese erstellen sie ohnehin. In den Ingenieurwissenschaften ist eine Habilitation unüblich. Dafür wird es durchaus geschätzt, wenn Ingenieurwissenschaftler praktische Erfahrung in Unternehmen sammeln, während ein solcher Schritt für Naturwissenschaftler eher das akademische „Aus" bedeutet. Zur abweichenden Situation an Fachhochschulen siehe unten.

Erfolgsfaktoren für eine wissenschaftliche Karriere: sehr gute Leistungen wichtige Veröffentlichungen Auslandserfahrungen Drittmitteleinwerbung Leidenschaft

Wichtig für eine akademische Karriere sind zum einen sehr gute wissenschaftliche Leistungen. Das fängt mit dem Studien- und Promotionsabschluss an und setzt sich über die Qualität der wissenschaftlichen Ergebnisse fort. Diese werden anhand der Veröffentlichungen gemessen. Neben der absoluten Zahl der Artikel kommt es darauf an, in welchen Journalen ein Beitrag angenommen und wie häufig er im Folgenden von anderen zitiert wird. Der sogenannte Impact Factor gibt im akademischen Selektionsprozess nach wie vor den Ausschlag.

Der Journal Impact Factor (JIP) misst die wissenschaftliche Relevanz einer Zeitschrift anhand der Zitate dieser Zeitschrift in anderen Zeitschriften im laufenden Jahr in Relation zur Anzahl der veröffentlichten Artikel in den beiden Vorjahren.

Ein weiteres wichtiges Kriterium für einen Aufstieg in der universitären Laufbahn ist wissenschaftliche Erfahrung im Ausland. Es genügt nicht, als Student ein Auslandssemester gemacht zu haben, sondern es geht darum, in einer namhaften Arbeitsgruppe an einer anerkannten Einrichtung selbständig wissenschaftlich tätig gewesen zu sein. Dies bedeutet, entweder die Promotion ganz oder teilweise im Ausland erbracht oder dort eine Postdoc-Stelle ausgeübt zu haben oder sogar beides. Wenn auch das bevorzugte Ziel vieler deutschsprachiger Wissenschaftler die USA sind, sollte man durchaus auch über andere Möglichkeiten nachdenken. Großbritannien, Schweden, Frankreich und die Schweiz verfügen über attraktive Forschungsstätten, und wer außerhalb Europas tätig werden will, sollte sich doch einmal in Australien, Japan oder Südkorea umsehen. Um die Rückkehr nach Deutschland vorbereiten zu können, ist es wichtig, das persönliche Netzwerk zu pflegen, also Kontakt zur Universität und zu Wissenschaftlern in der Heimat zu halten. Besonders vorteilhaft sind die DFG-Fördermaßnahmen, die eine Anschlussbeschäftigung in

Deutschland einschließen, z.B. das National Institut of Health (NIH)/DFG Research Career Transition Awards Program.

Daneben gibt es professionelle Netzwerke wie das German Academic International Network (GAIN) und die German Scholars Organization (GSO), die Akademikern im Ausland eine Anlaufstelle bieten und über aktuelle Entwicklungen sowie Rückkehrmöglichkeiten auf ihren Websites und in Newslettern informieren. Dort finden sich auch Jobbörsen. Zusätzlich organisieren GAIN und GSO gemeinsam mehr als 30 lokale Stammtische in Nordamerika sowie Jahrestagungen und Messen – gute Gelegenheiten zum Netzwerken. Auch der Verein Deutscher Ingenieure (VDI) gründet seit einiger Zeit Freundeskreise im Ausland. Angesprochen sind alle Ingenieure, die sich im Ausland vernetzen wollen oder Starthilfe suchen.

Netzwerken ist allerdings nicht nur etwas für Wissenschaftler im Ausland. Gute Kontakte innerhalb des eigenen Fachgebiets sind für viele Wissenschaftler ohnehin selbstverständlich. Daneben sind Verbindungen zu Geldgebern, zur Industrie und zum Wissenschaftsmanagement sehr nützlich und sollten gezielt aufgebaut werden. Häufig bieten auch Förderprogramme und Stipendien Netzwerkplattformen. Die sind dann wertvoll, wenn sie sich nicht auf die eigenen Community beschränken.

Weitere Anforderungen an junge Wissenschaftler sind Erfahrung in der Steuerung wissenschaftlicher Kooperationen, interdisziplinäre Forschungstätigkeiten und die Fähigkeit, Drittmittel einzuwerben. Drittmittel sind in der akademischen Welt Gelder der Europäischen Union oder der Deutschen Forschungsgemeinschaft (DFG), die für einzelne wissenschaftliche Projekte vergeben werden. Sie müssen jeweils beantragt werden, indem das Forschungsprojekt vorgestellt und sein Nutzen veranschaulicht wird. Diese Einzelförderung bildet den Kern der Forschungsförderung neben der Stipendienvergabe, der Unterstützung von Sonderforschungsbereichen und weiteren Aktivitäten. In Form einer Sachbeihilfe können Mittel für Personal, Vertretungskosten, wissenschaftliche Geräte, Verbrauchsmaterial, Reisen, Publikationen und für die meisten anderen Erfordernisse eines Forschungsvorhabens bereitgestellt werden. Dabei setzt die DFG voraus, dass die Institution, in der das Vorhaben durchgeführt wird, die notwendige Grundausstattung zur Verfügung stellt.

Um in der akademischen Forschung erfolgreich zu sein, müssen Nachwuchswissenschaftler über eine Reihe von persönlichen Fähigkeiten verfügen, die auch außerhalb der akademischen Forschung geschätzt werden. So sind sie sehr gut in der Lage, ihre wissenschaftliche Arbeit zu präsentieren, und dies nicht nur vor Fachpublikum, sondern auch vor Gutachtern, öffentlichen Geldgebern, privaten Sponsoren und Kooperationspartnern aus der Industrie. Darüber hinaus verfü-

DFG, www.dfg.de/foederung; German Academic International Network (GAIN), www.gain-network.org; German Scholars Organization (GSO), www.gsonet.org

Verein Deutscher Ingenieure (VDI), www.vdi.de

Die DFG gab 2009 über 950 Millionen Euro für Einzelförderung aus. Das sind 43 Prozent des Gesamtetats. Die übrigen 57 Prozent entfielen auf Sonderforschungsbereiche, Forschungsprogramme und -projekte sowie auf Graduiertenkollegs, www.dfg.de

gen sie über ein exzellentes Netzwerk von Wissenschaftlern und Entscheidern zumindest auf Bundes- und EU-Ebene. Zudem haben sie ein Gespür dafür, welche Themen angesagt sind und wie sie sich gut platzieren lassen. Und schließlich glauben sie nicht mehr, alle Versuche selbst im Labor durchführen zu müssen, sondern können erfolgreich delegieren. Das Bild des vergeistigten und wenig kommunikativen Genies gehört endgültig der Vergangenheit an.

Akademische Karrieren unterliegen einem strengen Selektionsprozess, wobei die Hürden unterschiedlich hoch sind. Wer eine Promotion erfolgreich abgeschlossen hat, findet in der Regel noch recht einfach eine Postdoc-Stelle. Die nächste Stufe zur Juniorprofessur ist schon erheblich schwerer zu nehmen und die letzte zur Professur bedeutet noch einmal, dass viele auf der Strecke bleiben. Daher ist schon die Auswahl der ersten Postdoc-Stelle sehr wichtig. Wer hier leichtfertig das nächstbeste Angebot annimmt, kann in einer Sackgasse landen. Eine bewusste Auswahl ist dringend notwendig. Dabei spielen die fachliche Ausrichtung, die finanzielle Ausstattung, die internationale Vernetzung innerhalb der Wissenschaft und die Kontakte zu Partnern außerhalb eine große Rolle. Eine halbherzige „mal sehen"-Haltung führt nicht zum Ziel.

Wichtig ist, sich klarzumachen, dass der Weg bis zur Professur nicht nur anstrengend und arbeitsaufwendig, sondern auch keinesfalls vorgezeichnet ist. Zudem erfordert die Karriere Mobilität, da der Aufstieg in der eigenen Universität durch Hausberufungen ausgeschlossen ist. Es gibt keinen Königsweg und keine Garantie. Am Ende entscheidet das richtige Timing, ob man mit dem richtigen Thema im richtigen Moment an der richtigen Stelle ist. Bis dahin arbeitet man von einem befristeten Beschäftigungsverhältnis zum nächsten, ohne immer genau zu wissen, wie es weitergeht. Fest steht allerdings, dass es wissenschaftliche Stellen unterhalb der Professur nur auf Zeit gibt. Denn dem Wissenschaftszeitvertragsgesetz liegt die Vorstellung zugrunde, dass Forschung Fluktuation braucht.

Nur ein ständiger Wechsel im Forschungspersonal durch Zu- und Abgänge sichert die Innovationsfähigkeit der forschenden Institutionen. Ein wissenschaftlicher Mitarbeiter sollte daher nicht darauf vertrauen, in der Forschung verbleiben zu können, selbst wenn es einzelne Wissenschaftler gibt, die über Drittmittelprojekte sehr lange beschäftigt werden oder sogar eine unbefristete Stelle erlangt haben. Eine aussichtsreiche Perspektive lässt sich daraus aber nicht ableiten. Auch eine Beschäftigung als Privatdozent ist nicht unbedingt anzustreben. Privatdozenten sind promovierte und habilitierte Wissenschaftler, die keinen Ruf erhalten haben und für wenig Geld oder sogar honorarlos an der Universität lehren.

Ausnahme Tenure-Track: Ein Juniorprofessor bzw. Nachwuchsgruppenleiter erhält eine vorzeitige Zusage für eine unbefristete Beschäftigung, selbst wenn es noch keine freie Stelle gibt. In der Praxis wird davon sehr selten Gebrauch gemacht.

Wer sich dennoch der Herausforderung einer Professur stellen will, sollte dies mit wirklicher Leidenschaft tun und möglichst viele Informationsquellen über akademische Karrieren nutzen. Die wichtigsten sind der Deutsche Hochschulverband (DHV) und das Kommunikations- und Informationssystem für den wissenschaftlichen Nachwuchs (KissWin) – ein Projekt des BMBF an der RWTH Aachen – sowie Organisationen von Nachwuchswissenschaftlern, wie z.B. die Deutsche Gesellschaft Juniorprofessur e.V.

Wer nicht unbedingt eine Karriere in der Forschung anstrebt, für den bietet sich eine Lehrtätigkeit an der Universität an. Was früher selbstverständlich war, mit Einführung der Befristungsregeln fast gänzlich verschwunden ist, entsteht derzeit wieder neu: Positionen mit der Bezeichnung „wissenschaftlicher Mitarbeiter mit besonderen Aufgaben", „akademischer Rat" oder „Lehrkraft mit forschender Tätigkeit".

Überwiegend sind auch diese Tätigkeiten befristet und unterliegen dem Wissenschaftszeitvertragsgesetz. Unbefristete Stellen oder gar Stellen, die für eine Beamtung vorgesehen sind, gibt es auch hier so gut wie gar nicht. Die Stellen dienen überwiegend zur Abdeckung von Lehrverpflichtungen, der wissenschaftliche Anteil liegt formal bei 50 Prozent, was sich in der Praxis aber wohl nicht immer bestätigt. Der wissenschaftliche Anteil reicht für eine akademische Karriere bis zur Professur nicht aus. Die langfristigen Perspektiven sind derzeit unklar. Ob diese Stellen sich wie Lecturer-Positionen an angelsächsischen Universitäten entwickeln, auf denen es durchaus langfristige Perspektiven und Aufstiegschancen zum Senior Lecturer gibt, bleibt fraglich. Der Stellenwert der Positionsinhaber in der universitären Ordnung ist zudem davon geprägt, dass man sie nicht als Wissenschaftler betrachtet. Dementsprechend maßvoll ist der Respekt, der ihnen entgegengebracht wird. Aus heutiger Sicht sind diese Stellen daher nur für Menschen zu empfehlen, die sich wirklich zu einer Lehrtätigkeit berufen fühlen und sich selbst langfristig in einer solchen Position sehen oder die eine solche Tätigkeit gezielt für ein paar Jahre machen, weil sie mittelfristig im privaten Bildungssektor tätig sein wollen. Die Vergütung entspricht der der wissenschaftlichen Mitarbeiter.

Die zuvor beschriebenen Verhältnisse spiegeln die Beschäftigungssituation an Universitäten wider. Fachhochschulen (Universities of Applied Sciences, UAS) sind etwas anders strukturiert. Die hauptamtlichen Professoren haben kein Promotionsrecht, beschäftigen daher keine Doktoranden und nur in Ausnahmefällen wissenschaftliche Mitarbeiter, dafür aber viele nebenamtlich tätige Lehrbeauftragte, Honorar- und Gastprofessoren. Dabei handelt es sich häufig um erfahrene Prakti-

Deutscher Hochschulverband (DHV), www.dhv.de; Kommunikations- und Informationssystem für den wissenschaftlichen Nachwuchs (KissWin), www.kisswin.de; Deutsche Gesellschaft Juniorprofessur e.V., www.junioprofessur.org

Lehrkräfte (Lecturer) – eine neue Perspektive in der Wissenschaft?

Fachhochschulen

ker, die in den stärker anwendungsorientierten Studiengängen für die Verbindung zwischen Theorie und Praxis sorgen sollen.

Wer eine Fachhochschulprofessur anstrebt, muss nicht nur akademische Voraussetzungen wie abgeschlossenes Studium und Promotion erfüllen, sondern auch über Berufserfahrung außerhalb der Hochschule verfügen und Lehrerfahrung mitbringen. Vor allem sollte er Freude an einer Lehrtätigkeit haben. Die Lehrverpflichtung der FH-Professoren liegt mit 19 Stunden deutlich über der von Universitätsprofessoren (acht bis neun) und setzt pädagogische Erfahrung voraus. Eine nebenamtliche Lehrtätigkeit kann dabei eine gute Vorbereitung sein.

Öffentliche Forschungseinrichtungen, die keine Universitäten sind, finden sich in Deutschland vorwiegend unter dem Dach der großen Forschungsgemeinschaften wie der Max-Planck-Gesellschaft (MPG), der Fraunhofer-Gesellschaft (FhG), der Helmholtz-Gemeinschaft (HGF) und der Wissenschaftsgemeinschaft Gottfried Wilhelm Leibniz (WGL). Die Max-Planck-Gesellschaft widmet sich der Grundlagenforschung in neuen Feldern, die entweder bisher noch nicht besetzt sind oder die besondere interdisziplinäre Anforderungen stellen, die in der Universitätslandschaft nicht abgebildet werden können. Die Fraunhofer-Gesellschaft ist führend in angewandter Forschung und kooperiert sehr eng mit Unternehmen und öffentlichen Einrichtungen. Die Helmholtz-Gemeinschaft betreibt strategische Spitzenforschung unter Einsatz von Großgeräten und aufwendiger Infrastruktur. Und die Leibniz-Gemeinschaft vereinigt unter ihrem Dach viele kleine Einrichtungen aus sehr unterschiedlichen Disziplinen, die zum Teil in enger Kooperation mit Universitäten tätig sind. Diese Forschungsgemeinschaften betreiben neben anderer wichtige lebenswissenschaftliche Forschung. Diese findet in der Helmholtz-Gemeinschaft nicht nur in den klassischen Zentren zur Gesundheitsforschung statt, sondern auch im Forschungszentrum Jülich, im Deutschen Zentrum für Luft- und Raumfahrt sowie im Helmholtz-Zentrum Geesthacht. In der Max-Planck-Gesellschaft gibt es 40 Institute, die sich ganz oder teilweise mit Lebenswissenschaften beschäftigen, in der Sektion Lebenswissenschaften der Wissensgemeinschaft Gottfried Wilhelm Leibniz sind es 25 Institute und im Fraunhofer-Verbund Life Sciences sieben Einrichtungen. Daneben gibt es weitere Forschungszentren, die nicht Teil einer Gemeinschaft sind und nicht dem BMBF unterstehen. Dazu gehören das Robert-Koch-Institut, das Paul-Ehrlich-Institut oder das Friedrich-Loeffler-Institut, Einrichtungen, die bestimmte Aufgaben im Bereich der staatlichen Gesundheitsvorsorge für Mensch und Tier wahrnehmen und im Rahmen dieses Auftrags auch forschen. Alle Zentren stellen Doktoranden und Postdocs sowie Nachwuchsgruppenleiter ein. Das Promotions- und Habilitationsrecht ist den Universitäten vorbehalten, so dass die entsprechenden Stellen zwar in der außeruniversitären Forschung angesiedelt und von dort finanziert werden, die eigentliche Prüfung aber vor dem Promotionsausschuss einer Universität abgelegt werden muss. In der Praxis sind die leitenden Wissenschaftler der außeruniversitären Einrichtungen gleichzeitig ordentliche Professoren an einer Hochschule und werden in einem gemeinsamen Berufungsverfahren der Universität und der außeruniversitären Einrichtung ausgewählt. Der Karriereweg führt über ein bis drei Postdoc-Stellen und über die Leitung einer Nachwuchsgruppe, die einer Juniorprofessur an einer Universität entspricht, bis hin zur Abteilungsleitung. Hausinterne Karrieren sind auch in außeruniversitären Einrichtungen unüblich. Der Wechsel in andere Einrichtungen ist dringend zu empfehlen, eine Rückkehr nach einigen Jahren allerdings gut möglich. Die Vertragsbedingungen, u.a. Befristung und Vergütung, sind ebenfalls mit denen der Universitäten vergleichbar. Unterschiede gibt es nur hinsichtlich der Lehrverpflichtungen, die an den außeruniversitären Einrichtungen weniger umfangreich sind. Zudem sind die Forschungsbedingungen häufig exzellent und die Ausstattung mitunter besser als an Universitäten. Stellen, die ausschließlich der Lehre gewidmet sind, gibt es hier nicht.

Forschende Museen

Auch an forschenden Museen gibt es Stellen für Lebenswissenschaftler mit und ohne Promotion. Einige dieser Einrichtungen gehören zur Wissenschaftsgemeinschaft Gottfried Wilhelm Leibniz wie das Museum für Naturkunde an der Humboldt-Universität zu Berlin, die Senckenberg Gesellschaft für Naturforschung in Frankfurt oder das Zoologische Forschungsmuseum Alexander Koenig in Bonn. Andere sind selbständige Einrichtungen der Länder wie das Staatliche Museum für Naturkunde in Stuttgart. Ihre Aufgabe besteht zum einen in der Erfassung, Ergänzung und Pflege ihrer Bestände zum anderen in der Begutachtung von lebenden oder toten Objekten, Fossilien und anderen Stoffen in Zusammenarbeit mit anderen Stellen. So werden Fachleute naturwissenschaftlicher Museen regelmäßig von Zoll und Polizei zur Begutachtung hinzugezogen, wenn Verdachtsmomente im Hinblick auf Verstöße gegen Artenschutzbestimmungen vorliegen oder Gefährdungen der Bevölkerung zu befürchten sind.

Gesucht werden Spezialisten aus der Zoologie, der Botanik und ggf. aus der Paläontologie. Die Stellen sind knapp und die Auswahlkriterien entsprechen denen der akademischen Forschung, d.h., die wissenschaftliche Befähigung muss durch eine Promotion und entsprechende Veröffentlichungen nachgewiesen werden. Die Perspektiven könnten sich in den kommenden Jahren verbessern, weil die organische Biologie und

die Paläontologie in der Ausbildung zugunsten der Molekularbiologie ins Hintertreffen geraten sind und die Zahl der gut geeigneten Bewerber um freie Stellen abnimmt. Der Ruf der Artenbestimmer, traditionell oder gar altmodisch zu sein, trifft nicht ganz zu. Moderne Taxonomen streifen nur noch selten mit Schmetterlingsnetzen durch die Landschaft, sondern setzen neben klassischen Bestimmungsmethoden vielfach molekularbiologische Methoden zur Artenbestimmung und Katalogisierung ein. Zudem finden Taxonomen heute auch als Freiberufler oder in Versicherungsunternehmen Beschäftigungsfelder, weil die Bewertung von Artenvielfalt immer bedeutsamer wird. Dass mitunter ein erheblicher Preisdruck die Situation für freiberuflich tätige Taxonomen nicht ganz einfach macht, soll hier allerdings nicht unerwähnt bleiben.

Wissenschaftssystem Österreich Träger des Wissenschaftssystems in Österreich sind staatliche Universitäten. Eine akademische Karriere verläuft in Österreich ähnlich wie in Deutschland über die Stufen Promotion, Nachpromotionsphase, Staff Scientist und Professur. Promoviert wird in Österreich selten auf Stellen als wissenschaftlicher Mitarbeiter, sondern überwiegend mit Hilfe von Stipendien, so dass die Doktoranden keine Arbeitsverhältnisse mit der Universität eingehen. Auch Postdocs können auf der Basis von Stipendien beschäftigt werden. Alternativ stehen für vier bis sechs Jahre befristete Arbeitsverhältnisse als Vertragsassistenten zur Verfügung. Personen, die dauerhaft für den Lehr- oder Forschungsbetrieb benötigt werden, können als Staff Scientist eingestellt werden. Die Berufung auf eine Professur erfolgt befristet oder unbefristet. Daneben gibt es eine Vielzahl von Lehrbeauftragten. Drittmittelbewilligungen spielen für österreichische Universitäten eine mindestens so große Rolle wie für deutsche und führen zur Einrichtung von befristeten sowie unbefristeten Stellen. Etwa 80 Prozent des wissenschaftlichen Mittelbaus wird an den Universitäten über Drittmittel finanziert.

Daneben existieren in Österreich Fachhochschulen, zu denen auch die früheren medizinisch-technischen Akademien gehören, so dass der medizinisch-technische Nachwuchs in Österreich heute einen Bachelorabschluss erwirbt. Die zentrale Führungsposition an Fachhochschulen ist Studiengangleiter. Daneben gibt es Professoren, wissenschaftliche Mitarbeiter und Lehrbeauftragte.

Österreichische Akademie der Wissenschaften (ÖAW), www.oeaw.ac.at; Ludwig Boltzmann Gesellschaft (LBG), www.lbg.ac.at; Austrian Institute of Technology (AIT), www.ait.ac.at Außeruniversitäre Forschungsaktivitäten in den Bereichen Medizin und Biologie finden unter dem Dach der Österreichischen Akademie der Wissenschaften (ÖAW) in sieben Einrichtungen in der Ludwig Boltzmann Gesellschaft (LBG) statt. Zudem hat das Austrian Institute of Technology (AIT) ein Department Health & Environment. Hier ist der Anteil der unbefristeten Stellen deutlich höher, die Karriereleiter sieht allerdings sechs Stufen bis zur ersten Führungsebene vor.

Auch die Schweiz unterscheidet zwischen Universitäten und Fachhochschulen. In der deutschsprachigen Schweiz sind die Universitäten in Bern und Zürich und die zweisprachige Universität in Freiburg/Fribourg für Lebenswissenschaftler relevant. Einen Überblick gibt es auf der Website der Rektorenkonferenz der Schweizer Universitäten.

Wissenschaftssystem Schweiz, mehr unter Rektorenkonferenz der Schweizer Universitäten, www.crus.ch

An den Schweizer Universitäten bilden Assistenten, wissenschaftliche Mitarbeiter und Doktoranden den unteren akademischen Mittelbau und Assistenzprofessoren, Privatdozenten und Lehrbeauftragte den oberen akademischen Mittelbau. Der Aufstieg zum Professor erfolgt über Assistenzprofessuren, die auf vier Jahre befristet sind. Tenure-Track-Optionen sind vorhanden, werden aber nur selten ausgesprochen. Stellen im unteren akademischen Mittelbau werden sehr häufig durch Drittmittel finanziert und zur Habilitation genutzt, die immer noch die bevorzugte Berufungsvoraussetzung ist. An den Fachhochschulen werden Professoren und andere Dozenten sowie Assistenten und wissenschaftliche Mitarbeiter beschäftigt. Befristungen sind im Schweizer System der Standard für Positionen unterhalb der Professur. Ebenso typisch ist Teilzeittätigkeit. So sind an den Universitäten die Mitarbeiter des Mittelbaus und an den Fachhochschulen die Dozenten ohne Professur in der überwiegenden Mehrheit in Teilzeit beschäftigt.

Die Schweizer Universitäten sind finanziell sehr gut ausgestattet und verfügen pro Studierendem über bis zu viermal so viel Mittel wie Universitäten in Deutschland. Die finanzielle Ausstattung der Professorenstellen ist entsprechend attraktiv. Aus diesem und weiteren Gründen genießen Schweizer Universitäten international einen sehr guten Ruf. Das trifft insbesondere für die ETH Zürich zu. Das Universitätspersonal in der Schweiz ist sehr international, etwa die Hälfte der Wissenschaftler ist aus dem Ausland, in der deutschsprachigen Schweiz allerdings zum größten Teil aus Deutschland. Die staatlich geförderte außeruniversitäre Forschung spielt in der Schweiz kaum eine Rolle, ein Großteil der außeruniversitären Forschung wird jedoch durch private Unternehmen finanziert. Der Schwerpunkt der Schweizer Forschung liegt in natur- und ingenieurwissenschaftlichen Fächern. In diesem Bereich ist sie sehr leistungsfähig und international führend, was die Zahl der Publikationen und Patentanmeldungen in Relation zur Einwohnerzahl zeigt.

Interessante Alternativen für Wissenschaftler, die im akademischen Umfeld bleiben wollen, bieten sich im Wissenschaftsmanagement. Hinter diesem Begriff verbergen sich unterschiedliche Berufe, die alle letztendlich zum Ziel haben, Wissenschaft möglich zu machen und Wissenschaftler von admi-

Wissenschaftsmanagement

Beispiele für Stellen im Wissenschaftsmanagement: Projektmanager/-leiter Campusmanager Career Advisor Studienkoordinatior Geschäftsführer Pressesprecher Online-Redakteur Kanzler www.wissenschaftsmanagement-online.de

Hochschule für Verwaltungswissenschaften in Speyer, www.hfv-speyer.de; Hochschule Osnabrück, www.wiso.hs-osnabrueck.de; Donau-Universität Krems, www.donau-uni.ac.at

nistrativen Aufgaben zu entlasten. Das Aufgabenspektrum umfasst die Bereiche Kommunikation, Öffentlichkeitsarbeit und Marketing, das Managen von Studiengängen und deren Qualität, Technologietransfer und den Aufbau von Forschungsinfrastruktur sowie die Koordination von Projekten oder Kooperationen bis hin zur Drittmittelbeschaffung und -budgetierung.

Für diese Stellen ist häufig ein tiefer Einblick in wissenschaftliches Arbeiten notwendig. Daher wird im Regelfall eine abgeschlossene Promotion in einem Fach erwartet, das in einem fachlichen Zusammenhang mit der Tätigkeit der jeweiligen Einrichtung steht. Zudem sind häufig sehr gute kommunikative Fähigkeiten und Projektmanagementkompetenzen notwendig. Erste Berufserfahrungen, ggf. auch außerhalb der Universität, sind daher nicht von Nachteil. Parallel zu dieser Entwicklung entstehen eine Reihe von Aus- und Weiterbildungsangeboten im Wissenschaftsmanagement. Ausbildungsgänge finden sich u.a. an der Deutschen Hochschule für Verwaltungswissenschaften in Speyer, der Hochschule Osnabrück und der Donau-Universität Krems.

Das Zentrum für Wissenschaftsmanagement der DHV Speyer bietet eine dreimonatige Vollzeitausbildung für angehende Wissenschaftsmanager an, die Hochschule Osnabrück ein berufsbegleitendes vier- bis sechssemestriges MBA-Programm Hochschul- und Wissenschaftsmanagement, dessen Module auch einzeln belegt werden können, und die Donau-Universität Krems einen berufsbegleitenden viersemestrigen Masterstudiengang Hochschul- und Wissenschaftsmanagement.

Es ist in jedem Fall von Vorteil, zunächst erste praktische Erfahrungen zu sammeln, bevor man sich für eine derartige Maßnahme interessiert, um Fragestellung aus der täglichen Arbeit mit in diese Fortbildung zu nehmen. Diese praktischen Erfahrungen können vorab in einer Projektmanagementfunktion, im Bereich Öffentlichkeitsarbeit oder auch in der Hochschulverwaltung gewonnen werden. Hier finden sich am ehesten Positionen, die für den Einstieg in das Wissenschaftsmanagement geeignet sind. Stellen im Wissenschaftsmanagement bieten Universitäten, nur in Ausnahmefällen Fachhochschulen, häufig aber außeruniversitäre Einrichtungen. Gerade in Großforschungseinrichtungen sind die Core Facilities und die Steuerung großer zentrenübergreifender oder translationaler Projekte Aufgaben für Wissenschaftsmanager. Organisationstalent, Kommunikationsvermögen und Projektmanagementerfahrungen sind dabei in besonderem Maß gefordert. Den außeruniversitären Einrichtungen liegt wohl auch am meisten daran, ihren Managementnachwuchs selbst zu entwickeln und zu fördern. So hat die Helmholtz-Gemeinschaft eine Akademie für

Führungskräfte im Wissenschaftsmanagement ins Leben gerufen und dafür als externen Partner das Malik Management Zentrum St. Gallen verpflichtet.

8.2 Schulen

Die Situation an den allgemeinbildenden Schulen in Deutschland ist im Moment davon geprägt, dass es vor allem in naturwissenschaftlichen Fächern zu wenige Lehrer gibt. Zwar sorgt die Umstellung auf G8 vorübergehend für einen geringeren Bedarf, die anstehenden größeren Pensionierungswellen in den nächsten Jahren können jedoch nicht allein durch sinkende Schülerzahlen kompensiert werden.

Daraus können sich immer einmal wieder gute Chancen für ausgebildete Lehrer sowie für Lehrkräfte ohne zweites Staatsexamen ergeben bzw. Optionen für eine verkürzte Referendarausbildung angeboten werden. Der Regelzugang in den Lehrerberuf erfolgt bei allen Unterschieden zwischen den Bundesländern über ein Studium, das zwei Fächer umfassen sollte und inzwischen auch mit einem Bachelor- bzw. Masterabschluss endet, und eine praktische Ausbildung an der Schule und im Seminar, die mit dem Staatsexamen abschließt. Betrachtet man abweichende Zugänge zum Lehrerberuf, sind die Unterschiede zwischen den Ländern gravierender. Einige lassen Absolventen von Diplom- bzw. Masterstudiengängen als reguläre Referendare zu, so dass sie anschließend auch verbeamtet werden können, andere bieten verkürzte Vorbereitungsdienste an und wieder andere schaffen vorübergehende Direkteinstiegsmöglichkeiten ohne eine Referendarausbildung, wenn der Mangel groß ist. Im letzteren Fall sollte man sich allerdings gut überlegen, ob das die richtige Wahl ist. Die Akzeptanz dieser Lehrkräfte im künftigen Kollegium, bei Schülern und Eltern muss man sich erst erwerben.

Quereinsteiger in den Lehrerberuf, www.bildungsserver.de Stichwort Quereinsteiger/Seiteneinsteiger

Auch an Berufsschulen und Fachschulen fehlen Lehrer naturwissenschaftlicher oder technischer Fachrichtungen. Aufgabe der Berufsschulen, die überwiegend staatlich sind, ist es, im Rahmen der dualen Ausbildung für die theoretischen Kenntnisse der Auszubildenden zu sorgen. Für Lebenswissenschaftler kommen hier alle Ausbildungsgänge in Frage, die entweder im Bereich Gesundheit, Pflege, Ernährung oder im Bereich der Laborantenausbildungen (Biologielaborant, Chemielaborant) durchgeführt werden. Hinsichtlich der Zugänge gilt das Gleiche wie für allgemeinbildende Schulen.

Überblick über Ausbildungsgänge und Bildungsträger bei der Bundesagentur für Arbeit, www.bundesagentur.de unter BERUFENET

Daneben bieten die Ausbildungsgänge für technische Assistenten (medizinisch-technischer Assistent, pharmazeutisch-technischer Assistent, biologisch-technischer Assistent, che-

Spezifische Infos: Verband Biologisch-Technischer Assistenten e.V., www.vbta.de; Deutscher Verband Technischer Assistenten in der Medizin e.V., www.dvta.de/schulfinder, www.cta-web.de, www.pta-online.de

misch-technischer Assistent u.a.m.) und deren Weiterbildung zum Fachassistenten (Fachassistent Hämatologie, Histologie, klinische Chemie, Mikrobiologie, Virologie u.a.m.) die Möglichkeit für eine Lehrtätigkeit für Lebenswissenschaftler. Diese Ausbildungen werden in Deutschland sowohl von staatlichen als auch von privaten Schulen angeboten. Einen Überblick über die Schulen findet man am schnellsten über Verbände oder die Bundesagentur für Arbeit.

Während private Schulen hauptsächlich Lehrkräfte in Teilzeit beschäftigen und eher eine interessante Abwechslung zu einer Hauptbeschäftigung bieten, sind die Stellen an staatliche Schulen reguläre Vollzeit- oder Teilzeitstellen für angestellte oder verbeamtete Lehrer.

 Für alle Formen von Lehrtätigkeit im schulischen Bereich ist unabdingbar, dass man Spaß daran hat und sehr gut mit jungen Menschen umgehen kann. Der Lehrerberuf eignet sich nicht als Notlösung, weil man an anderer Stelle nicht zum Zug gekommen ist. Sicherheit im freien Reden, Konfliktfähigkeit und die Fähigkeit, Dinge gut erklären zu können, sind gute Voraussetzungen. Erste positive Erfahrungen an der Universität mit jungen Studenten mögen ein Indikator für die eigene Eignung sein, mehr Aufschluss gibt aber eine nebenberufliche Lehrtätigkeit an einer privaten TA-Schule.

Lehrer sind auch in Österreich und der Schweiz knapp, so dass sich in grenznahen Orten die Länder frisch ausgebildete Lehrer gegenseitig abwerben. Insbesondere die Schweiz ist bei den Zugangsvoraussetzungen durchaus flexibel, so dass sich hier auch Türen für Kandidaten ohne Lehramtsqualifikation öffnen können.

8.3 Zulassungsstellen

Zulassung für Arzneimittel, Medizinprodukte, Lebens- und Futtermittel

Die Zulassung von Arzneimitteln und Medizinprodukten, Lebens- und Futtermitteln ist gesetzlich streng geregelt und wird von zuständigen Behörden genehmigt und laufend beobachtet.

Für die Arzneimittelzulassung bzw. die Zulassung von Medizinprodukten bedarf es umfangreicher klinischer Testphasen, die für Pharma-, Biotechnologie- und Medizintechnikunternehmen einen erheblichen Aufwand bedeuten. Die damit verbundenen Berufsbilder wurden in den jeweiligen Abschnitten bzw. bei den Dienstleistungsunternehmen in Abschnitt 7.2 vorgestellt. In diesem Abschnitt werden nun die korrespondierenden Arbeiten in den jeweils zuständigen Genehmigungsbehörden dargestellt. Während es in der Arzneimittelzulassung in erster Linie um den Nachweis der Wirksamkeit und der Unbedenklichkeit des gesamten Wirkstoffs geht, sind bei der Lebens- und Futtermittelzulassung Einzelstoffe, die zugesetzt werden, sowie Stoffe, die mit Lebens- oder Futtermitteln in Kontakt kommen, Prüfungsgegenstand. So ist die Oberflächenbeschichtung ein wichtiges Thema bei der Verarbeitung und Verpackung von Lebensmitteln.

In Deutschland ist das Bundesinstitut für Arzneimittel und Medizinprodukte (BfArM) die zuständige Zulassungsstelle mit einigen Ausnahmen. Für biomedizinische Arzneimittel und Impfstoffe ist das Paul-Ehrlich-Institut (PEI) zuständig und für Tierarzneimittel das Friedrich-Loeffler-Institut (FLI) sowie das Bundesamt für Verbraucherschutz und Lebensmittelsicherheit (BVI). In Österreich werden Arzneimittel und Medizinprodukte sowie Lebens- und Futtermittel durch die Österreichische Agentur für Gesundheit und Ernährungssicherheit (AGES) zugelassen. Die AGES hat mehrere Standorte in Österreich. In der Schweiz führt das Schweizerische Heilmittelinstitut Swissmedic mit Sitz in Bern die Arzneimittelzulassung und -überwachung durch.

Das Bundesinstitut für Arzneimittel und Medizinprodukte (BfArM) ist eine selbständige Bundesoberbehörde im Geschäftsbereich des Bundesministeriums für Gesundheit mit Sitz in Bonn. Es beschäftigt rund 1 000 Mitarbeiterinnen und Mitarbeiter – darunter Mediziner, Pharmazeuten, Chemiker, Biologen, technische Assistenten und Verwaltungsangestellte. Das Paul-Ehrlich-Institut gehört ebenfalls zum Geschäftsbereich des Bundesministeriums für Gesundheit, ist in Langen bei Darmstadt angesiedelt und beschäftigt rund 700 Mitarbeiter. Das Friedrich-Loeffler-Institut ist eine selbständige Bundesoberbehörde im Geschäftsbereich des Bundesministeriums für Ernährung, Landwirtschaft und Verbraucherschutz (BMELV), ist an sieben Standorten vertreten und beschäftigt knapp 800 Mitarbeiter. Das Bundesamt für Verbraucherschutz und Lebensmittelsicherheit untersteht ebenfalls dem BMELV und beschäftigt knapp 500 Mitarbeiter in Braunschweig und Berlin. Es ist zudem für Lebensmittel, Kosmetik, Pflanzenschutz- und Futtermittel zuständig.

Diese Einrichtungen beschäftigen Pharmazeuten, (Tier-)Mediziner, Biologen, Chemiker, Ingenieure und IT-Experten sowie Fachleute verschiedener nichtakademischer Berufe und Verwaltungsmitarbeiter. Sie suchen nicht nur Mitarbeiter für rein wissenschaftliche Aufgaben, sondern auch Menschen, die sich mit Verwaltungsvorgängen, rechtlichen Prüfungen und Verfahrensfragen beschäftigen. Für Naturwissenschaftler und Ingenieure mit Neigung zu ordnungspolitischen Fragestellungen und einem sorgfältigen Umgang mit Regelungswerken finden sich interessante Aufgaben. Stellenwechsel zwischen Behörden und Privatunternehmen sind zwar für viele Branchen eher ei-

Bundesinstitut für Arzneimittel und Medizinprodukte (BfArM), www.bfarm.de; Paul-Ehrlich-Institut (PEI), www.pei.de; Friedrich-Loeffler-Institut (FLI), www.fli.bund.de; Bundesamt für Verbraucherschutz und Lebensmittelsicherheit (BVI), www.bvi.bund.de; Österreichische Agentur für Gesundheit und Ernährungssicherheit (AGES), www.ages.at; Swissmedic, www.swissmedic.ch

ne Ausnahme, im Bereich Zulassung und Genehmigungsverfahren ist man jedoch mit einigen Jahren Behördenerfahrung ein interessanter Kandidat für Unternehmen, so dass ein Umstieg immer möglich bleibt. Die meisten dieser Einrichtungen bieten zudem Plätze für Praktikanten, so dass Interessenten feststellen können, ob ihnen ein solcher Arbeitsplatz gefällt.

Allerdings sind die Aufgabenstellungen, die in diesen Stellen gelöst werden müssen, auf nationale Kompetenzen beschränkt. Die Arbeit in der European Medicines Agency (EMA) in London ist im Bereich Arznei- und Medizinproduktezulassung übergreifender. Hier werden europaweit Arzneimittel für Menschen und Tiere zugelassen. Mehr dazu in Abschnitt 8.6.

Für Zulassungsverfahren im Kulturpflanzenbau nach Pflanzenschutzgesetz oder der Gentechnikverordnung ist das Julius Kühn-Institut (JKI), eine Forschungseinrichtung des Bundes im Geschäftsbereich des BMELV, zuständig. Das JKI hat 1 200 Mitarbeiter, davon 300 Wissenschaftler, hat seinen Hauptsitz in Quedlinburg und mehrere Außenstellen. Es berät die Bundesregierung, bewertet die Widerstandsfähigkeit von Kulturpflanzen und Kulturpflanzensorten gegen Schädlinge und abiotische Schadensfaktoren, bewertet Pflanzenschutzmittel und deren Wirkstoffe und Wirkungsweise auf andere Organismen, wirkt mit bei der Erstellung von Regelungen, Leitlinien und Normen sowie bei Anträgen auf Freisetzung und für das Inverkehrbringen von gentechnisch veränderten Organismen. Das JKI beschäftigt Biologen, Agrarwissenschaftler, Chemiker und andere Naturwissenschaftler sowie Techniker und Laborpersonal.

8.4 Sonstige Behörden

Auch Stellen in Umwelt- und Naturschutz-, Polizei- und Entwicklungshilfebehörden oder in der Lebensmittelüberwachung kommen für Life-Sciences-Experten in Frage, wenn sie an hoheitlichen Aufgaben interessiert sind. Zwar kann man mit einem naturwissenschaftlichen Diplom oder Master bzw. als Ingenieur auch in den diplomatischen Dienst treten, dieser ist keineswegs nur Juristen vorbehalten. Eine solche Aufgabe führt jedoch weitgehend weg von fachlichen Fragestellungen. Näher dran sind da schon die Themen der zuerst genannten Behörden. Dass hier Bund, Länder und Kommunen tätig sind, macht es nicht eben leicht, die richtigen Stellen zu finden. Eine Aufgabenverteilung zwischen Bund und Ländern bzw. Kantonen gibt es auch in Österreich und der Schweiz.

Den besten Überblick über Stellen in Deutschland finden Sie über das zentrale Portal bund.de. Hier werden sehr viele Stellen der bundeseigenen Verwaltung ausgeschrieben, z.T. nutzen Länder und Kommunen sowie Forschungseinrichtungen diese Website. Die veröffentlichten Stellen sind aber keineswegs vollständig. Diese Lücke schließt auch nicht das Portal interamt.de. Es bleibt nur die dezentrale Suche in landeseigenen oder allgemeinen Jobportalen.

Sie sind keine Erfindung des Fernsehens. Es gibt tatsächlich Biologen, die im Dienste der Kriminalistik Spuren auswerten und zur Verbrechensbekämpfung beitragen. Entomologen, Molekularbiologen oder Genetiker beschäftigen sich mit der Analyse von menschlichem Material, um belastbare Informationen über Tathergang und Täter zu generieren. Während Entomologen mit Hilfe von Insekten und deren Jungstadien Todesort und -zeitpunkt aufgefundener Leichen bestimmen, gehen Molekularbiologen und Genetiker den von Tätern hinterlassenen Spuren nach, um diese zu identifizieren und den Tathergang beweisen zu können. Diese vor Ort und im Labor gewonnenen Erkenntnisse müssen die Fachleute gutachterlich auswerten und ggf. vor Gericht und damit vor naturwissenschaftlichen Laien plausibel vertreten. Darin werden sie von Technikern und Labormitarbeitern unterstützt. Die Anforderungen, die Bundes- und Landeskriminalämter an diese Mitarbeiter stellen, sind gutes naturwissenschaftliches Fachwissen, die Fähigkeit zum Verfassen von Texten, beim BKA aufgrund der internationalen Zusammenarbeit gute Englischkenntnisse, praktische Erfahrung im Labor zur Sicherstellung gleichbleibender Qualitätsstandards sowie Teamfähigkeit. Das Angebot an Stellen ist allerdings sehr begrenzt.

Das Umweltbundesamt in Dessau und Berlin ist Deutschlands zentrale Umweltbehörde. Es unterstützt die Bundesregierung in wissenschaftlichen Fragen, vollzieht die Umweltgesetze und informiert die Öffentlichkeit. Insbesondere für den wissenschaftlichen Bereich werden Ingenieure, IT-Experten, Naturwissenschaftler, aber auch Ökonomen gesucht, die Publikationen und Datenmengen auswerten, Begutachtungen anstellen und Empfehlungen entwickeln. Politik mitgestalten zu wollen, ist ein entscheidendes Motiv für Mitarbeiter in diesem Bereich.

Auf Länderebene verteilen sich die Zuständigkeiten für Umwelt- und Naturschutz sowie für Land- und Forstwirtschaft auf unterschiedliche Behörden. Den jeweiligen Landesministerien direkt unterstellte Ämter und nachgeordnete Stellen kümmern sich u.a. um die Reinhaltung von Wasser, Boden und Luft, um Abfallbeseitigung, Natur- und Landschaftsschutz. Neben vielen anderen Stellen finden sich hier immer wieder Angebote für Life-Sciences-Experten. Da der öffentliche Dienst in Deutsch-

www.green-jobs.at;
www.greenjobs.de

land im Regelfall alle Stellen ausschreiben muss, sind diese meist auf den Websites der Behörden selbst und in allgemeinen Jobbörsen bzw. unter Green Jobs zu finden.

Wichtig zu wissen ist, dass sich Landesbehörden nur noch auf Länderebene mit Politikberatung beschäftigen und nachgeordnete Stellen nicht mehr wissenschaftlich arbeiten, sondern mit der Umsetzung und Kontrolle von Einzelvorhaben betraut sind. Dies stellt weniger Ansprüche an die wissenschaftliche Kompetenz, verlangt hingegen aber die Fähigkeit, sich gut zu organisieren, Projekte zu planen und umzusetzen und in Genehmigungsverfahren auf Rechtssicherheit zu achten.

Entwicklungshilfe in Deutschland, Österreich und der Schweiz unter: www.bmz.de, www.entwicklung.at, www.deza.admin.ch

Ernährung, Gesundheit und Wasserversorgung sind immer noch die Themen, in denen weltweit Entwicklungshilfe geleistet wird. In Deutschland wird dies mittlerweile von der Gesellschaft für Internationale Zusammenarbeit (GIZ) koordiniert. Unter ihrem Dach haben sich im Januar 2011 die früheren Organisationen Gesellschaft für technische Zusammenarbeit (GTZ), Deutscher Entwicklungsdienst (DED) und die Internationale Weiterbildung und Entwicklung (Inwent) zusammengefunden. Der Einsatz im Ausland setzt in aller Regel Berufserfahrung voraus und ist für Einsteiger ungeeignet. Techniker, Ingenieure, Agrar- und Forst- bzw. Umweltwissenschaftler und vereinzelt auch Biologen und Chemiker finden hier interessante Herausforderungen. Alternativ können Traineeprogramme absolviert werden, die nach einer Einführung im Heimatland einen längeren Aufenthalt im Ausland vorsehen. Angebote gibt es bei der GIZ (EZ-Traineeprogramm der GTZ und Nachwuchsförderprogramm des DED) und bei der Mercator Stiftung, Letztere auch für Schweizer Absolventen aus Naturwissenschaft und Technik. Das Programm des Deutschen Instituts für Entwicklungspolitik (DIE) wendet sich hingegen vorwiegend an Sozial- und Wirtschaftswissenschaftler.

Gesellschaft für Internationale Zusammenarbeit (GIZ), www.giz.de

EZ-Traineeprogramm, www.gtz.de; DED-Nachwuchsförderprogramm, www.ded.de; Mercator Kolleg der Mercator Stiftung, www.stiftung-mercator.de; www.stiftung-mercator.ch; Deutsches Institut für Entwicklungspolitik, www.die-gdi.de

Staatliche Lebensmittelüberwachung

In Deutschland obliegt die Durchführung der staatlichen Lebensmittelüberwachung nach dem Lebensmittel-, Bedarfsgegenstände- und Futtermittelgesetzbuch (Lebensmittel- und Futtermittelgesetzbuch, LFGB) den Ländern, die dieses Bundesgesetz als eigene Angelegenheit ausführen. Dazu haben sie entsprechende Behörden eingerichtet. Die Überwachung von Lebensmittelbetrieben durch Betriebsbesichtigungen und Warenkontrollen ist dezentral organisiert. Es gibt in der Regel für jeden Landkreis und jede kreisfreie Stadt bzw. jeden Stadtkreis ein Lebensmittelüberwachungsamt, meist verbunden mit dem Veterinäramt, da dort die in der Lebensmittelhygiene akademisch qualifizierten Amtstierärzte tätig sind. Die Lebensmittelüberwachungsämter sind in den meisten Ländern in die kommunale Selbstverwaltung integriert worden.

Daneben gibt es in den Ländern zentrale Untersuchungsstellen, die über Labore und Sachverständige verfügen, um die vom Überwachungsamt bei Betriebskontrollen entnommenen Proben untersuchen zu können.

Die Tätigkeit der Lebensmittelkontrolleure fordert eine fundierte Ausbildung. Um sich erfolgreich auf eine Ausbildungsstelle bewerben zu können, müssen Bewerber entweder eine abgeschlossene Berufsausbildung in einem Lebensmittelberuf nachweisen, im Polizeivollzugsdienst tätig sein oder mindestens drei Jahre Berufserfahrung in der allgemeinen Verwaltung der amtlichen Lebensmittelüberwachung haben oder über einen Fachhochschulabschluss in einem Studiengang verfügen, der Kenntnisse und Fähigkeiten auf dem Gebiet der Lebensmittel, kosmetischen Mittel oder Bedarfsgegenstände vermittelt. Neben den fachlichen Anforderungen sollten Bewerber durchsetzungsfähig und entscheidungsfreudig sein. Die Fähigkeit zu guter sozialer Interaktion in Konflikt- oder Verhandlungssituationen ist ebenfalls sehr nützlich. Belastbarkeit und Flexibilität sind angesichts der unregelmäßigen Außendiensttätigkeit ebenfalls notwendige Bedingung.

Lebensmittelkontrolleur

Die praktische Ausbildung erfolgt an den Lebensmittelüberwachungsämtern. Während der Ausbildung findet ein mehrmonatiger theoretischer Lehrgang statt. Weitere Ausbildungsabschnitte werden an den amtlichen Untersuchungseinrichtungen und teilweise in einer Polizeiverwaltung absolviert. Die Ausbildung dauert mindestens zwei Jahre und schließt mit einer schriftlichen, mündlichen und praktischen staatlichen Prüfung ab.

Lebensmittelkontrolleure sind überwiegend im Außendienst tätig und müssen auch zu ungewöhnlichen Zeiten arbeiten. Ihre Aufgabe ist es, die Einhaltung der entsprechenden Rechtsvorschriften zu überprüfen, z.B. die baulichen Voraussetzungen für die Produktion oder Verarbeitung, den Hygienezustand und die Kennzeichnung von Lebensmitteln. Bei festgestellten Verstößen hat der Lebensmittelkontrolleur eine Beweissicherung durchzuführen. Zudem sind die Eigenkontrollkonzepte der Unternehmen auf ihre Wirksamkeit hin zu prüfen und ggf. Vorschläge zur Optimierung zu unterbreiten.

Im Innendienst werden dann die Feststellungen aufgearbeitet, entsprechende Berichte geschrieben und statistische Daten erfasst. Außerdem werden Stellungnahmen für andere Fachabteilungen, z.B. im Rahmen von Bauanträgen oder Erlaubniserteilungen, nach dem Gaststättenrecht erstellt.

Lebensmittelkontrolleure sind in einem eigenen Berufsverband organisiert, dem Bundesverband der Lebensmittelkontrolleure e.V., der auf seiner Internetseite Informationen über Ausbildungsplätze und Tätigkeiten bereitstellt.

Bundesverband der Lebensmittelkontrolleure e.V. (BVLK), www.lebensmitttelkontrolle.de

Bestimmte Aufgaben der Überwachung, wie die Bewertung von Proben, das Schreiben wissenschaftlicher Gutachten und die fachliche Beratung anderer öffentlicher Stellen, sind wis-

Wissenschaftliche Mitarbeiter in der Lebensmittelüberwachung

senschaftlichem Personal vorbehalten. Dabei wird hauptsächlich eine wissenschaftliche Qualifikation als Veterinärmediziner oder Lebensmittelchemiker gefordert, seltener arbeiten in diesem Bereich Chemiker, Biologen und Ärzte. Die persönlichen Anforderungen sind mit denen an Kontrolleure vergleichbar: Teamfähigkeit, Kommunikationsgeschick, Belastbarkeit und Durchsetzungsfähigkeit.

Max Rubner-Institut (MRI), www.mri.bund.de

Nicht unmittelbar in der Lebensmittelüberwachung, aber auf dem Gebiet der Forschung zur Lebensmittelsicherheit, ist das Max Rubner-Institut in Karlsruhe und an vier weiteren Standorten tätig. Es beschäftigt rund 700 Mitarbeiter, darunter viele Wissenschaftler, und hat die Aufgabe, wissenschaftliche Entscheidungshilfen für die Ernährungs-, Land- und Forstwirtschafts- sowie Verbraucherschutzpolitik zu erarbeiten und damit zugleich die wissenschaftlichen Erkenntnisse auf diesen Gebieten zum Nutzen des Gemeinwohls zu erweitern.

Österreichische Agentur für Gesundheit und Ernährungssicherheit (AGES), www.ages.at; Verband der Kantonschemiker der Schweiz (VKCS), www.kantonschemiker.ch

In Österreich obliegt die staatliche Lebensmittelkontrolle den Bundesländern und in der Schweiz den Kantonen. Informationen gibt es über die Österreichische Agentur für Gesundheit und Ernährungssicherheit (AGES) und über den Verband der Kantonschemiker der Schweiz (VKCS).

8.5 Patentämter und -gerichte

Patentprüfer

Beim Deutschen Patent- und Markenamt (DPMA) können Naturwissenschaftler und Ingenieure mit mindestens fünfjähriger Berufserfahrung als Patentprüfer tätig werden.

Deutsches Patent- und Markenamt (DPMA), www.dpma.de

Patentprüfer arbeiten an vorderster Front der technologischen Entwicklung und befassen sich jeden Tag mit den neuesten und anspruchsvollsten technischen Innovationen. In ihrem Arbeitsalltag sind wissenschaftliches Fachwissen wie auch analytische Recherche und Rechtskenntnisse in Bezug auf geistiges Eigentum gefragt.

Patenprüfer bearbeiten neue Patentanmeldungen, indem sie sie formal und materiellrechtlich prüfen. Sie sind zugleich Mitglieder der Patentabteilung und in Einspruchsverfahren als Berichterstatter oder Beisitzer tätig. Ein Aufstieg innerhalb des DPMA oder ein Wechsel an das Bundespatentgericht als technischer Richter ist möglich. Angehende Patentprüfer absolvieren zunächst 18 Monate Ausbildung „on the job" durch erfahrene Patentprüfer und weitere 18 Monate als selbständige Prüfer mit Unterstützung durch einen Gruppenleiter. Begleitet werden diese drei Jahre durch Seminare und Kurse zum Erwerb der notwendigen Rechtskenntnisse.

Neben Studienabschluss und Berufserfahrung sind gute IT-Kenntnisse und Fremdsprachenkenntnisse in Englisch und

Französisch erforderlich. Analytisches Denken, gutes schriftliches und mündliches Ausdrucksvermögen sowie Interesse an juristischen Sachverhalten runden das Profil ab. Auch beim Europäischen Patentamt (EPA oder EPO für European Patent Office) in München und Dienstorten in Den Haag und Berlin entscheiden Patentprüfer, was patentwürdig ist, und sind an Einspruchsverfahren beteiligt.

Die Aufgaben sind mit denen am DPMA vergleichbar. Die Anforderungen an Bewerber lassen sich wie folgt zusammenfassen:

- Staatsangehörigkeit eines der 33 Mitgliedstaaten der Europäischen Patentorganisation (eine Liste findet sich auf der Website der EPA)
- abgeschlossenes Hochschulstudium der Ingenieur- oder der Naturwissenschaften
- ausgezeichnete Kenntnisse einer Amtssprache (Deutsch, Englisch oder Französisch) und Verständnis der beiden anderen Amtssprachen
- echtes Interesse an technischen Sachverhalten und Detailorientierung
- Berufserfahrung in der Industrie ist vorteilhaft, aber nicht notwendige Bedingung

Im Auswahlprozess werden die Bewerber eingehend auf ihre technisch-naturwissenschaftlichen Kompetenzen hin geprüft. Zudem werden ihre Sprachkenntnisse getestet. Die anschließende Ausbildung dauert nur zwei Jahre und besteht aus Gruppenkursen und Einzelunterricht. Die jungen Prüfer werden in dieser Zeit von einem Experten im eigenen Fachgebiet betreut.

Daneben gibt es beim Europäischen Patentamt Stellen für technisch vorgebildete Mitarbeiter der Beschwerdekammern. Für diese Stellen werden Menschen mit Hochschulabschluss und langjähriger Berufserfahrung gesucht, die zumindest teilweise im Bereich des Patentrechts liegen sollte. Und schließlich bietet das EPA Praktika sowohl für Studienabsolventen als auch für Patentprofis in unterschiedlichen Themenfeldern an.

Vorteile einer Tätigkeit beim Europäischen Patentamt (EPA), www.epo.org:
Einkommen unterliegt nicht der nationalen Besteuerung
gutes Paket an Sozialleistungen und Altersversorgung
Vorteile für Kinder von Mitarbeitern
Zugang zu amtseigenen Clubs und Vereinen

8.6 Internationale Organisationen

Lebenswissenschaftler kommen nicht immer auf die Idee, dass internationale Organisationen ein Aufgabenfeld für sie bereithalten, das spannend, abwechslungsreich und sehr international geprägt ist. Dies gilt für UN-Organisationen ebenso wie für

die Europäische Union (EU). Gesucht werden berufserfahrene Menschen und Absolventen eines Studiums für spezielle Programme oder einen Direkteinstieg.

Ein Beispiel für ein spezielles Programm ist das Young Professionals Program der Weltbank, das sich u.a. an Gesundheits- oder Umweltspezialisten wendet. Das Angebot wendet sich an Nachwuchskräfte mit drei Jahren Berufserfahrung oder Promotion und sehr guten Fremdsprachenkenntnissen in Englisch und einer weiteren Sprache wie Arabisch, Chinesisch, Französisch, Portugiesisch, Russisch oder Spanisch. Daneben stellt die Weltbank Spezialisten aus den Bereich Agrarwirtschaft und Umwelt ein, wenn sie über entsprechende Erfahrungen verfügen.

Erfahrene Experten sucht die Food and Agriculture Organization of the United Nations (FAO) und die Weltgesundheitsorganisation (WHO). Die FAO sucht Experten für die Bereiche Land-, Forst- und Fischereiwirtschaft sowie Nahrungsmittelsicherheit, die WHO Wissenschaftler und Projektleiter mit Spezialkenntnissen z.B. in der Impfstoffherstellung oder der Krebsforschung. Weitere internationale Organisationen im Bereich Landwirtschaft und Ernährung sind die Weltbank mit ihrer Abteilung für Landwirtschaft (Agriculture and Rural Development Department, ARD), das Welternährungsprogramm und der International Fund for Agricultural Development (IFAD) der Vereinten Nationen. Letzterer bietet ein spezielles Programm für Nachwuchskräfte mit Studienabschlüssen im Bereich Landwirtschaft, Ernährung oder sozial- bzw. wirtschaftswissenschaftlichen Fächern.

Und schließlich gibt es noch die Beratungsgruppe für Internationale Agrarforschung, Consultative Group on International Agricultural Research (CGIAR). Die CGIAR nutzt bahnbrechende internationale Forschungen, um das nachhaltige landwirtschaftliche Wachstum zu fördern, was der Bevölkerung unterentwickelter Länder zugutekommen soll. Elf der CGIAR-Zentren unterhalten internationale Genbanken zur Erhaltung und Bereitstellung einer großen Vielfalt von pflanzengenetischen Ressourcen, welche die Grundlage für die weltweite Ernährungssicherheit bilden. Die CGIAR-Zentren stellen selbständig Personal ein. Gesucht werden erfahrene Experten.

Der Zugang zu internationalen Organisationen ist mitunter mit einem für deutsche Verhältnisse ungewöhnlichen Verwaltungsaufwand verbunden. Aus diesem Grund empfiehlt sich die Einbindung von Experten des Auswärtigen Amts oder der Bundesagentur für Arbeit, die die Bewerbungsverfahren gut kennen. Das Auswärtige Amt betreibt eine eigene Datenbank (Jobs-IO) mit ausgeschriebenen Stellen und bietet Vorbereitungsseminare für Bewerber an. Gemeinsam mit der Bundes-

Young Professionals Program, www.worldbank.org

Associate Professional Officer Programme, www.ifad.org/job/apo

Consultative Group on International Agricultural Research (CGIAR), www.cgiar.org/employment

Datenbank des Auswärtigen Amts mit Stellen in internationalen Organisationen, www.jobs-io.de

agentur für Arbeit bietet es Informationsveranstaltungen über Beschäftigungsmöglichkeiten, Nachwuchsprogramme und Auswahlverfahren an.

Auf europäischer Ebene sind die European Medicines Agency (EMA) und die European Food Safetey Agency (EFSA) als Arbeitgeber besonders interessant.

In der EMA können Angehörige aus allen 27 Mitgliedsstaaten beschäftigt werden zuzüglich Island, Liechtenstein und Norwegen, ohne dass ein Quotierungssystem besteht, was ein sehr internationales Arbeitsumfeld verspricht. Die Mitarbeiter der EMA werden entweder zeitlich befristet angestellt oder als Vertragsbedienstete eingesetzt. Für kurzfristige Einsätze arbeitet die EMA zudem mit Interim-Management-Gesellschaften zusammen. Ein interessantes Angebot ist das Traineeprogramm, das eine gute Ausgangsbasis für eine weitere Beschäftigung in der EMA selbst oder in Zulassungsabteilungen international agierender Unternehmen ist. Es startet einmal jährlich mit 40 Trainees. Zugelassen sind Absolventen der Studiengänge Pharmazie, Medizin, Life Sciences, Gesundheitswesen, Chemie oder Informatik. Ebenfalls angenommen werden Kommunikations- und Rechtswissenschaftler, Bibliothekare oder Informationswissenschaftler. Gutes Englisch und Kenntnisse weiterer europäischer Fremdsprachen verbessern die Chancen im Auswahlprozess. Unbedingt notwendig ist eine eingehende Beschäftigung mit den ungewohnten Formularen des Bewerbungsverfahrens.

Die eigentliche Aufgabe der EFSA ist, Risiken im Zusammenhang mit der Herstellung und dem Vertrieb von Lebensmitteln bekannt zu machen. Darüber hinaus unterstützt sie als wissenschaftlicher Ratgeber die Europäische Kommission und das Europäische Parlament sowie die Mitgliedsstaaten. Die EFSA beschäftigt u.a. Naturwissenschaftler, um die Zulässigkeit von Werbebotschaften für Nahrungsmittel zu klären, die entweder auf Inhaltsstoffe verweisen oder behaupten, gesundheitsförderlich zu sein bzw. Krankheiten vorzubeugen (Health Claims). Neben rund 400 eigenen Mitarbeitern werden zu diesem Zweck etwas 1 500 externe Wissenschaftler als Gutachter beschäftigt. Die EFSA bietet auch ein Traineeprogramm an, das zwischen sechs und zwölf Monaten dauert und sich an Absolventen akademischer Studiengänge wendet, die sehr gute Englischkenntnisse mitbringen. Mehr findet sich auf der Homepage der EFSA. Im Übrigen werden nationale Kooperationspartner gesucht, die wissenschaftliche Studienabschlüsse einschlägiger Fächer mitbringen und mindestens drei Jahre Berufserfahrung haben.

European Medicines Agency (EMA), www.ema.europa.eu; European Food Safety Agency (EFSA), www.efsa.europa.eu

9 Berufsfelder in Non-Profit-Organisationen

Eine spezielle Gruppe der Non-Profit-Organisationen bilden Verbände, die es in unterschiedlichster Form gibt. Ein Berufsverband vertritt Angehörige einer bestimmten Berufsgruppe und kann entweder sehr heterogen sein, wie der Verband Biologie, Biowissenschaften und Biomedizin in Deutschland (VBIO), der alle Biologen und Angehörige nahestehender Berufe vertritt und von 35 eigenständigen Fachgesellschaften getragen wird, oder deutlich homogener, wie der Deutsche Verband der medizinischen Dokumentare, der nur medizinische Dokumentare aufnimmt. Ein Unternehmens- oder Industrieverband vertritt Unternehmen, die der jeweiligen Branche oder einem spezielleren Industriezweig zugeordnet werden. Ein Arbeitgeberverband vertritt Unternehmen in seiner Eigenschaft als Tarifvertragspartei und übernimmt diese Rolle für die gesamte Branche. In den vorhergehenden Kapiteln sind viele Verbände bereits genannt worden. Wer weitere sucht, wird im Deutschen Verbände Forum fündig, wo mehr als 12 000 Verbände registriert sind. Das Stichwort „Life Sciences" liefert zwar keinen Treffer, bei der Suche nach einzelnen Zweigen tauchen aber schnell lange Listen auf. Ähnliches gibt es für Schweizer Verbände.

Deutsches Verbände Forum, www.verbaende.com; Verbände in der Schweiz, www.verbaende.ch

Verbände sind überwiegend eingetragene Vereine. Allen gemein ist, dass sie die Interessen der einzelnen Mitglieder zur Erreichung gemeinsamer Ziel- oder Wertvorstellungen bündeln und nach außen kundtun. Ihre Ansprechpartner sind politische oder gesellschaftliche Organe, ihre Tätigkeit wird im Allgemeinen mit Lobby-Arbeit, Lobbyismus oder Lobbying bezeichnet. Letzteres klingt deutlich neutraler, was dem Zweck der Tätigkeit in vielen Fällen eher entspricht. Verbände haben im vorpolitischen Umfeld eine wichtige Aufgabe und dienen Parteien und Verwaltungen als Informationsquelle. Dass es hier und da unerwünschte Beeinflussungen politischer Gremien gibt, steht der grundsätzlichen Rolle als Bindeglied zwischen Verbandsmitgliedern und politischen Entscheidern nicht im Weg.

Je nach Größe sind Verbände professionell mit einem großen Stab an festen Mitarbeitern organisiert, wie der Bundesverband der Deutschen Industrie (BDI), oder mit nur wenigen hauptamtlich Beschäftigten und überwiegend ehrenamtlich tätigen Kräften. Als Arbeitgeber suchen Verbände in der Regel Angehörige der jeweiligen Interessensgruppe. Nur die sehr

großen Verbände verfügen über Stellen für Sozial- oder Politikwissenschaftler und PR-Fachleute. Von den Mitarbeitern wird erwartet, dass sie in der Lage sind, mündlich und schriftlich zu Verbandsthemen Stellung zu nehmen. Dazu müssen sie gut recherchieren können, sich mit Gesetzesvorlagen beschäftigen wollen und überzeugend argumentieren können. Kontaktfreude ist unerlässlich und Netzwerken tägliche Praxis. Als Berufseinsteiger bieten Verbände viele Kontaktmöglichkeiten, die man nutzen kann, um interessante Unternehmen kennenzulernen und für sich zu gewinnen. Mit Berufserfahrung kommt man häufig über ein ehrenamtliches Engagement in eine hauptamtliche Verbandsfunktion z.B. als Geschäftsführer. Die Spitzenfunktionen wie Präsident sind zum Teil wieder ehrenamtlicher Natur und werden eher von erfahrenen Senior Managern gegen Ende ihrer Berufslaufbahn besetzt.

Die Frage, die Verbandsmitarbeiter immer begleitet, ist, ob die Tätigkeit auf Dauer angelegt sein soll oder nur vorübergehender Natur ist mit dem Ziel, daraus eine gute Startposition für einen Wechsel zu schaffen. Dauert der Einsatz allerdings zu lange, kann ein solcher Wechsel schwierig werden. Es gibt wenig Aufstiegsmöglichkeiten innerhalb der Verbandsadministration. Wer sich für Verbandstätigkeit interessiert, nimmt am besten sehr frühzeitig Kontakt auf. Manche Verbände bieten schon für Studenten Praktika oder Werkstudentenverträge an. Spaß macht eine solche Tätigkeit denen, die vielseitige Aufgaben lieben, gut mit Überraschungen umgehen können und keinerlei Scheu im Umgang mit Menschen haben.

Einen Sonderfall unter den Verbänden stellt der Verein Deutscher Ingenieure (VDI) dar. Zwar ist er in erster Linie Sprecher der Ingenieure und Techniker und mit über 140 000 Mitgliedern der größte technisch-wissenschaftliche Verein Europas. Daneben ist er aber auch als Ansprechpartner für technische, berufliche und politische Fragen z.B. an der Entwicklung von Normen beteiligt, so dass sein Wirken deutlich über die Vertretung reiner Mitgliederinteressen hinausreicht. In der VDI-Gesellschaft Technologies of Life Science (VDI-TLS) vertritt der VDI die Bereiche Agrartechnik, Bionik, Biotechnologie, Gentechnik und Medizintechnik. Die Gesellschaft gibt Zeitschriften heraus, veranstaltet Fachtagungen und wirkt maßgeblich mit bei der Erstellung von Richtlinien. Im Bereich Bionik wird die VDI-TLS beispielsweise mit Förderung durch das Bundesministerium für Wirtschaft und Technologie das Forschungs- und Entwicklungsvorhaben „Transfer bionischer Erkenntnisse durch internationale Normung" durchführen. Ziel ist die internationale Normung von bionischen Lösungsstrategien für die Anwendung in Unternehmen. Für diese Aufgaben werden wissenschaftliche Mitarbeiter benötigt, weshalb der VDI Ingenieure und Naturwissenschaftler aus nahezu allen Fachgebieten

VDI-Gesellschaft Technologies of Life Science (VDI-TLS), www.vdi.de/tls

beschäftigt. Die hauptamtlichen Mitarbeiter koordinieren Arbeitsgruppen, bereiten deren Treffen vor und fassen die Ergebnisse zusammen. Pressearbeit und Veranstaltungsmanagement runden den Aufgabenbereich ab. In den Arbeitsgruppen selbst sind überwiegend ehrenamtlich tätige Ingenieure und Naturwissenschaftler beschäftigt. Gute Voraussetzungen für eine Mitarbeit beim VDI sind spezielle Fachkompetenzen in einem der relevanten Themen sowie die Fähigkeit, sich darüber hinaus schnell und selbständig in andere Felder einzuarbeiten. Außerdem benötigt man eine hohe soziale Kompetenz, um die Arbeitsgruppen zusammenzuhalten, zwischen sehr unterschiedlichen Interessen zu vermitteln und Konflikte zu moderieren. Auch interdisziplinäres Arbeiten mit Sozialwissenschaftlern oder Psychologen sollte erfolgreich gelingen. Im Übrigen ist es notwendig, gut schreiben zu können. Das Verfassen von allgemeinen und regulatorischen Texten ist ständig gefragt und bedarf einer hohen sprachlichen Präzision. Wem das alles Spaß macht, der findet in Verbänden ein offenes Arbeitsklima und viel Freiheit in der Gestaltung seiner Tätigkeit.

Eine andere Form von Verbänden bilden Interessenverbände z.B. zu Umwelt- und Naturschutzzwecken wie der BUND e.V. oder der Naturschutzbund Deutschland e.V. (NABU), beide sehr mitgliederstarke Organisationen, die neben Mitgliedsbeiträgen über Spendenaufkommen verfügen und damit ihre Zwecke finanzieren können. Kleiner ist die Deutsche Umwelthilfe, die sich als Umwelt- und Verbraucherschutzverband versteht. Derartige Verbände haben neben vielen ehrenamtlichen Helfern wissenschaftliche Mitarbeiter, die als Experten die Vereinszwecke unterstützen. Hier lassen sich interessante Tätigkeiten finden. Dass viel Idealismus notwendig ist, um hier zu arbeiten, versteht sich eigentlich von selbst. Hohes Engagement, Identifikation mit den Verbandszwecken und Gehälter, die eher am unteren Ende der Bandbreite liegen, machen diese Tätigkeiten für Idealisten interessant, denen es um die Sache geht. Der Einstieg gelingt mit Ausnahme von gesuchten Spezialisten nur denen, die bereits Vorerfahrung im Engagement für das jeweilige Thema haben oder schon ehrenamtlich für den Verband tätig gewesen sind.

Stiftungen wurden bisher nur als Förderer von Aus- und Weiterbildungen erwähnt. Gleichzeitig sind sie aber auch Arbeitgeber für Life-Sciences-Experten, deren Fachwissen sie benötigen, um Anträge zu prüfen und Entscheidungen für die Vergabe von Stipendien oder die Zusage von Fördermitteln zu treffen. Das Feld der Stiftungen, die für Lebenswissenschaftler in Frage kommen, ist sehr weit und reicht von der Deutschen Bundesstiftung Umwelt über die Deutsche Krebshilfe, die Bill & Melinda Gates Foundation bis hin zu großen Unternehmensstiftungen, die Wissenschaft fördern, wie die Volkswagen

Bund für Umwelt und Naturschutz Deutschland e.V. (BUND), www.bund.net; Naturschutzbund Deutschland e.V. (NABU), www.nabu.de; Deutsche Umwelthilfe e.V. (DUH), www.duh.de

Bundesverband Deutscher Stiftungen, www.stiftungen.org; Stifterverband für die Deutsche Wissenschaft, www.stifterverband.info; Verband Österreichischer Privatstiftungen, www.stiftungsverband.at; Verband der Schweizer Förderstiftungen, www.swissfoundations.ch

Stiftung und die Robert Bosch Stiftung. Informationen über Stiftungen finden sich auf den Websites der Dachverbände, z.B. dem Bundesverband Deutscher Stiftungen, dem Stifterverband für die Deutsche Wissenschaft oder dem Verband Österreichischer Privatstiftungen und dem Verband der Schweizer Förderstiftungen.

Neben Fachexperten für die Begutachtung von Anträgen haben Stiftungen Mitarbeiter für ein weitere spezielles Aufgabenfeld. Dieses heißt „Fundraising" und wird mit zunehmender Stiftungsgröße sehr professionell betrieben. Fundraiser sind Mitarbeiter, deren Aufgabe es ist, Unternehmen und Privatleute anzusprechen und um Zuwendungen für die Stiftung zu bitten. Zudem betreuen sie die vorhandenen Stifter, bereiten Informationen für sie auf und stellen Projekte vor, machen Pressearbeit und managen Veranstaltung. Für diese Tätigkeit gibt es erst wenige Ausbildungsangebote mit sozialem Fokus, jedoch werden mittlerweile zahlreiche Fortbildungsmöglichkeiten angeboten. Life-Sciences-Experten sind hier gut einsetzbar, wenn der Stiftungszweck ihre Fachkompetenz erfordert. Wer sich zutraut, für eine gute Sache Geld einzuwerben, sollte sich hier durchaus umsehen. Erste ehrenamtliche Erfahrungen in einer vergleichbaren Rolle sind sicher sehr hilfreich. Mehr Informationen finden sich beim Deutschen Fundraising Verband (DFRV), der auch eine Jobbörse betreibt, oder bei den Parallelorganisationen in der Schweiz und in Österreich.

Eine weitere Gruppe von Non-Profit-Organisationen bilden die Gesellschaften für Technologietransfer. Rechtlich und wirtschaftlich finden sich sehr unterschiedliche Varianten. Technologietransfer betreibt zum einen die öffentliche Hand. Universitäten engagieren sich, außeruniversitäre Einrichtungen ebenfalls, und beide tun dies durchaus mit Gewinnerzielungsabsicht, um aus den Überschüssen andere Aufgaben finanzieren zu können. Andere Einrichtungen, insbesondere auf Länder- oder regionaler Ebene arbeiten in privatrechtlicher Form zum Zweck der Wirtschaftsförderung. Sie benötigen häufig Zuschüsse aus öffentlichen Haushalten oder arbeiten kostendeckend. Und wieder andere sind rein privatwirtschaftlich organisiert und leben von Transfererlösen.

Gemeinsam ist allen Organisationen, dass sie sich um die kommerzielle Verwendung von Forschungsergebnissen bemühen. Dazu kümmern sie sich bereits um die Patentanmeldung und suchen Partner, die an der Nutzung der Patente interessiert sind und Lizenzen erwerben oder sogar das gesamte Patent kaufen. Zu diesem Zweck benötigen diese Organisationen Fachleute, die Technologien und Materialien fachlich beurteilen können. Neben dem ingenieur- oder naturwissenschaftlichen Wissen, das für diese Einschätzung notwendig ist, bedarf es guter Kenntnisse der jeweils relevanten Märkte und einer

hohen betriebswirtschaftlichen Orientierung, um kommerzielle Aspekte einer Technologie bewerten zu können. Gesucht werden Fachleute mit und ohne Berufserfahrung, die Spaß an dieser forschungsnahen Tätigkeit haben und gut mit Forschern kommunizieren können. Wenn Sie in der Lage sind, gute Kontakte zu potenziellen Anwendern aufzubauen und Technologien vorteilhaft präsentieren können, finden Sie hier ein abwechslungsreiches Aufgabenfeld in einem sehr kreativen Umfeld. Über gute Englischkenntnisse für die internationale Partnersuche und hohe Kooperationsbereitschaft sollten Sie auch verfügen. Praktika und persönliche Kontakte helfen beim Einstieg.

Non-Profit-Organisationen in Österreich und der Schweiz folgen einem ähnlichen Muster wie dem in Deutschland. Die Schweizer Jobseite www.npo-jobs.ch verschafft einen guten Überblick über Beschäftigungsfelder in den Themen Umwelt, Gesundheit, schließt aber auch Themen ein, die keine direkte Beziehung zu den Life Sciences haben. In Österreich sucht man am besten auf der Seite des österreichischen Fundraisingverbandes, www.fundraising.at. Die Stellenbörse beinhaltet nicht nur Jobs für Fundraiser.

Schweiz, www.npo-jobs.ch;
Österreich, www.fundraising.at

10 Berufsfelder in der Selbständigkeit

Auf den ersten Blick bereitet ein biowissenschaftliches Studium nicht unbedingt auf eine Selbständigkeit vor. Als Mediziner oder Pharmazeut eine eigene Arztpraxis oder eine Apotheke zu betreiben, liegt näher. Ähnlich verhält es sich für viele Ingenieure oder für Menschen mit einer nichtakademischen Ausbildung. Dabei werden jedoch viele Betätigungsfelder für ein eigenes Unternehmer übersehen und Potenziale für erfolgreiche Existenzgründungen nicht wahrgenommen.

Im Sektor Life Sciences liegt ein Teil des Potenzials in der Gründung von Biotech-Start-ups zur Entwicklung von biotechnologisch hergestellten Wirkstoffen oder Diagnostika. In diesem Bereich sind seit rund 20 Jahren viele Unternehmen entstanden.

Häufig entstammen die Gründer der akademischen Forschung und werden mit hoher Unterstützung durch staatliche Forschungsinstitute, Technologietransfereinrichtungen und öffentliche Förderung an den Start gebracht. Im Rahmen der Clusterpolitik und der BioRegionen wird diesen Unternehmen eine schnelle Vernetzung angeboten. Existenzgründungswettbewerbe schaffen zusätzliche Anreize und sorgen für eine professionelle Geschäftsfeldplanung. Diese Gründungen sind sehr aufwendig und benötigen viel Kapital in der Entwicklungsphase der entsprechenden Stoffe. Gleichzeitig verdienen die meisten Unternehmen in dieser Phase kein oder wenig Geld und die Erfolgswahrscheinlichkeit, dass der zu entwickelnden Stoff eine Zulassung erhält, liegt bei unter 50 Prozent. Dies hat dazu geführt, dass die Kapitalbeschaffung schwieriger geworden ist und Gründer ihr Geschäftsmodell überdenken.

Daraus entstanden sind Biotechnologieunternehmen, die sich auf Dienstleistungen fokussieren. Sie verfügen entweder über Technologieplattformen, auf denen sie bestimmte Leistungen für andere Unternehmen der Biotechnologie, der Pharmaindustrie oder für die akademische Forschung erbringen, oder sie bieten verschiedene Serviceleistungen, z.B. Probenaufbereitungen und Analysen, an, die sie im Auftrag Dritter durchführen. Diese Unternehmen verfügen in ihrem speziellen Sektor über ausgeprägtes Know-how und können ihre Leistungen besser, schneller oder billiger anbieten, als ihre Auftraggeber dies selbst tun könnten.

Der Vorteil eines Dienstleistungsangebots liegt vor allem darin, dass sofort Aufträge angenommen werden können und

Gründungsidee: Entwicklung von biotechnologisch hergestellten Wirkstoffen und Diagnostika

Hilfe beim Technologietransfer: Nahezu alle Universitäten und außeruniversitären Forschungseinrichtungen verfügen über Gesellschaften zur Beratung von gründungsinteressierten Wissenschaftlern.
Beispiele:
Ascenion GmbH (München),
Max-Planck-Innovation GmbH (München),
MediGate GmbH und TuTech Innovation GmbH (Hamburg),
Hochschule für Life Sciences FHNW Technologietransfer (Muttenz),
CAST Center for Academic Spin-offs Tyrol (Innsbruck)

Gründungsidee: Dienstleistungen

BioRegionen in Deutschland:
Norgenta Life Science Nord
(Landesgesellschaft)
BioInitiative Nord –
Schleswig-Holstein
BioRegion Hamburg
BioNord Bremen
BioRegioN – Niedersachsen
BioCon Valley –
Mecklenburg-Vorpommern
BioTop – Berlin/Brandenburg
BioMitteldeutschland –
Sachsen-Anhalt
BioSaxony – Sachsen
BioRegio Jena – Thüringen
BIO.NRW (Landesgesellschaft)
Bio-Tech-Region Ost Westfalen Lippe
– NRW
bioanalytik-muenster – NRW
Life Technologies Ruhr – NRW
BioRiver – BioRegion Köln/Düsseldorf
– NRW
BioRegion Maas-Rhein-Dreieck – NRW
(Landesgesellschaft)
Initiative Biotechnologie
Marburg – Hessen
BioRegion Frankfurt – Hessen
NanoBioNet –
Saarland/Rheinland-Pfalz
Bayern Innovativ (Landesgesellschaft)
BioMedTec Franken – Bayerm
BioPark Regensburg – Bayern
BioM BioTech-Region München
– Bayern
BIOPRO Baden-Württemberg
(Landesgesellschaft)
BioRegion Rhein-Neckar –
Baden-Württemberg
BioRegioSTERN –
Baden-Württemberg
BioRegion Ulm – Baden-Württemberg
BioLago Konstanz –
Baden-Württemberg
BioRegion Freiburg BioValley –
Baden-Württemberg
Mehr dazu unter:
www.biodeutschland.org

BioParks/TechnologieParks,
Bundesverband Deutscher
Innovations-, Technologie- und
Gründerzentren e.V. (ADT),
www.adt-online.de

damit von Beginn an Einnahmen für das Unternehmen entstehen. Selbst wenn diese Einnahmen zunächst nicht kostendeckend sind, erleichtern sie die Finanzierungssituation der Unternehmen erheblich. Aus diesem Grund kombinieren einige Start-ups diese Vorteile mit ihrem Ziel, eine Wirkstoffentwicklung voranzutreiben.

Unabhängig davon, ob Sie einen Wirkstoff erforscht, ein Gerät erfunden oder etwas entdeckt haben, was die Diagnose bestehender Zustände möglich macht, kann dies der Ausgangspunkt für eine Unternehmensgründung sein. Der erste Schritt dahin ist immer erst die Präsentation Ihrer Idee in der zuständigen Organisation für Technologietransfer. Hier erhalten Sie zumindest fachkundige Informationen über notwendige Schutzrechte und werden mit vielen anderen Stellen zusammengebracht, die Ihnen weiterhelfen, Ihre Idee zu einem Geschäftsmodell reifen zu lassen.

Der Kontakt zu einer der zuständigen Biotechnologieregionen ist ebenfalls schnell aufgenommen und erste Gespräche mit Verantwortlichen zu einem frühen Zeitpunkt zeigen Ihnen das Potenzial Ihrer Idee auf. Gleiches gilt für BioParks und TechnologieParks.

Das Potenzial für eine Selbständigkeit erschöpft sich jedoch keineswegs in der Gründung eines Biotechnologieunternehmens. Gerade der Dienstleistungssektor bietet eine enorme Bandbreite für Menschen, die erste Berufserfahrungen haben und sich selbständig machen wollen. In Frage kommen Dienstleistungen wie:

- Strategieberatung
- Marketingberatung
- Finanzierungsberatung
- Personalberatung
- Übersetzungsleistungen
- Beratung in Patentanmeldungen und Lizenzierungsvereinbarungen
- Vertrieb
- Projektmanagement
- Weiterbildung und Training
- Ingenieurbüro

Weitere Beispiele wurden in den vorangehenden Kapiteln im Rahmen der Darstellung zu einzelnen Berufsbildern bereits erläutert.

Wenn in Ihnen der Wunsch aufkeimt, sich selbständig zu machen, stellt sich nicht nur die Frage, mit welchem Konzept für welche Kunden Sie tätig werden wollen, sondern zu allererst die, ob eine Unternehmensgründung zu Ihrer Persönlichkeit passt. Jeder, der nicht schon als kleines Kind davon geträumt hat, Geschäftsmann zu sein, fragt sich, ob er einen solchen Schritt wirklich gehen will. Häufig entsteht die Motivation dazu nicht, wenn man in einem interessanten Job steckt und gut verdient. Der äußere Anlass für eine Gründung sind eher Krisen durch Jobverlust, durch Vereinbarkeitsprobleme zwischen Berufstätigkeit und Familie oder durch die Erkenntnis, in einem Unternehmen nicht weiterzukommen, weil man an eine „gläserne Decke" stößt. Gerade diese Situationen bergen aber die Gefahr, den Schritt in die Selbständigkeit mangels Alternative zu gehen, ohne sich zuvor über die Konsequenzen im Klaren zu sein. Aus diesem Grund sollten Sie sich wirklich prüfen, ob Sie die Voraussetzungen mitbringen und von Ihrem Umfeld entsprechend unterstützt werden. Dazu bieten sich Tests an, die Sie erwerben und online durchführen können.

Der F-DUP (Fragebogen zur Diagnose unternehmerischer Potenziale) ist eine erweiterte, mehrfach verbesserte und in Teilen neu entwickelte Version des entrepreneurial potential questionnaire (King, 1987). Er misst die sieben Eignungsmerkmale (Leistungsmotivstärke, internale Kontrollüberzeugung, emotionale Stabilität, Problemorientierung, Ungewissheitstoleranz, Risikoneigung, Durchsetzungsbereitschaft) und bewertet sie im Hinblick auf unternehmerisches Potenzial.

Der 5DDP basiert auf den „Big Five" – einem psychologischen Modell, das die Hauptdimensionen der Persönlichkeit in fünf festen, unabhängigen und weitgehend kulturstabilen Faktoren zusammenfasst. Die Auswertung des Verfahrens umfasst die fünf Bereiche Aktivität und Kommunikation, Umgang mit Belastungen, Umgang mit anderen Menschen, Arbeitshaltung sowie Offenheit und Interesse an Neuem. Diese Bereiche sind relevant für berufliche Neigungen und lassen u.a. Aussagen hinsichtlich der Gründereignung zu.

Der VIQ ist ein visuelles Verfahren zur Erfassung von Denk- und Verhaltensstilen. Über die visuelle Wahrnehmung des Testteilnehmers wird auf stabile Merkmale geschlossen, die mit seinem Fühlen/Belohnen, mit seinen Entscheidungen und seinem Handeln in unmittelbarer Beziehung stehen. Gemessen wird, wie jemand psychische Energie aufnimmt (eher extravertiert oder introvertiert), wie er die Wirklichkeit wahrnimmt (eher über die fünf Sinne oder intuitiv), wie er über das Wahrgenommene entscheidet (eher logisch-analytisch oder subjektiv-werteorientiert) und welchen Lebensstil er bevorzugt (eher entscheidungsorientiert oder wahrnehmungsorientiert). Der Einsatzbereich ist vielfältig und wird u.a. in der Werbung genutzt, lässt sich aber gut für Aussagen zur Gründereignung verwenden.

Gründerpersönlichkeit

Onlinetests: testcenter.innovate.de; www.shop.pearsonassessment.de; www.visual-research.de

Wenn Sie keinen Test machen wollen, beschäftigen Sie sich intensiv damit, ob Sie über folgende Merkmale verfügen:

- hohe Motivation (Haben Sie Interesse für die eine Sache bzw. den Willen, besser sein zu wollen, als jemand anders?)
- Disziplin und Selbstmanagement (Haben Sie die Fähigkeit, sich Ziele zu setzen und diese hartnäckig zu verfolgen?)
- Frustrationstoleranz (Geben Sie bei Niederlagen auf oder können Sie sich dennoch immer wieder motivieren?)
- Fachkompetenz (Was können Sie richtig gut und warum?)
- emotionale Stabilität (Wie gehen Sie mit Niederlagen um, wie mit Erfolgen, wie hoch ist Ihre emotionale Amplitude?)
- Netzwerk (Verfügen Sie bereits über ein Netzwerk oder sind Sie fähig, dieses aufzubauen?)
- Organisationstalent (Können Sie verschiedene Dinge gleichzeitig tun, ohne an Qualität zu verlieren?)
- Risikobewusstsein (Eine überhöhte Risikobereitschaft führt eher zu Misserfolgen; Vorsorge und vernünftige Abwägung von Chancen und Risiken sind das bevorzugte Verhalten von Unternehmern.)
- Fähigkeit, sich in Neues einzuarbeiten (Dinge tun müssen, die Sie noch nie gemacht haben, sollte Sie nicht schrecken.)
- soziale Kompetenz (Wie kommen Sie mit anderen in Kontakt, wie gut können Sie Beziehungen aufbauen und halten?)
- persönliches Umfeld (Tragen Partner, Kinder, Eltern und andere Familienmitglieder Ihre Idee mit und unterstützen Sie?)

Holen Sie sich ggf. von Dritten zu diesen Punkten eine Rückmeldung ein. Das verschafft Ihnen Sicherheit in der Selbsteinschätzung. Wenn Sie am Ende zum Ergebnis kommen, dass Sie selbständig sein wollen, und Sie sich das auch zutrauen, dann liegen spannende Aufgaben und viele Überraschungen vor Ihnen. Die meisten Unternehmer, die sich gut vorbereitet haben, sind froh über ihre Entscheidung und wollen nicht wieder zurück in eine abhängige Beschäftigung. Gleichzeitig geben sie aber auch zu, dass sie trotz guter Vorbereitung viele Probleme vorher nicht kannten und manches davon sie sicher auch abgeschreckt hätte.

Einzel- oder Teamgründung?
Ob Sie alleine ein Unternehmen gründen wollen oder sich lieber mit anderen zusammenschließen, hängt natürlich von Ihrem Geschäftsmodell ab. Es spielt aber auch die Frage eine Rolle, ob Sie lieber mit anderen zusammenarbeiten oder es genießen, nur für sich selbst verantwortlich zu sein. Prüfen Sie, welche berufliche Phase Ihnen bisher am meisten Spaß ge-

macht hat und in welcher Konstellation Sie dort gearbeitet haben.

Für die Gründung im Team spricht zunächst einmal, dass hier von vornherein eine arbeitsteilige Organisation möglich ist. Je komplexer eine Gründung ist, desto eher spricht die Situation für ein Gründungsteam. Dies gilt sicher für ein Biotechnologie-Start-up. Ein Team kann die Kompetenzen aus kaufmännischen und technologischen Feldern gut miteinander verknüpfen, sofern es sinnvoll zusammengestellt wird. Gehen Sie bitte nicht davon aus, dass Ihre besten Mitstreiter automatisch diejenigen sind, mit denen Sie jahrelang zusammengearbeitet haben. Auch Ihre besten Freunde aus dem Sportverein oder dem Lions Club sind nicht unbedingt die idealen Mitunternehmer. 

Bei der Zusammenstellung eines Gründungsteams sollten sich die fachlichen Profile der Teammitglieder gut ergänzen und zudem sollten sie in ihrer Persönlichkeit so gut zusammenpassen, dass sie miteinander arbeiten können. Dies bedeutet, dass sie sich nicht zu ähnlich sein dürfen, damit gegenseitige Impulse überhaupt möglich sind. Andererseits laufen zu heterogene Teams Gefahr, dass die Auseinandersetzung miteinander zu anstrengend wird und man sich schnell trennt. Gehen Sie davon aus, dass Sie in einem Team auch als Team überzeugen müssen. Investoren schauen darauf, wie sich eine Gründungsmannschaft präsentiert, und glauben entweder an die Teamkompetenz oder nicht. Der Grundsatz, ein gutes Unternehmerteam macht auch aus einer schlechten Gründungsidee etwas, während ein schlechtes Team auch eine noch so gute Idee nicht zum „Fliegen" bringt, wird durch vielfache Erfahrungen belegt. Im Zweifel lassen Sie sich beraten, ob und wie Sie als Team überzeugen.

Die Gründung eines Einzelunternehmens hat den Vorteil größerer Unabhängigkeit und geringerer Risikoübernahme. Viele Unternehmer und Freiberufler gleichen die fehlenden Kompetenzen durch Kooperationen, Partnerschaften, Arbeiten in Netzwerken oder durch die Einschaltung externer Dienstleister aus und sichern auf diese Weise ihre Erfolge ab. Für Beratungstätigkeiten aller Art ist diese Gründungsform durchaus geeignet, erste Erfahrungen zu machen. Gelingt es, größere Aufträge zu akquirieren, besteht immer noch die Möglichkeit, diese in Kooperationen zu bearbeiten. Darauf sollte man sich allerdings gut vorbereiten und vielleicht in kleineren Projekten erste Erfahrungen in der Zusammenarbeit gemacht haben. Andernfalls kann es unangenehme Überraschungen geben, weil die Vorstellungen weiter auseinanderliegen als absehbar war. Überlegen Sie, welche Netzwerke für Sie interessant sein können und wie Sie mögliche Partner kennenlernen können.

Erste Schritte

Angebot des Bundeswirtschaftsministeriums für Existenzgründer: www.existenzgruender.de
Angebote der Länder:
Baden-Württemberg: www.newcome.de
Bayern: www.startup-in-bayern.de
Berlin: www.berlin.de/sen/wirtschaft/ foerderung/gruenden.html
Brandenburg: www.agil-brandenburg.de
Bremen: www.begin24.de
Hamburg: www.hei-hamburg.de
Hessen: www.existenzgruendung-hessen.de
Mecklenburg-Vorpommern: www.gruender-mv.de
Niedersachsen: www.nbank.de
Rheinland-Pfalz: www.isb.rlp.de
Saarland: www.sog.saarland.de
Sachsen: www.existenzgruendung-sachsen.de
Sachsen-Anhalt: www.ego-on.de
Schleswig-Holstein: www.ibank-sh.de
Thüringen: www.gnt-ev.de

Kreditanstalt für Wiederaufbau, Merkblatt – Gründercoaching Deutschland, gefördert durch den Europäischen Sozialfonds (ESF), www.kfw.de, Stichwort Gründercoaching

Biotechnologie-Businessplanwettbewerbe, www.science4life.de; www.bestofbiotech.at

Wenn Ihre Idee zu reifen beginnt, wird es Zeit, dass Sie mit anderen darüber sprechen. Je ausgiebiger Sie dies tun, desto reifer wird Ihre Idee. Und dann geht es darum, sich im vielfältigen öffentlichen Angebot an Beratungsleistungen zu orientieren. Das Problem ist sicher nicht, dass man Ihnen nicht hilft, Ihr Geschäft zu entwickeln. Das Problem ist eher, sich zurechtzufinden und zielgerichtet die Angebote anzunehmen, die Ihnen wirklich helfen und sich nicht als Zeitverschwendung entpuppen. Eine erste Orientierung bietet im ersten Schritt das Bundeswirtschaftsministerium mit seinem Angebot für Existenzgründer. Hier finden Sie viele Hinweise zu rechtlichen Fragen rund um Ihre Gründungsidee, zu Finanzierungs- und Fördermöglichkeiten sowie eine Fülle von Checklisten für die Entwicklung der Geschäftsidee bis hin zur Businessplanerstellung. Weitere Informationen erhalten Sie dann von den zuständigen Industrie- und Handelskammern, von Gründerzentren und auch von den bereits erwähnten Einrichtungen für Technologietransfer an akademischen Institutionen oder durch die Biotechnologieregionen.

Mit einem Businessplan sollten Sie sich möglichst schnell beschäftigen. Dabei geht es zum einen darum, Ihre Idee verbal zu beschreiben und Ihre Märkte, Kunden und Wettbewerber zu analysieren. Der zweite Schritt ist, Ihre Planungen in Zahlen zu verfassen und für einen überschaubaren Zeitraum Ihren Finanzbedarf bzw. Ihre Umsätze und Kosten zu planen. Diese Unterlage brauchen Sie in jedem Fall. Auch wenn Sie sich kein fremdes Geld leihen wollen, wird Ihre Geschäftsbank Ihre Planung sehen wollen und Sie daran messen. Muster finden Sie u.a. auf der Existenzgründerplattform des Bundesministeriums für Wirtschaft. Weitere wichtige Informationen gibt es bei der Kreditanstalt für Wiederaufbau, die unter bestimmten Voraussetzungen auch ein Gründercoaching finanziert.

Eine attraktive Einrichtung für Unternehmensgründer ist die Teilnahme an Businessplanwettbewerben. Bisher lässt sich zwar nicht nachweisen, dass erfolgreiche Teilnehmer an diesen Wettbewerben auch langfristig die erfolgreicheren Unternehmer sind. Aber der Start wird erleichtert, wenn die Vorteile, die der Wettbewerb bietet, genutzt werden. Dies sind:

- professionelles Feedback zur eigenen Geschäftsidee
- Integration in ein Netzwerk anderer Jungunternehmer
- Kontakt zu erfahrenen Beratern/Business Angels
- bei Erfolg: Finanzierungsbeihilfe
- weitere Beihilfen, wie gemeinsame Messeauftritte, Berichte in Newslettern, Presseorganen etc.

Die wichtigsten Businessplanwettbewerbe für den Bereich Life Sciences sind „Science4Life Venture Cup" des Landes Hessen in Verbindung mit industriellen Partnern und „Best of Biotech" des Austria Wirtschaftsservice, der Förderbank des österreichischen Wirtschaftsministeriums. Beides sind international offene Wettbewerbe, an denen jedes Unternehmen teilnehmen darf, das die Ausschreibungsbedingungen erfüllt. Daneben gibt es viele regionale Wettbewerbe, die branchenungebunden sind, z.B. Münchener Business Plan Wettbewerb, Businessplan-Wettbewerb Berlin-Brandenburg, Businessplan-Wettbewerb Nordbayern. Und es gibt eine Vielzahl von Gründer- und Innovationspreisen auf nationaler und regionaler Ebene, die für junge Unternehmen aus dem Bereich Life Sciences interessant sein können. Einen Überblick gibt es unter www.foerderland.de und www.startwerk.ch. Nebenstehend ist eine kleine Auswahl zusammengestellt.

Die Teilnahme an einem Businessplanwettbewerb macht zwar viel Arbeit, lohnt sich aber häufig im Hinblick auf oben beschriebene Vorteile, insbesondere wenn hinter der Unternehmensidee eine innovative Technologie steckt, die gute Chancen auf eine Prämierung hat. Eine Auszeichnung bringt zwar nicht unbedingt gleich Aufträge, sorgt aber für ein positives Medienecho und ist zudem etwas, was sich in der eigenen Firmengeschichte gut macht und ein Gründungsteam zusammenschweißen kann. Sorgen Sie dafür, dass Sie Spaß an der Sache behalten.

Deutscher Gründerpreis der Partner stern, Sparkassen, ZDF und Porsche in den Kategorien Schüler, Start-up, Aufsteiger und Lebenswerk, mehr unter: www.deutscher-gruenderpreis.de;
Innovators Pitch für die beste Digital Life Innovation, eine Initiative der BITCOM e.V., www.innovatorspitch.de;
IDEE Förderpreis der Firma J.J. Darboven, alle zwei Jahre für Gründerinnen, www.darboven.com;
i2b, größter Businessplanwettbewerb für Gründer in Österreich, www.i2b.at;
Venture, Initiative der ETH Zürich, der Förderagentur für Innovation KTI und McKinsey & Company, Switzerland für Jungunternehmer aus der Schweiz, www.venture.ch;
interessant auch der Businessplan Wettbewerb in Liechtenstein, www.businessplan-wettbewerb.li

Teil 2

Wer verschiedene Möglichkeiten kennt, muss sich nur noch entscheiden. Das klingt so einfach, ist aber für viele ein schwieriger Schritt. Der zweite Teil des Buches möchte den Leser näher an berufliche Entscheidungen heranführen und ihn bei der Umsetzung unterstützen. Sowohl der Berufseinsteiger als auch der Leser mit ein paar Jahren Berufserfahrung findet hier zahlreiche Hinweise für einen erfolgreichen Bewerbungsprozess – erfolgreich in dem Sinne, dass er schließlich die Position erhält, die den eigenen Erwartungen entspricht.

Natürlich gibt es Faktoren wie hohes Gehalt, gesellschaftliches Ansehen, regionale Wünsche oder familiäre Pflichten, die vorübergehend die beruflichen Ziele ausschließlich bestimmen. Hohe berufliche Zufriedenheit ist jedoch das einzige Ziel, das auf Dauer wirklich motiviert. Was uns zufrieden macht, kann individuell sehr unterschiedlich sein. Bei den meisten Menschen wird diese Zufriedenheit durch die Kombination mehrerer Faktoren bestimmt, zu denen neben den bereits genannten zum Beispiel auch die Art der Aufgabenstellung, das Maß an Verantwortung und die Kollegen gehören. Wichtig ist, die eigenen Zufriedenheitsfaktoren zu kennen und ihnen zu folgen. Auf diesem Weg kann Glück ganz hilfreich sein, in erster Linie kommt man aber durch Können voran. Dabei sollte man sich in eigener Sache ebenso professionell verhalten können wie im fachlichen Bereich. Zur Unterstützung werden im Anschluss alle Facetten des Bewerbungs- und Personalauswahlprozesses sowie weitere Karrieremöglichkeiten am neuen Arbeitsplatz vorgestellt.

11 Entwickeln einer eigenen beruflichen Vision

11.1 Wer bin ich? Was macht mich aus?

Natürlich gibt es diese Menschen, die spätestens in der zehnten Klasse wissen, was sie werden wollen, die zielstrebig ihr Abitur machen, studieren und dann nach wenigen Jahren dort ankommen, wo sie hinwollen. Diese Ausnahmeerscheinungen dürfen Kapitel 11 gerne überspringen.

Die anderen aber, die nicht genau wissen, welchen Beruf sie ergreifen wollen, und sich für viele Dinge interessieren, haben die Chance, sich intensiv mit sich selbst zu beschäftigen, um herauszufinden, was zu ihnen passt. Das macht viel mehr Spaß, als neidisch auf die wenigen zu schauen, die sehr früh wissen, welcher Beruf für sie der richtige ist.

Häufig glauben Menschen ziemlich genau zu wissen, was sie nicht können oder mögen. Wer sich lange genug nur mit seinen tatsächlichen oder vermeintlichen Defiziten und Abneigungen beschäftigt, setzt im ungünstigsten Fall eine Abwärtsspirale in Gang, die ihn immer ratloser werden lässt. Um dies zu verhindern, sollten Sie Ihre Suche nach dem richtigen Beruf damit beginnen, alles aufzulisten, was Sie gut können. Auf eine solche Liste gehören dann nicht nur kognitive Kompetenzen und Wissen, das in Schule, Studium und Ausbildung relevant ist, sondern all die Dinge, die Sie darüber hinaus noch wissen und können, weil sie in Ihrer Freizeit wichtig sind, weil sie Ihnen Spaß machen oder weil Sie sie von Eltern und Geschwistern kennen. Diese Kompetenzen sollten möglichst genau bezeichnet und möglichst vollständig aufgeführt werden, so dass die Liste mindestens 40 bis 50 Positionen umfasst, gerne auch mehr.

Ähnlich gehen Sie bezüglich Ihrer Neigungen und Wüsche an Ihre berufliche Tätigkeit vor. Dabei geht es weniger darum, konkrete Tätigkeiten aufzulisten, sondern darum, Rahmenbedingungen zu formulieren, wie Arbeit im Team, Kundenkontakt, Arbeit im Labor, kreative Arbeit, Reisen usw. Schon die Auflistung hilft Ihnen, einen Eindruck zu gewinnen, was Ihnen wichtig ist. Wenn Sie nun versuchen, eine Rangreihe zu erstellen, wird dies noch deutlicher. Dazu ordnen Sie jeder Nennung auf Ihrer Liste zwi-

Das eigene Profil mit Neigungen, Abneigungen, Stärken und Schwächen

Kompetenzliste

Fachwissen/Allgemeinbildung
...
...
praktische Fähigkeiten
...
...
...
musisch-kreative Fähigkeiten
...
...

Kompetenz-liste	Selbstein-schätzung	Fremdein-schätzung
Fachwissen/ Allgemeinbildung	☆	☆☆
…		
…		
praktische Fähigkeiten	☆☆	☆☆
…		
…		
musisch-kreative Fähigkeiten	☆	☆
…		
…		
…		

schen null und drei Sternchen zu und ermitteln danach eine Reihenfolge. Dieses Vorgehen ist sehr rational und wird den meisten Naturwissenschaftlern sehr entgegenkommen. Wenn Sie jedoch auch nur leise Zweifeln haben, ob das Ergebnis wirklich auf Sie zutrifft, dann stehen Sie von Ihrem Schreibtisch auf und versuchen sich einmal an folgender Übung:

Schreiben Sie die wichtigsten Neigungen und Wünsche jeweils auf ein gesondertes Blatt Papier oder eine Karte und legen Sie diese verteilt im Raum aus. Laufen Sie nun auf den Karten herum und hören Sie in sich hinein. Bleiben Sie stehen, wo Sie sich wohlfühlen, gehen Sie weiter, wo sich dieses Gefühl nicht einstellt. Ordnen Sie die Karten dann so, dass die mit den Themen, die Sie am meisten ansprechen, in Ihrer Nähe und die übrigen weiter weg liegen. Nehmen Sie sich Zeit und probieren Sie verschiedene Positionen aus. Machen Sie dann ein Foto von dem Bild, das Sie vor sich auf dem Fußboden ausgelegt haben, oder übertragen Sie es auf ein Blatt Papier. Nehmen Sie abschließend die drei oder vier wichtigsten Karten an sich. Auf diese Weise nähern Sie sich Ihren Neigungen intuitiv und ergänzen Ihre Analyse.

Für die Erfassung der eigenen Kompetenzen ist das Erstellen einer Liste ein guter Ausgangspunkt. Mit dieser Liste alleine sollten Sie sich aber nicht zufriedengeben. Versuchen Sie, sich dazu Feedback aus Ihrer Umgebung zu holen. Zeigen Sie Ihre Liste Freunden, Kommilitonen, Kollegen und Vorgesetzten, lassen Sie sie ebenfalls Punkte vergeben und hören Sie sich deren Einschätzung an. Das klingt zunächst etwas schwierig und ist Ihnen vielleicht unangenehm. Sie können aber davon ausgehen, dass die meisten Menschen es als schmeichelhaft empfinden, wenn sie derart ins Vertrauen gezogen werden, und sich bereitwillig und vor allem gewissenhaft mit Ihnen beschäftigen werden.

Je mehr Menschen Sie dazu befragen und je unterschiedlicher deren Perspektive auf Sie ist, desto wahrscheinlicher ist es, dass Fähigkeiten genannt werden, die Sie selbst bisher nicht so hoch eingeschätzt haben. Genau die sind aber wichtig. Vermutlich handelt es sich dabei um Kompetenzen, die Sie bisher für selbstverständlich und nicht erwähnenswert gehalten haben. Nun stellen Sie fest, dass andere genau diese Fähigkeiten an Ihnen schätzen. Es wäre doch schade, wenn Sie diese in Ihrer Selbstpräsentation unter den Tisch fallen lassen. Vielleicht stellen Sie auch fest, dass andere an Ihnen Kompetenzen für ausgeprägt halten, die Sie selbst eher durchschnittlich bewerten, weil Ihre eigenen Ansprüche hier sehr hoch sind. Auch diese Information hilft Ihnen weiter, wenn Sie über sich selbst sprechen oder schreiben sollen. Es mag vielleicht im ersten Augenblick schmerzhaft sein, wenn Sie auf Fähigkeiten hingewiesen werden, die andere an Ihnen nicht so stark einschätzen, wie Sie selbst dies tun, doch ist eine solche Information ebenfalls wichtig. Vielleicht bewahrt Sie diese vor jahrelangem vergeblichem Streben nach den falschen Zielen.

Ein weiteres hilfreiches Instrument zur Berufsfindung ist der Karriereanker nach Ed Schein. Mit Hilfe eines Fragebogens, der 40 Fragen umfasst und den Sie selbst ausfüllen, und eines Interviews, das eine Person Ihrer Wahl mit Ihnen führt, wird herausgearbeitet, welcher von acht Karriereankern für Sie der wichtigste ist. Diese Anker sind eine Mischung aus Kompetenzen, Motiven und Werten und zeigen eine berufliche Grundorientierung auf. Diese zu kennen, ist in beruflichen Entscheidungssituationen sehr nützlich. Außerdem werden im Interview die Wechsel- und Veränderungsphasen in Ihrem Leben besonders herausgearbeitet: Warum haben Sie sich für ein bestimmtes Studienfach entschieden, warum für eine Promotion? Warum haben Sie die Stelle als XY angenommen und sind dann auf die Stelle als YZ gewechselt?

Sie finden im Internet über eine Suchmaschine unter den Stichworten „Karriereanker" und „Fragebogen" eine Reihe von Verweisen auf Seiten, auf denen Ihnen der Selbsttest für den Karriereanker kostenlos angeboten wird. Wenn Sie den Test durchführen, erhalten Sie bereits mit einiger Wahrscheinlichkeit eine zutreffende Information über Ihren Karriereanker. Sinnvoller ist es aber, die englische Originalfassung oder die deutsche Übersetzung des Buches von Ed Schein zu kaufen und neben dem Selbsttest auch das Interview mit einem Freund, einer Kollegin oder einer anderer Person, der Sie vertrauen, durchzuführen. Zudem sind im Buch die Anker sehr ausführlich beschrieben und Sie erhalten viele Informationen darüber, was Menschen antreibt und wie Anreizsysteme aussehen müssen, damit sie wirksam sind. Das ist nicht nur für Sie selbst wichtig, sondern auch eine wertvolle Hilfe, wenn Sie in einer Führungsrolle sind und sich bisher immer wunderten, warum jemand in Ihrer Abteilung beispielsweise vom firmeninternen Bonussystem, das Sie selbst ganz toll finden, gar nicht so begeistert ist, aber jedes Mal glänzende Augen bekommt, wenn Sie ihn zu einem Kongress fahren lassen, wo er einen Vortrag halten darf.

Karriereanker nach Ed Schein

Die Karriereanker:
– technisch-funktionale Kompetenz
– Befähigung zum General Management
– Selbständigkeit/Unabhängigkeit
– Sicherheit/Beständigkeit
– unternehmerische Kreativität
– Dienst oder Hingabe für eine Idee oder Sache
– totale Herausforderung
– Lebensstilintegration

Schein, E H (2006) Career Anchors: Self Assessment. 3. Aufl. Pfeiffer, San Francisco. Deutsche Fassung über Lanzenberger Dr. Looss Stadelmann Verlags GmbH, www.lalosta.de

11.2 Finden der passenden Zielpositionen

Egal, für welches Vorgehen Sie sich entschieden haben, Sie sollten das Gefühl haben, in Bezug auf Ihre Kompetenzen, Motivationen und Neigungen zu einer sicheren Selbsteinschätzung gekommen zu sein. Wenn Sie den Wunsch nach „mehr" ver-

Identifizierung der in Frage kommenden Alternativen

spüren, z.B. nach mehr Klarheit, mehr Sicherheit oder auch nur nach mehr Information, dann sollten Sie einen Karriereberater oder einen Coach hinzuziehen, der das Thema nochmals intensiv mit Ihnen bearbeitet. Worin der Unterschied zwischen einem Karriereberater und einem Coach besteht und wie Sie den richtigen für sich finden, wird in Abschnitt 20.4 näher beschrieben.

Für den, der seine Ziele kennt, geht es jetzt darum, die richtigen Zielpositionen zu identifizieren. Sicherlich sind Ihnen in Teil 1 manche Berufe direkt ins Auge gesprungen, während Ihnen andere eher befremdlich erschienen sind. Gehen Sie diesen Impulsen nach und überlegen Sie, welche Kompetenzen bei diesen Tätigkeiten gefordert sind und welche Arbeiten für Sie verlockend klingen, weil sie Ihnen Spaß machen und Sie herausfordern. Lassen Sie sich inspirieren und legen Sie sich nicht vorab aus Vernunftgründen auf bestimmte Berufe fest. Je genauer Sie Übereinstimmungen zwischen Ihren Kompetenzen und Persönlichkeitsmerkmalen feststellen und je attraktiver Sie eine bestimmte Tätigkeit finden, desto zielgerichteter können Sie die Suche gestalten. Dabei helfen Informationen, die Sie aus erster Hand von Menschen bekommen, die diese Berufe ausüben. Scheuen Sie nicht, sie direkt anzusprechen. Sie finden in sozialen oder fachlichen Netzwerken und in Publikationen viele Hinweise auf Frauen und Männer in Ihren Wunschberufen. Schreiben Sie sie an und stellen Sie konkrete Fragen zu ihrem Beruf. Darauf antworten die meisten Menschen sehr gerne. Vor allem Fragen von Studierenden und Doktoranden werden gerne beantwortet. Fachkräfte nutzen eher ihre persönlichen Netzwerke oder beziehen Informationen über Fachgesellschaften bzw. Berufsverbände.

Der Masterplan Ja, es gibt diese faszinierenden Geschichten von jemandem, der samstags in der Zeitung eine Stellenanzeige findet, die ihn so sehr anspricht, dass er sicher ist, diese Stelle zu bekommen, montags das Büro des Personalchefs stürmt und es mit einem Vertrag in der Hand wieder verlässt. In solchen Fällen kann man natürlich nur gratulieren.

Für die meisten bedeutet eine erfolgreiche Stellensuche allerdings Arbeit, insbesondere Recherchearbeit. Natürlich kann man weitgehend im Internet recherchieren, aber persönliche Kontakte und Informationen aus erster Hand sind Gold wert. Die eigenen Unterlagen müssen mehrfach überarbeitet und optimiert werden und auf Interviews will man sich gut vorbereiten. All das kostet viel Zeit und ist parallel zu einem anstrengenden Job oder zu einer Promotion oder Masterarbeit nur dann zu schaffen, wenn man seine Zeit sorgfältig einteilt und das eigene Vorgehen plant. Dazu gehört auch, klare Prioritäten zu setzen. Doktoranden, die erst dann, wenn sie ihre Arbeit fertiggestellt haben, anfangen, sich mit ihrer Bewerbung zu beschäftigen, müssen sich aus der Arbeitslosigkeit heraus bewerben, wenn sie nicht noch eine kurz befristete Stelle als Postdoc ergattern. Arbeitslosigkeit ist nicht zwangsläufig ein Hindernis auf dem Weg zu einer guten Stelle, aber es erhöht den Druck auf den Suchenden und beeinflusst seine Entscheidungen. Berufstätige, die einen Stellenwechsel anstreben, verschieben die Stellensuche häufig auf das Wochenende, den Urlaub oder die Zeit zwischen Weihnachten und Neujahr und müssen dann feststellen, dass es so schnell nicht geht.

Sinnvoller ist es, die Stellensuche wie ein Projekt zu betreiben und auch so zu planen. Am Anfang steht die Formulierung eines Ziels. Dieses sollte so genau wie möglich definiert werden und präzise Zeit- und Ortsangaben enthalten. Änderungen können Sie später immer noch vornehmen.

Wenn Sie den Endpunkt des Projekts definiert haben, geht es rückwärts: Rechnen Sie damit, dass Unternehmen rund drei bis vier Monate für einen internen Auswahlprozess von der Stellenausschreibung bis zur Besetzungsentscheidung benötigen. Das gilt insbesondere dann, wenn es aufwendige Testverfahren gibt oder viele Personen an der Entscheidung beteiligt sind, was im Übrigen eher für als gegen ein Unternehmen spricht. Ist also z.B. der Wunschtermin der 01.01.2013 und man rechnet vier Monate zurück, kommt man auf den 01.09.2012. Da Sie sich nicht nur bei einem Unternehmen bewerben, sondern möglichst bei mehreren in die nähere Auswahl kommen wollen, geben Sie noch zwei Monate zu, die mit Bewerbungen, Vorstellungsgesprächen, Tests und anderen Aktivitäten ziemlich angefüllt sein können. Dies ist in unserem Beispiel der 01.07.2012. Hinzu kommt die Zeit, die Sie benötigen, um sich über Ihre Ziele klar zu werden, Ihre Kompetenzen und Stärken herauszufinden und das Ganze in Form guter Bewerbungsunterlagen zu Papier zu bringen. Das geht, wenn Sie sich voll darauf konzentrieren, auch in vier Wochen, aber wenn es nebenher geschehen muss, planen Sie auch dafür lieber zwei Monate ein, womit wir in unserem Beispiel beim 01.05.2012 angekommen sind. Damit würden also von der Erstellung der Bewerbungsunterlagen bis zum Abschluss des Arbeitsvertrags acht Monate vergehen.

Fachleute gehen bei Fach- und Führungskräften von einer durchschnittlichen Suchdauer von neun Monaten aus. Dem kommen wir recht nah, denn bisher ist noch kein Posten „Unvorhergesehenes" eingeplant. Zudem haben wir auch noch nicht berücksichtigt, dass wichtige Messetermine nicht immer dann sind, wenn wir sie sinnvollerweise in unserem Projekt gerne hätten. Denken Sie zudem an Dienstreisen, Fortbildungen, Urlaub, Prüfungen und sonstige Phasen, in denen Sie nicht an Ihrem Projekt arbeiten können. Daraus ergeben sich dann Ihre Meilensteine, anhand derer Sie Ihren Projektverlauf be-

Beispiele für Projektziele
„Mein Ziel ist es, am 01.01.2013 eine Stelle als Produktmanager in einem Pharmaunternehmen in Deutschland anzutreten, das Medikamente gegen Infektionskrankheiten entwickelt und vertreibt."
Oder:
„Ich will bis zum 01.10.2012 eine Position als Application Manager bei einem Hersteller von DNA-Sequenziergeräten aufnehmen mit einem Einsatzgebiet in Deutschland oder Skandinavien."

Meilensteinplanung

01.05. Klärung persönlicher Ziele, Recherche und Erstellung Bewerbungsunterlagen

01.07. Bewerbungen und Vorstellungsgespräche

01.09. Beginn Auswahlverfahren im Zielunternehmen

01.01. Abschluss Arbeitsvertrag

obachten und ggf. anpassen können. Für Doktoranden ergibt sich damit bei guter Planung die Möglichkeit, dass sie ihre Unterlagen und Recherchearbeiten fertigstellen, bevor sie ihre Promotionsarbeit verfassen und sich dann – möglichst vor der abschließenden mündlichen Prüfung – schon bewerben können. Stelleninhaber, die wechseln wollen, können das Projekt natürlich in arbeitsreichen Phasen unterbrechen und es wieder aufnehmen, wenn es ruhiger wird. Oder sie können sich mit ihrer Planung an das Verhalten von Firmen anpassen, die normalerweise zu Jahresbeginn und im Frühjahr, wenn die Budgets für das laufende Jahr feststehen, und ggf. noch einmal nach der Sommerpause mehr Stellen ausschreiben. Dazwischen gehen die Anzeigen deutlich zurück. Genauso können Stellensuchende auf wichtige Fachmessen und sonstige Veranstaltungen Rücksicht nehmen. Nur planen sollten sie auf jeden Fall und diese Planung auch regelmäßig mit der Realität vergleichen. Andernfalls schieben sich im Alltag immer wieder die dringenden Themen nach vorne und verdrängen das Bewerbungsprojekt auf hintere Plätze.

12 Bewerbungen auf Stellenausschreibungen

12.1 Kontaktmöglichkeiten

Die Überschrift mag überraschend klingen. Vielleicht denken Sie: „Wieso Kontakt aufnehmen? Auf eine Anzeige hin schicke ich meine Unterlagen an die angegebene Adresse und warte, was passiert." Das kann man sicherlich so machen und hoffen, aus dem großen Stapel der eingegangenen Bewerbungen zielsicher ausgewählt zu werden.

Geschickter ist es jedoch, die Anzeige zum Anlass zu nehmen, um mit der Arbeitgeberseite telefonisch ins Gespräch zu kommen, und dazu bietet jede Ausschreibung vielfältige Möglichkeiten. Fragen zum Inhalt der Stelle, z.B. zu den Aufgaben, Verantwortlichkeiten, der Stellung im Team, Abteilungen, mit denen man zusammenarbeitet, richtet man am besten an einen Ansprechpartner aus der jeweiligen Abteilung. In der Regel ist in der Stellenausschreibung jemand als fachlicher Ansprechpartner benannt. Was liegt näher, als eine erste Kontaktaufnahme zu versuchen und mit einer Person aus dem angestrebten Arbeitsumfeld zu sprechen.

Fragen zum Unternehmen selbst oder zu den äußeren Begleitumständen einer Position, z.B. zu möglicher Befristung, ggf. Dauer und Grund der Befristung, Übernahmeperspektiven, Gründen für die Besetzung der Stelle, können hingegen eher von der Personalabteilung beantwortet werden. Diese Fragen richtet man an denjenigen, an den die Bewerbung geschickt werden soll. Gleiches gilt für Fragen zum Auswahlprozedere, z.B. wenn Sie einen abweichenden Einstellungstermin anstreben.

Auch wenn Sie nur eine kleine Detailinformation einholen wollen, sollten diese Telefonate immer gut vorbereitet werden. Was wollen Sie mit dem Telefonat erreichen? Geht es darum, einschätzen zu können, ob die Tätigkeit für Sie interessant ist, oder wollen Sie eher etwas über die Entwicklungsmöglichkeiten wissen? Passen Sie nicht genau ins Suchprofil und wollen ausloten, ob Sie sich dennoch bewerben sollten? Bereiten Sie die Fragen vor und machen Sie sich während des Telefonats Notizen. Sie werden viele Gespräche führen und am Ende eines Vormittags nicht mehr wissen, was Sie mit wem besprochen haben. Daher ist es wichtig, den Namen und die Telefonnummer Ihres Gesprächspartners zu notieren.

Überlegen Sie sich auch vorher, was Sie wissen wollen, aber nicht direkt erfragen können. Wie kann man indirekt danach fragen oder jemanden zum Erzählen animieren, so dass er mehr preisgibt, als er eigentlich vorhatte?

Seien Sie sich nicht frustriert, wenn Sie die gewünschte Person nicht gleich erreichen und von einer Sekretärin immer wieder vertröstet werden oder wenn zugesagte Rückrufe nicht erfolgen. Versuchen Sie, die Sekretärin zu ihrer Verbündeten zu machen. Wenn sie möchte, dass ihr Chef mit Ihnen telefoniert, wird ihr das auch gelingen. Überheblichkeit oder auch nur eine unbewusste Geringschätzung der Sekretärin gegenüber sind völlig fehl am Platz. Loben Sie sie oder appellieren Sie an ihre Kompetenz. Das kommt immer gut an. Manchmal hilft es auch, Personen außerhalb der üblichen Geschäftszeiten anzurufen, d.h. abends nach 18:00 Uhr, Freitagnachmittags nach 16:00 Uhr oder ggf. auch morgens zwischen 8:00 und 9:00 Uhr. Probieren Sie ein bisschen aus, womit Sie mehr Erfolg haben und was Ihnen liegt.

> Tipps für den erfolgreichen Telefonkontakt:
> – Versuchen Sie Ihren Ansprechpartner morgens vor dem üblichen Arbeitsbeginn zu erreichen.
> – Oder probieren Sie es freitags oder vor Feiertagen nach Büroschluss.
> – Machen Sie sich die Sekretärin zur Verbündeten.
> – Fragen Sie, ob Sie Ihre Kontaktperson mobil erreichen können, und erkundigen Sie sich nach Fahrten zum Flughafen, Wartezeiten auf Geschäftsreisen u.Ä., um diese Zeiten zu nutzen.

12.2 Vorstellen am Telefon

Wenn Sie den gewünschten Gesprächspartner am Telefon haben, sollten Sie sich kurz und interessant vorstellen können, bevor Sie auf den Grund des Telefonats zu sprechen kommen. Um sich telefonisch vorzustellen, haben Sie nicht viel Zeit. In maximal fünf Sätzen sollten Sie Ihre wichtigsten Botschaften transportieren können. Bitte verlassen Sie sich nicht darauf, dass Ihnen schon im richtigen Moment einfallen wird, was Sie sagen wollen. Schreiben Sie sich vorher auf, worum es Ihnen geht. Entscheidend sind die drei Aspekte, wer Sie sind, was Sie können und wohin Sie wollen.

Mit einer „Ich bin"-Aussage beschreiben Sie, was Sie ausmacht, z.B.:

„Ich bin Biologe mit Spezialwissen in der Toxikologie und arbeitet derzeit an …"

„Ich bin Chemikerin mit besonderer Kompetenz in der interdisziplinären Zusammenarbeit mit Biologen und Medizinern auf dem Gebiet …"

Sie dürfen dabei auch ruhig ein bisschen provozieren oder von der Norm Ihres Berufsstands abweichen, z.B:

„Ich bin eine ungewöhnliche Medizinerin, weil ich vor dem Studium eine kaufmännische Ausbildung gemacht habe und mich heute mehr mit wirtschaftlichen Aspekten der Medizin beschäftige und weniger unmittelbar mit Patienten arbeite."

> Ich bin ....
> ....
> ....
> Ich kann ....
> ....
> Ich will ....
> ....
> ....

„Ich bin ein Biologe, der sich schon früh mit großen Datenbanken beschäftigt hat und lieber am Computer saß als an der Bench stand. Derzeit mache ich …"

„Ursprünglich Mathematikerin, promoviere ich heute im Fach Biologie über statistische Methoden zur Erfassung von …"

Wichtig ist, dass Sie etwas finden, was exakt auf Sie zutrifft. Ihren derzeitigen Arbeitgeber müssen Sie zum jetzigen Zeitpunkt noch nicht nennen. Die Beschreibung ihrer Tätigkeit genügt. Es kann aber interessant sein, zu erwähnen, wo sie studiert oder promoviert haben. Das hängt von der Position ab.

Im Anschluss stellen Sie Ihre zwei bis drei wichtigsten Kompetenzen vor. In Abschnitt 11.1 finden Sie viele Hinweise, welche das sein können. Wenn Ihre eigentliche Stärke in der Organisation und Koordination komplexer Projekte liegt, machen Sie das deutlich, und zwar am besten mit einem Beispiel. Dafür sollten Sie allerdings nicht mehr als zwei bis drei Sätze aufwenden, z.B.:

„Ich habe vertiefte Kenntnisse in der Arbeit mit Hautzellen und Erfahrung mit Tierversuchen. Zudem verfüge ich über ein ausgeprägtes Organisationstalent. Das konnte ich feststellen, als ich ein internationales Studentensymposium organisiert habe."

„Ich habe bewusst nach dem Studium nicht promoviert und stattdessen ein Traineeprogramm bei … für Naturwissenschaftler gemacht, in dem ich viel über kaufmännische Zusammenhänge gelernt habe. Heute arbeite ich im Business Development bei einem mittelständischen Medizingerätehersteller."

Der letzte Teil der Vorstellung bezieht sich auf Ihre beruflichen Pläne. Bringen Sie zum Ausdruck, was Sie jetzt wollen, z.B. einen Start in den Beruf, eine berufliche Veränderung in eine bestimmte Richtung, einen Wechsel aus der akademischen Forschung in die industrielle usw. Eine Begründung für diesen Wunsch müssen Sie während dieser Kurzvorstellung nicht anführen. Sie können dann direkt überleiten zum Anlass Ihres Anrufs, nämlich Ihrer Frage zu einer ausgeschriebenen Position.

12.3 Anschreiben

Gute Anschreiben machen Arbeit, diese zahlt sich aber aus.

Anschreiben werden nämlich gelesen, weil der Empfänger sich einen ersten Eindruck darüber verschaffen will, was den Bewerber ausmacht und warum er sich auf die ausgeschriebene Stelle bewirbt. Während ein Lebenslauf ein Dokument ist, das in jede Bewerbung unverändert Einzug hält, wird das An-

Anschreiben sind immer individuell auf Anzeigen und Arbeitgeber zuzuschneiden.

schreiben jedes Mal neu für die jeweilige Zielposition formuliert. Und dafür steht inklusive Briefkopf, Adresse und Schlussformel nur eine Seite zur Verfügung. Da heißt es, auf den Punkt zu kommen.

Grundsätzlich sollte man im Anschreiben auf die Anforderungen der Stelle eingehen, auch auf die, die man nicht oder noch nicht erfüllt. Am besten geht das, indem man zunächst die gesamte Stellenanzeige nach offenen und versteckten Anforderungen durchsucht. Versteckt werden Anforderungen oft in den Eingangssätzen zum Unternehmen und in den Aufgabenbeschreibungen, z.B.:

„Wir sind ein stark expandierendes, junges Unternehmen, das sich in den letzten Jahren dynamisch entwickelt hat. Bei uns arbeiten Sie in einem jungen Team von qualifizierten Experten."

Bei einem solchen Text kann man davon ausgehen, dass dort auch junge, dynamische Menschen gesucht werden, die zudem noch über ausgeprägtes Expertenwissen verfügen oder bald verfügen sollen.

Ein weiteres Beispiel:

„Ihre Aufgabe ist die selbständige Betreuung unserer Anwendungen bei unseren Kunden in Skandinavien."

Selbst wenn in den Anforderungen dies nicht ausdrücklich erwähnt wird, ist damit zu rechnen, dass Reisebereitschaft und gute Englischkenntnisse gefordert sind.

Markieren Sie alle Anforderungen der in Frage kommenden Stellenanzeige farbig und verwenden Sie dabei zwei Farben, z.B. rot für die, die sie nicht erfüllen, und grün für die, die sie erfüllen. Wenn Sie zwei und mehr rote Markierungen haben, rufen Sie auf jeden Fall an, um zu klären, ob Ihre Bewerbung Chancen hat. Sie wollen schließlich effizient mit Ihrer Zeit umgehen. In Ihrem Anschreiben schildern Sie kurz, warum Sie diese Anforderungen erfüllen oder warum Sie sie ggf. in kurzer Zeit erfüllen werden.

Beispiel für Anschreiben

Anforderungen laut Stellenanzeige:
- Sie verfügen über ein abgeschlossenes Studium der Biologie oder Biochemie mit Promotion. Berufserfahrung wäre vorteilhaft, ist aber keine Voraussetzung.
- Sie haben Erfahrung mit molekularbiologischen Methoden, insbesondere mit DNA-Sequenzierung, PCR-Reaktionen, Genkonstruktionen etc.
- Sie verfügen über fundierte genetische Kenntnisse, vorzugsweise in der Arbeit mit der Hefe *Saccharomyces cerevisiae*.
- Sie sprechen fließend Deutsch und haben idealerweise sehr gute Englischkenntnisse in Wort und Schrift.
- Der geübte Umgang mit dem PC und MS-Office-Anwendungen (Word, Excel, PowerPoint) ist für Sie selbstverständlich.

– Bioinformatische Kenntnisse sind wünschenswert.
– Sie bringen ein sehr hohes Maß an Engagement und Teamfähigkeit mit.
– Sie haben Freude an eigenverantwortlichem Arbeiten und behalten auch in stressigen Situationen den Überblick.

Textausschnitt Anschreiben:
„… Im Studium habe ich mit verschiedenen molekularbiologischen Methoden gearbeitet, darunter DNA-Sequenzierung und PCR-Analysen. Während der Promotion an der Michigan State University konnte ich erste Erfahrungen in der Genkonstruktion machen. Außer Standardsoftware beherrsche ich verschiedene Datenbanksysteme und war in einem Fall an dessen Entwicklung beteiligt. Derzeit arbeite ich mit großer Freude in einem kleinen mikrobiologischen Labor, das sich mit der Konstruktion und Optimierung von Hefestämmen der *Saccharomyces cerevisiae* für industrielle und Forschungszwecke beschäftigt …"

Ihre Botschaft in diesem Teil des Anschreibens ist: „Ich kann das!" Dies sollten Sie untermauern, indem Sie schildern, was Sie wo gemacht oder gelernt haben. Bei einem Studienaufenthalt in den USA brauchen Sie dann an dieser Stelle nicht mehr zu erwähnen, dass Sie die englische Sprache beherrschen. Auch der Hinweis auf Ihre PC-Kompetenz ist hier entbehrlich, die wichtigen Anforderungen sollten Sie jedoch erwähnen. Wenn Sie im obigen Beispiel zwar mit dieser Hefe noch nicht gearbeitet hätten, aber mit einer anderen mit ähnlichen Merkmalen, so sollten Sie das schreiben.

Beispiel für Anschreiben (Variante)

Textausschnitt Anschreiben:
„… Mit Hefestämmen der *Saccharomyces cerevisiae* habe ich zwar noch keine Erfahrung gemacht, aber ich arbeitet derzeit mit Erfolg an der Konstruktion und Optimierung von Stämmen der …, so dass ich überzeugt bin, mich schnell in die Besonderheiten der *Saccharomyces cerevisiae* einarbeiten zu können …"

Wenn ein Unternehmen derart viele Anforderungen auflistet, so dass Sie nicht auf alle im Einzelnen eingehen können, dann können Sie sich auf generelle Aussagen beschränken und eine der Anforderungen besonders betonen, z.B.:
„… umfangreiche Laborerfahrungen mit verschiedenen molekularbiologischen Methoden, darunter auch PCR-Analysen …"
Oder: „Durch verschiedene berufliche Station mit vielfältigen Fragestellungen der Fermentierung vertraut, war insbesondere … immer eine besondere Herausforderung …"
Die spezifischeren Kompetenzen ergeben sich dann aus Ihrem Kompetenzprofil, dazu Abschnitt 14.2.
In jedes Anschreiben gehört auch mindestens eine Aussage zur Motivation des Bewerbers. Nicht umsonst wird in eng-

Motivation für die Bewerbung – gehört in jedes Anschreiben

lischsprachigen Ländern der Begriff „Letter of Motivation" verwandt. Die Motivation ist sehr wichtig und soll dem Leser den Eindruck vermitteln, dass der Bewerber sich gerade für diese Stelle ganz besonders interessiert. Anschreiben mit der Aussage „Mein Vertrag an der Uni läuft Ende des Jahres aus, daher schicke ich Ihnen meine Unterlagen" landen auf dem Stapel mit Absagen, wenn der Bewerber nicht gerade über sehr nachgefragtes Know-how verfügt. Und selbst dann wird man ihn nur zum Interview einladen, sofern es keine Alternative gibt.

Sie sollten ehrlich, aber durchaus ein wenig enthusiastisch schreiben, was Sie an der ausgeschriebenen Position reizt. Im obigen Beispiel soll eine Stelle als Laborleiter mit Projektverantwortung besetzt werden. Hier können Sie deutlich machen, dass Sie gerne Verantwortung für ein Team übernehmen und es Ihnen Freude bereitet, Mitarbeiter zu führen, Prozesse zu optimieren und Kundennutzen zu stiften. Wenn Sie dann noch ein Beispiel anführen, in dem Ihnen das gelungen ist, machen Sie Ihre Leser neugierig, Sie kennenzulernen.

Warum ehrlich und nicht taktisch an die Sache herangehen? Stellen Sie sich vor, an der Laborleitung interessieren Sie besonders die Mitarbeiterführung und die Prozessoptimierung und weniger die inhaltlichen Aufgaben. Aus Sicht der für die Besetzung Verantwortlichen sind diese Aspekte aber unwesentlich, jedenfalls nicht bestimmend für die Auswahl. Stattdessen will man lieber jemanden, der methodisch genau ins Profil passt. Dann sind Sie hier falsch und das auch dann, wenn Sie im Anschreiben ausführlich über Ihr Methodenwissen berichten und auf den Rest nicht eingehen. Man lädt Sie dann zwar vielleicht ein, aber im Gespräch wird sich herausstellen, dass Ihre Erwartungen und die der anderen Seite nicht zusammenpassen. Die Chance, auf einer nicht passenden Stelle zufrieden zu sein, ist nicht sehr groß und führt unter Umständen schon in der Probezeit zu einer Trennung.

Anschreiben als Einladungskarte zum Kennenlernen

Aus diesem Grund ist eine authentische Beschreibung der eigenen Person notwendig, um gezielt die richtigen Leser auf sich aufmerksam zu machen. Ein gutes Anschreiben ist dann wie eine Einladungskarte, die Lust macht, Sie näher kennenzulernen.

Deshalb sollten Sie Ihre zentralen Botschaften möglichst gut formulieren, und das jedes Mal neu, damit Ihr Schreiben optimal auf die ausgeschriebene Stelle passt. Planen Sie dafür zunächst etwa einen halben Tag ein. Wenn Sie dann bestimmte Sätze immer wieder verwenden, werden Sie vielleicht etwas schneller, aber unterschätzen Sie Ihren Aufwand trotzdem nicht. Außerdem gilt: eine Nacht darüber schlafen, noch einmal lesen und dann erst wegschicken.

Ein Anschreiben ist übrigens auch dann erforderlich, wenn Sie Ihre Unterlagen per E-Mail versenden. Allerdings sehen die Online-Bewerbungstools das nicht immer vor (Abschnitt 14.4). Häufig gibt es aber einzelne Textfelder, in die Sie Ihre Erfahrungen und Ihre Motivation eintragen können. Auch hier sollten Sie sorgfältig formulieren.

13 Initiativbewerbungen

13.1 Gezielte Direktansprache statt Blindbewerbung

Gelegentlich wird noch der Ausdruck „Blindbewerbung" für Bewerbungen verwendet, die unaufgefordert versendet werden. Wer sich professionell um seine berufliche Zukunft kümmert, bewirbt sich nicht „blind" irgendwohin, aber er ergreift die Initiative und wartet nicht auf Stellenangebote der Arbeitgeber. Als Unternehmer in eigener Sache überlegt er, was seine stärksten Kompetenzen sind und wo er damit den größten Nutzen stiften kann, und schreibt diese potenziellen Interessenten an. Es handelt sich also um eine zielgruppenorientierte Direktansprache.

Dieser Weg der Bewerbung ist besonders dann erfolgversprechend, wenn Sie bereits Berufserfahrung mitbringen. Immerhin erscheinen nur etwa ein Drittel aller Stellen auf dem offenen Stellenmarkt, werden also ausgeschrieben oder der Bundesagentur für Arbeit gemeldet. Die übrigen Stellen werden unternehmensintern durch vorhandene Mitarbeiter besetzt oder von außen über Netzwerke, Kontakte der eigenen Mitarbeiter und über Interessenten, die sich zum richtigen Zeitpunkt bemerkbar gemacht haben. Nur wenige Firmen legen eine Bewerberdatenbank an, die sie bei jeder frei werdenden Stelle durchsuchen. Die meisten sind darauf angewiesen, dass sich jemand zum richtigen Zeitpunkt meldet, oder sie werden selbst aktiv. Es ist also für einen Chef, der von der Kündigung einer geschätzten Mitarbeiterin erfährt und zunächst ziemlich ratlos ist, durchaus erfreulich, wenn er bereits wenige Tage später eine passende Initiativbewerbung in seinem E-Mail-Eingang findet. Sie können also mit der richtigen Argumentation zum passenden Zeitpunkt freie Stellen für sich erschließen. Zudem können Sie mit Hilfe von Initiativbewerbungen schnell und ergebnisorientiert den für Sie in Frage kommenden Arbeitsmarkt testen. Wenn Sie zunächst kein positives Feedback bekommen, können Sie entweder die Zielgruppe erweitern – z.B. auf regionaler Ebene – oder abwarten und es sechs Monate später noch einmal versuchen. Sehr gesuchte Spezialisten testen durch Direktansprache ihren Marktwert. Da sie auf diese Weise häufig zu Gesprächen eingeladen werden, wissen sie innerhalb weniger Wochen, wie gut ihre Chancen sind, und können ggf. verschiedene Angebot miteinander vergleichen.

13.2 Identifizierung der Zielgruppe

Zunächst gilt es, zu ermitteln, welche öffentlichen Einrichtungen, Firmen oder Non-Profit-Organisationen aufgrund des eigenen Profils und der eigenen beruflichen Ziele in Betracht kommen. Auch wenn Sie hören, dass eine Organisation angeblich keine Initiativbewerbungen will, weil sie diese nicht mit vertretbarem Aufwand an die richtige Stelle bringen können, lassen Sie sich bitte nicht abschrecken. Ihre Bewerbung richten Sie ohnehin am besten an die, die es angeht, und das sind Ihre potenziellen künftigen Chefs. Diese Adressaten können Ihr Profil einschätzen und erkennen, auf welche Stellen Sie jetzt oder in naher Zukunft passen könnten.

Wenn Ihnen klar ist, in welcher Art von Organisation Sie arbeiten wollen, beginnt der Rechercheprozess. Es geht darum, all die Organisationen zu finden, die für Ihre beruflichen Ziele relevant sind, und möglichst viele Informationen über sie zu sammeln. Geeignete Unternehmen können Sie gewöhnlich über Brancheninformationsdienste oder Verbände herausfinden. Anschließend können Sie dann gezielt weiter recherchieren, z.B. in den Websites der jeweiligen Firmen, in Messemeldungen, Newslettern verschiedenster Quellen, Xing-Gruppen, im eigenen Netzwerk und in der Wirtschaftspresse.

Sollen öffentliche Einrichtungen oder Non-Profit-Organisationen angesprochen werden, helfen ggf. Fachzeitschriften und Internetforen weiter. Wichtig ist, möglichst viel über allgemeine Trends der spezifischen Zielgruppe und Besonderheiten einzelner Organisationen zu erfahren. Sind Sie bereits in der entsprechenden Branche tätig, dann sind Ihnen diese Dinge ohnehin bekannt und Sie können vielleicht direkt auf Ihre persönlichen Kontakte zugehen oder kennen jemanden, von dem Sie alle notwendigen Informationen bekommen können. Wollen Sie aber die Branche wechseln oder suchen Sie direkt nach einer Ausbildung eine Stelle, so benötigen Sie eine gründlichere Vorbereitung.

Angenommen, Sie haben bereits gezeigt, dass Sie Forschungsergebnisse in die Anwendung bringen können und wollen nun ihre Fachkompetenz im Bereich „Biopolymere" in einem innovativen Umfeld einsetzen, dann werden Sie nach entwicklungsstarken Unternehmen auf diesem Sektor suchen. Wenn Sie als Spezialist im Bereich Immunologie Ihre Kreativität in die Impfstoffentwicklung einbringen wollen, handelt es sich bei Ihrer Zielgruppe um Unternehmen, die sich mit der Erforschung und Entwicklung von Impfstoffen beschäftigen. Diese Gruppe können Sie je nach persönlichen Zielen weiter eingrenzen, beispielsweise auf Impfstoffe für Tiere oder für Menschen, gegen bestimmte Krankheitsbilder usw. Über Ihre Recherchen erfahren Sie, welche grundsätzlichen Aufgaben im

XING, bis 2006 Open Business Club, ist eine webbasierte Plattform zur Pflege geschäftlicher Kontakte mit über 10 Millionen Nutzern, davon ca. 4 Millionen aus Deutschland, Österreich und der Schweiz.

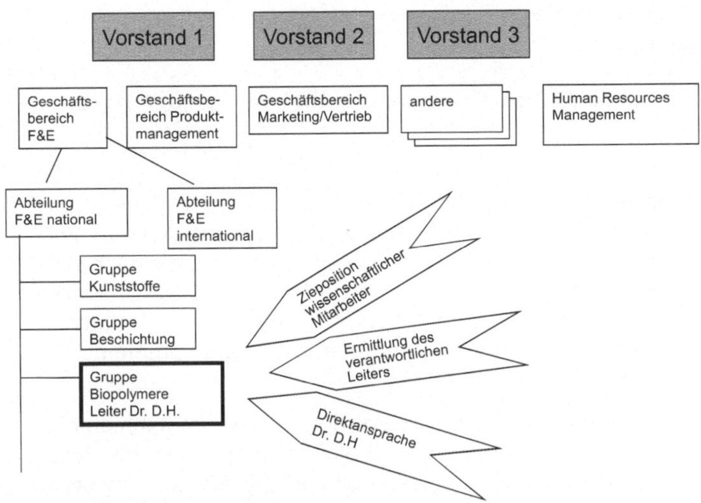

Abb. 13.1 Identifizierung eines relevanten Bereichs in einem Unternehmen

jeweiligen Unternehmen zu lösen sind, welche offenen Fragen es noch gibt, welche Trends sich für die Zukunft erkennen lassen usw. Am Ende wissen Sie nicht nur sehr viel über technologische Fragestellungen Ihrer Zielorganisationen, sondern auch sehr viel über die wirtschaftlichen und regulatorischen Rahmenbedingungen (Abb. 13.1).

13.3 Persönliche Nutzenargumentation

Bevor Sie Ihre Zielgruppe ansprechen, überlegen Sie sich, welchen Nutzen Sie ihr bringen. Je vorteilhafter es für einen potenziellen Arbeitgeber wäre, sie einzustellen, desto mehr wird er sich für Sie interessieren. Zur Vorbereitung der Nutzenargumentation empfiehlt es sich, den Aufgaben, die bei diesem Arbeitgeber anfallen, Aspekte des eigenen Profils, die genau dazu passen, gegenüberzustellen. Wenn die Liste vollständig ist, sollten Sie den Aspekt, der den größtmöglichen Nutzen für das Unternehmen bringt, herausgreifen und in Ihrer Initiativbewerbung in den Vordergrund stellen. Finden Sie eine Überschrift für sich und Ihre Suche – je spezifischer desto besser –, die Sie dann über Ihr Schreiben setzen.

Im nächsten Schritt werden die wichtigsten Nutzenargumente in einen flüssigen Text gebracht. Am Ende sollte ein einseitiger, gut lesbarer Brief stehen, der den Empfänger neugierig macht, so dass er Sie kennenlernen möchte.

Beispiel für Initiativschreiben

Betr.: Projektmanagerin mit infektionsbiologischem Hintergrund sucht interessante Aufgabe

Sehr geehrte Damen und Herren,

als promovierte Biologin konnte ich in meiner Ausbildung und als wissenschaftliche Mitarbeiterin vielfältige Erfahrungen im Bereich der Infektionsforschung sammeln. Dieses Forschungsgebiet interessiert mich nach wie vor sehr. Jetzt suche ich eine Tätigkeit, die mich stärker an die praktische Verwendung von Forschungsergebnissen heranführt. Als Projektmanagerin im Bereich der Infektionsforschung sehe ich gute Möglichkeiten, mein Fachwissen anzuwenden und gleichzeitig meine persönlichen Kompetenzen bei der interdisziplinären Zusammenarbeit einzusetzen, um verwertbare Ergebnisse zu erzielen.

Ich habe zuletzt an .... gearbeitet und darüber meine Dissertation verfasst. Im Rahmen dieser Tätigkeit hatte ich Gelegenheit, ... Mein bisher anspruchsvollstes Projekt war die Organisation einer Bürgersprechstunde zum Thema „Infektionsherd Schule" mit Ärzten, Vertretern des Gesundheitsamts, Wissenschaftlern und Elternvertretern. Die Herausforderung bestand darin, die Zusammenarbeit in dieser heterogenen Gruppe so zu organisieren, dass am Ende eine gelungene Veranstaltung stattfand.

Ich bin es gewohnt, meine Arbeit gut zu planen und zu strukturieren. Auf diese Weise konnte ich kurze Studien- und Promotionszeiten einhalten, ohne mein Hobby Volleyball ganz zu vernachlässigen. Dabei arbeite ich sehr konzentriert und nutze gerne die Vielfalt und Kompetenz eines qualifizierten Teams, um zu guten Ergebnissen zu kommen. Dabei habe ich wiederholt feststellen können, dass Menschen sehr engagiert mit mir zusammenarbeiten.

Meine Kompetenzen und meine Motivation präsentiere ich Ihnen gerne näher in einem persönlichen Gespräch.

Mit freundlichen Grüßen

XY

13.4 Erste Schritte zur Selbstvermarktung

Lesen sollten diese Bewerbungsbriefe am besten die Personen, die die gesuchten Positionen zu vergeben haben. Es ist daher wichtig, die Briefe möglichst genau und korrekt zu adressieren, also Namen und Funktionsbezeichnungen herauszufinden. Das ist zugegebenermaßen keine leicht lösbare Aufgabe, da Firmen ihre Organigramme nicht mehr veröffentlichen und Telefonzentralen sowie Sekretariate inzwischen mit Personalinformationen sehr diskret umgehen. Mit etwas Anstrengung schafft man es aber manchmal doch, von dort die gewünschten Informationen zu bekommen. Sonst lohnt es sich eventuell, soziale Netzwerke oder Berufsverbände zu kontaktieren. Oft sind auch Messekontakte hilfreich, um die Namen der Ansprechpartner zu erfahren.

Einfacher ist die Identifizierung relevanter Führungskräfte in der öffentlichen Verwaltung und in Non-Profit-Organisationen. Manchmal findet man alles Notwendige auf der Website, in anderen Fällen erhält man bereitwillig Auskunft am Telefon.

Ist die gewünschte Person identifiziert, schreiben Sie ihr am besten per E-Mail. Senden Sie neben dem Bewerbungsbrief nur Ihren Lebenslauf mit. Wenn man Sie näher kennenlernen will, können Sie immer noch weitere Unterlagen nachreichen. Ganz wichtig ist, dass Sie Ihren Schreiben hinterhertelefonieren, wenn Sie nach ein bis maximal zwei Wochen noch nichts gehört haben. Fragen Sie, ob Ihr Schreiben für den Empfänger interessant war und versuchen Sie, ein möglichst ausführliches Feedback einzuholen, selbst wenn man Ihnen keine Stelle anbieten kann. Nur so erfahren Sie, ob Sie die Situation Ihrer Zielfirmen richtig erfasst haben oder nicht. Wichtig ist, dass Sie sich aktiv um eine Rückmeldung bemühen, und die sollte möglichst aus erster Hand kommen, selbst wenn es Ihre ganze Durchsetzungsfähigkeit fordert, mit der gewünschten Person verbunden zu werden.

Feedback zum Initiativschreiben

Situation erfasst ....

Nutzen dargestellt ....

Form ....

Telefonate sollten Sie gut vorbereiten und Ihre zentralen Aussagen zu den Fragen, wer sie sind, was sie können und was Sie wollen, verinnerlicht haben. Notieren Sie sich zudem, was Sie fragen möchten. Wenn Sie hartnäckig genug sind, bekommen Sie bestimmt den ein oder anderen wertvollen Tipp. Dabei geht es nicht so sehr darum, jeden gut gemeinten Rat gleich umzusetzen, sondern darum, rechtzeitig zu erkennen, ob Sie Ihre Zielgruppe richtig erfasst haben oder nicht.

Auch wenn diese Art der Direktansprache für Branchenfremde sehr aufwendige Recherchen notwendig macht, so ist sie doch ein Weg, zielgerichtet zu erfahren, ob Sie mit Ihrem Profil eine Chance haben, die von Ihnen angestrebte Position zu erreichen. Je spezifischer und kleiner Ihre Zielgruppe ist, desto schneller haben Sie alle potenziellen Arbeitgeber kontaktiert und wissen, ob man grundsätzlich an Ihrem Profil interessiert ist und nur das Timing nicht gestimmt hat – dann versuchen Sie es sechs Monate später wieder. Besteht hingegen kein oder wenig Interesse, dann ist vielleicht Ihr Profil noch nicht klar genug und Ihr Nutzen für das Unternehmen wird aus diesem Grund nicht erkennbar. Im Extremfall erfahren Sie, dass Sie auf andere Positionen besser passen und haben die Chance, eine Alternative zu entwickeln, ohne Monate mit Bewerbungen auf die falschen Ausschreibungen zu verlieren.

Die Initiativbewerbung funktioniert natürlich auch durch persönliches Vorsprechen. Sie kennen vielleicht auch Menschen, denen es gelungen ist, direkt bis zum Chef durchzudringen, sich dort zu präsentieren und das Unternehmen mit einem Stellenangebot wieder zu verlassen. Wenn Sie Gefallen an diesem Vorgehen finden, probieren Sie es aus. Der Vorbereitungsaufwand bleibt allerdings der gleiche. Überzeugen Sie mit einer präzisen Beschreibung Ihres Könnens und stellen Sie fachkundige Fragen, die zeigen, dass Sie wissen, worüber Sie sprechen.

Wem dieses Vorgehen allerdings nicht liegt, sollte sich damit auch nicht belasten. Ein guter schriftlicher Auftritt durch einen gelungenen Brief ist überzeugender als ein gequälter persönlicher Besuch, bei dem Sie unsicher wirken. Wichtig ist, dass Sie erkennen, welche der vielen Tipps für Sie auch umsetzbar sind.

14 Gute Bewerbungsunterlagen

14.1 Lebenslauf als Erfolgsbilanz

Menschen, die für die Personalauswahl verantwortlich sind, bestätigen, dass der Lebenslauf das entscheidende Dokument ist, das sie auf jeden Fall lesen und anhand dessen sie eine erste Vorauswahl treffen. Dabei sind auch keine Unterschiede auszumachen zwischen direkten Vorgesetzten und Verantwortlichen der Personalabteilung. Ein Lebenslauf muss daher in erster Linie aussagefähig sein, und zwar im Hinblick auf die Informationen, die den Leser interessieren. Ein potenzieller Arbeitgeber will erkennen, was der Bewerber bisher geleistet hat, und schließt daraus, ob er die künftigen Aufgabenstellungen ebenfalls erfolgreich bewältigen wird. Somit ist ein überzeugender Lebenslauf nie eine bloße Aufzählung von absolvierten Stationen, sondern ein Inventarverzeichnis über die bisherigen Leistungen. Dazu gehören natürlich alle erreichten Abschlüsse (Diplom, Master, Promotion usw.), aber auch die erzielten Ergebnisse in den jeweiligen Phasen beruflicher oder ggf. auch außerberuflicher Tätigkeit. So sind vielleicht nicht nur die hohen Umsätze, die man als Vertriebsmanager in einem Pharmakonzern erzielt hat, erwähnenswert, sondern auch die zufriedenen Restaurantgäste, die man im Rahmen eines Studentenjobs als Kellner bedient hat.

Bevor Sie sich jetzt mit der Frage beschäftigen, was alles in Ihren Lebenslauf aufgenommen werden soll, sollten Sie sich zunächst mit Ihrer Erfolgsbilanz zu beschäftigen.

Listen Sie in verschiedenen Spalten Ihre Erfolge und Ihre Misserfolge auf und beschreiben Sie Ihren Anteil daran. Dabei geht es nicht um Ihren prozentualen Anteil an einem Ergebnis, sondern um Ihren Leistungsbeitrag und die Frage, auf welche Ihrer Fähigkeiten und Persönlichkeitsmerkmale der zurückzuführen ist. Erst wenn Sie sich ganz sicher sind, dass Sie wirklich alles vollständig erfasst haben, prüfen Sie bitte noch einmal, ob alle Misserfolge auch tatsächlich welche sind. Manchmal steckt in einem vermeintlichen Misserfolg durchaus ein Erfolg, selbst wenn der anders aussieht als ursprünglich gedacht. So ist nicht jede misslungene Versuchsreihe im Labor ein Misserfolg. Vielleicht hat man dadurch frühzeitig gelernt, Ideen zu verwerfen und neue zu suchen, was in Forschungsabteilungen von Unternehmen wichtig ist, die nicht so lange an Zielen fest-

Erfolge	mein Anteil daran
...	...
...	...
...	...
Misserfolge	mein Anteil daran
...	...
...	...
...	...

halten wie die akademische Forschung. Ähnlich verhält es sich mit abgebrochenen Ausbildungen oder Studiengängen. Etwas hat man immer gelernt und zudem die Erkenntnis gewonnen, dass ein anderer Weg der bessere ist. Hilfreich ist es, im Anschluss die Erfolgsbilanz mit jemandem zu besprechen. In einem solchen Gespräch werden Ungereimtheiten deutlich, die Perspektiven verändern sich und Ihnen fällt manch neues Argument ein. Am Ende des Prozesses haben Sie Ihre Erfolgsbilanz vor sich liegen und damit eine Grundlage für Ihren Lebenslauf.

Und schließlich noch ein Hinweis für das Arbeiten in akademischen Einrichtungen: Der Erfolg einer Forschungstätigkeit besteht weniger in der publizierten Arbeit, sondern vielmehr im Erkenntnisgewinn selbst und/oder im Erwerb von Methodenkompetenz. Diese Leistungen mündet dann in der Regel in einer wissenschaftlichen Veröffentlichung.

Anforderungen an den Lebenslauf: Unterscheidbarkeit

„Wenn ich Bewerbungsunterlagen von Biologen bekomme, sehen die alle gleich aus – ich weiß wirklich nicht, was ich da machen soll", stöhnte ein verantwortlicher Manager eines großen Medizingeräteherstellers auf der Biotechnica 2009. Was war hier passiert? Bewerber haben sich vermutlich alle an die gleichen Regeln gehalten, also ihre Lebensläufe so verfasst, wie das z.B. für eine Bewerbung um eine Postdoc-Stelle üblich ist. Das Ergebnis ist, dass jemand, der für die Personalauswahl verantwortlich ist, gar keine Chance hat, zu erkennen, wer wirklich auf eine zu besetzende Stelle passt. Neben der Aussagefähigkeit eines Lebenslaufs ist dessen Unterscheidbarkeit von anderen also ein wichtiges Kriterium bei der Personalauswahl. Durch die Darstellung der Erfolgsbilanz wird verhindert, dass berufliche Stationen bloß aufgezählt werden. Vielmehr wird deutlich, was ein Bewerber erreicht hat und worin er sich von anderen unterscheidet.

Beispiele für Lebenslaufformulierungen

Beispiel 1:

Seit Mai 2009   Xy GmbH, A-Stadt, Produktmanagerin ... für Europa

Erhöhung des bisherigen Jahresumsatzes um jährlich 10 Prozent durch Erschließung neuer Märkte in Osteuropa;
Erstellung und Umsetzung eines Marketingplanes für 2010 mit einem Volumen von ... Euro zur wirksamen Unterstützung der geplanten Umsatzsteigerungen

Beispiel 2:

Seit Januar 2008   Außeruniversitäres Forschungszentrum B-Stadt, Institut für ..., wissenschaftlicher Mitarbeiter

Etablierung neuer grundlegender Labormethoden in einem vierköpfigen, interdisziplinären Team, wie zum Beispiel genomweite RNA-Interferenz(RNAi)-Experimente und zelluläre Assays, die bei Kollaborationspartnern Anwendung finden;
Sicherstellung gleichbleibender Laborstandards durch die Einführung von Qualitätsmanagementinstrumenten wie Festlegung von Prüfstellen; Überwachung der Daten an den Prüfstellen, Dokumentation von abweichenden Ergebnissen

Beispiel 3:

Seit September 2009   Universität C-Dorf, Forschungsgruppe ..., wissenschaftliche Mitarbeiterin

Durchführung von mikrobiologischen und biochemischen Untersuchungen zum anaeroben Abbau von aromatischen Kohlenwasserstoffen zur Identifizierung neuer Abbaumechanismen und der daran beteiligten Enzyme/Gene;
Abschluss der Dissertation voraussichtlich im 3. Quartal 2012

Beispiel 4:

Seit Oktober 2008 Universität D-Burg,
                   Studium der Biotechnologie im Masterstudiengang ...
                   mit den Studienschwerpunkten ...
                   Abschluss Master of Science voraussichtlich Frühjahr 2013

Seit Januar 2009   Aushilfstätigkeit im Labor...
Parallel dazu   Aufbereitung von Gewässerproben und Durchführung von Analysen zur Bestimmung des Schadstoffgehalts; selbständige Dokumentation der Ergebnisses in einer unternehmensweiten Datenbank als Grundlage für langfristige Vergleichswertermittlungen

Auf diese Weise stellen Sie für jeden Abschnitt Ihres Lebenslaufs Ihre Erfolge heraus. Wenn diese Erfolge nicht alleine auf Ihre Anstrengungen zurückzuführen sind, sondern das Ergebnis einer Arbeit im Team, so machen Sie auch das deutlich. Auf diese Weise wird Ihr Lebenslauf unverwechselbar und für den Leser entsteht ein greifbares Bild von Ihren Kompetenzen und bisherigen Leistungen.

Der auf diese Weise entstandene Rohentwurf Ihres Lebenslaufs erscheint Ihnen zu lang? Dazu zunächst ein paar Gedanken zur zulässigen Länge eines Lebenslaufs: Wenn der Lebenslauf das wichtigste Dokument in einer Bewerbungsmappe ist und er zudem auch noch vollständig sein sollte, warum dann ausgerechnet hier alles auf engstem Raum darstellen? Mit Zeugnissen, Testaten und sonstigen Bescheinigungen wird ja auch nicht an Platz gespart. Nehmen Sie sich also für Ihren Lebenslauf den Platz, den Sie brauchen, um einen vollständigen Eindruck von sich zu verschaffen!

Umfang und Gestaltung des Lebenslaufs

Fragen Sie sich aber, was für diesen Eindruck von Bedeutung ist und was Sie weglassen dürfen. Dies verändert sich im Lauf eines beruflichen Werdegangs immer wieder.

So kann schon der Hochschulabsolvent die Darstellung seiner schulischen Laufbahn auf die allgemeine oder fachgebundene Hochschulreife beschränken. Dafür sollte er seine Ferienjobs und Aushilfstätigkeiten, seinen Wehr- oder Zivildienst und Vergleichbares durchaus darstellen, da die hier erzielten praktischen Erfahrungen – auch wenn sie fachlich wenig Bezug zu seinem Studienfach haben – den Eindruck abrunden und für den Berufseinstieg relevant sind. Die Grundschule hingegen ist nicht mehr wichtig.

Die Produktmanagerin mit über zehn Jahren Berufserfahrung kann wiederum ihre Kellnertätigkeiten während des Studiums und ihre Ferienjobs oder Praktika weglassen, da sie die hier erworbenen Kompetenzen längst an anderer Stelle erneut und in einer spezifischeren Art gezeigt hat. Generell lässt sich sagen, je länger etwas zurückliegt, desto knapper sollte die Darstellung sein. So können mit zunehmender Berufserfahrung ggf. auch die Anfangsjahre unter einem Sammelpunkt dargestellt werden, insbesondere dann, wenn sie in ein und demselben Unternehmen stattgefunden haben.

Beispiel:

1990–1995   xy-AG, E-Berg,
            Verschiedene Funktionen im Bereich
            Vertrieb/Marketing und im Vorstandsbüro,
            teilweise mit selbständiger Projektverantwortung

Rubriken in Lebensläufen:
– beruflicher Werdegang
– Ausbildung
– Weiterbildung
– Sprach- und IT-Kompetenzen

Auch hinsichtlich der Gliederung eines Lebenslaufs gibt es keine einheitliche Empfehlung. Welche Rubriken Sie bilden, hängt von individuellen Voraussetzungen ab. So ist es für berufserfahrene Bewerber sinnvoll, mehrere Überschriften zu bilden.

Hochschulabsolventen können häufig Ausbildung und erste Berufserfahrungen durch Praktika oder Aushilfstätigkeiten besser in einem Block darstellen, da damit der zeitliche Zusammenhang klarer wird. Dies gilt auch, wenn vor dem Studium bereits eine Berufsausbildung abgeschlossen wurde. Entscheidend ist die Lesbarkeit und Übersichtlichkeit. Diese kann man nur durch Ausprobieren verschiedener Varianten ermitteln.

Die Rubrik „Weiterbildung" lädt manchmal dazu ein, eine Vielzahl von besuchten Kursen, Eintagesveranstaltungen, Uni-Seminaren, Fernlehrgängen usw. aufzuführen. Unter dem Blickwinkel der Aussagefähigkeit empfiehlt sich, eine Beschränkung vorzunehmen und dabei auf Klasse statt Masse zu setzen, d.h. Maßnahmen auszuwählen, die wenigstens eines der nebenstehenden Kriterien erfüllen.

Die Maßnahmen sollten dann mit Angaben zum Zeitpunkt, der Bildungseinrichtung (ggf. unternehmensintern) mit Ortsangabe sowie dem erworbenen Titel bzw. der Bezeichnung der Bildungsmaßnahme versehen werden.

Zum Punkt „Sprach- und IT-Kenntnisse" gehört in Ihren Lebenslauf, was wichtig ist. Der Umgang mit Standardsoftware ist mittlerweile so selbstverständlich, dass Sie ihn nicht erwähnen müssen; Spezialkenntnisse sind hier interessanter. Bei der Darstellung Ihrer Sprachkenntnisse geben Sie an, wie kompetent Sie in der jeweiligen Sprache sind, z.B. Muttersprache, verhandlungssicher, fließend in Wort und Schrift, Grundkenntnisse. Die Verwendung solcher Begriffe ist zwar recht ungenau, für den ersten Eindruck aber völlig ausreichend. Kommt es auf Ihre Sprachkenntnisse an, werden Sie in Interviews intensiv danach befragt oder getestet.

Mitgliedschaften, Auszeichnungen und Freizeitaktivitäten sollten Sie nur dann auflisten, wenn sie für andere wichtige Informationen über Ihren Werdegang enthalten. So deutet ein Preis im Wettbewerb „Jugend forscht" auf die Zielstrebigkeit oder Leidenschaft eines Nachwuchswissenschaftlers oder eine Auszeichnung für ein soziales Engagement auf die persönliche Haltung einer Führungskraft hin.

Eine übersichtliche Gestaltung des Lebenslaufs erhöht die Lesbarkeit und verstärkt einen positiven Eindruck. Testen Sie, was für die Augen am angenehmsten ist. Sie wollen schließlich inhaltlich überzeugen und keine Arbeitsprobe als Grafiker abgeben. Und bedenken Sie dabei: Ihr Lebenslauf ist nicht der einzige, der von den maßgeblichen Entscheidern gelesen wird, sondern einer unter vielen. Deshalb sollten Sie angenehm auffallen, aber keineswegs nerven. Mir ist niemand bekannt, der wegen zu großer Schlichtheit seiner Unterlagen abgelehnt wurde, aber ich kenne einige, die wegen zu künstlerischen, zu bemühten oder anderweitig überzogen wirkenden Darstellungen eine Absage erhielten.

14.2 Kompetenzen und Erfahrungen im Überblick

Neben dem Lebenslauf kann es sinnvoll sein, in einem gesonderten Papier die erworbenen Kompetenzen darzustellen. Dies kann eine Projektliste sein, wenn der Bewerber viele und unterschiedliche Projekte alleine oder gemeinsam mit anderen verantwortet hat. In anderen Fällen ist es zweckmäßiger, ein Kompetenzprofil anzulegen.

Kriterien bei der Auswahl von Weiterbildungsmaßnahmen für den Lebenslauf:
- akkreditierte Aus- oder Weiterbildung mit Abschlussprüfung
- andere umfangreiche Fortbildung (ab einer Woche Gesamtdauer)
- besonders relevant für den eingeschlagenen Berufsweg
- zeitnah (in den letzten fünf Jahren)
- besonders renommiertes Fortbildungsinstitut
- Fortbildung im Ausland

Formulierungen für Sprachkompetenzen:
- Muttersprache
- fließend in Wort und Schrift
- verhandlungssicher
- sicher in Fach- und Umgangssprache
- Grundkenntnisse
- arbeitsfähig

Regeln zur Gestaltung eines übersichtlichen Lebenslaufs:
- nur einen Schrifttyp verwenden
- nur zwei Schriftgrößen verwenden, keine davon kleiner als 11
- wenn mehrfarbig, dann maximal zwei Farben und die zweite Farbe nur sehr sparsam verwenden
- ggf. sparsam Fettdruck einsetzen
- breiter linker Rand von ca. einer viertel Seite, der für Überschriften und Datumsangaben genutzt wird; übrige Ränder 2 bis 2,5 cm
- Rahmen und Linien gar nicht oder nur reduziert einsetzen

Projektliste
Forschungsprojekte
…
…
…
Organisationsprojekte
…
…
…
Kooperationen
…
…

Die Projektliste betont wie der Lebenslauf den Erfolg des durchgeführten Projekts und den eigenen Anteil daran. Dabei wird deutlich gemacht, in welcher Stellung man in der Projektorganisation gestanden hat (z.B. als Projektleiter, Projektsteuerer, Teilprojektleiter, Projektmitarbeiter), um zu zeigen, welchen Grad an Verantwortung man hatte. Wenn man darüber hinaus Budgetverantwortung hatte, ist es sinnvoll, dies zu erwähnen.

In der Diktion finden sich daher keine Unterschiede zum Lebenslauf, die Daten müssen in der Projektliste allerdings nicht so exakt sein. Jahreszahlen sind hier ausreichend, um deutlich zu machen, welche Themen zeitnah bearbeitet wurden und welche länger zurückliegen.

Beispiele für Projektlisten (Auszüge)

Beispiel 1:

2005–2006
Im Rahmen des Projekts zur Einführung des neu entwickelten Geräts … zur DNA-Sequenzierung in Mitteleuropa Leitung des Teilprojekts „Ausbildung und Einweisung der Application Manager" durch Konzeption von Schulungen, Erstellung eines Handbuchs und Organisation einer Hotline

Beispiel 2:

2008
Mitwirkung im Reorganisationsprojekt Zusammenführung der Labore A-Stadt und B-Dorf in A-Stadt durch die selbständige Planung der künftigen Laborausstattung in Form eines Budget- und eines Zeitplans unter Berücksichtigung der Weiterverwendung vorhandener Laboreinrichtungen und der notwendigen Neuanschaffungen einschließlich aller Bau- und Installationsmaßnahmen

---

In dieser Weise können alle Projekte (wozu auch Teilprojekte gehören) in zeitlicher Reihenfolge aufgelistet werden. Ist die Liste länger als eine Seite, empfiehlt sich eine thematische Struktur nach verschiedenen Themengebieten. So könnte eine Unterteilung in Forschungs- und Entwicklungsprojekte, Organisationsprojekte, Marketingprojekte und Kooperationen vorgenommen werden. Die Erfahrungen des Bewerbers entscheiden über die jeweilige Auswahl der Cluster.

Hat jemand wenig Projekterfahrung, ist die Erstellung einer Kompetenzliste die passende Alternative. Auch dafür empfiehlt sich eine Clusterbildung. Eine Struktur, die fast immer passt, ist die Unterscheidung in fachliche, methodische und persönliche Kompetenzen.

Unter fachlichen Kompetenzen versteht man alle Kenntnisse, die mit Wissen und Erfahrung zu tun haben, wie allgemeines und spezifisches Fachwissen oder technisches Ver-

Kompetenzprofil
fachliche Kompetenzen
(ggf. Unterteilung in allgemeine und spezifische)
…
…
methodische Kompetenzen
(ggf. Unterteilung in allgemeine und spezifische)
…
…
persönliche Kompetenzen

ständnis. Methodische Kompetenzen umfassen einerseits technische oder handwerkliche Methoden (z.B. Analysemethoden im Labor, Fertigungsmethoden aus der Produktion) und andererseits Arbeitsmethoden (Zeitmanagement, Medienkompetenz, Projektmanagementkompetenz). Persönliche Kompetenzen betreffen den Umgang mit sich selbst, die Interaktion mit anderen und die Auseinandersetzung mit Sachverhalten. Dazu gehören also intellektuelle Fähigkeiten (z.B. Auffassungsgabe und räumliches Vorstellungsvermögen) ebenso wie Handlungskompetenzen (z.B. Ausdauer oder interkulturelle Kompetenz) und soziale Kompetenzen (z.B. Konfliktfähigkeit).

Hier mag die Abgrenzung vielleicht nicht scharf genug sein, aber darauf kommt es für die Erstellung eines Kompetenzprofils nicht an. Ob Sie beispielsweise Ihre Präsentationsfähigkeit als methodische Kompetenz oder als persönliche Kompetenz betrachten, entscheiden Sie selbst. Viel wichtiger ist, dass Sie sich Ihrer Kompetenzen bewusst sind und diese benennen können. Dazu finden Sie im Anhang eine Begriffsauswahl.

Anschaulich wird ein solches Kompetenzprofil, wenn es sich nicht auf eine bloße Aufzählung beschränkt, sondern die Kompetenzen anhand konkreter Anwendungsfelder erläutert und graduiert werden. Auf diese Weise erfährt der Leser, welcher Art die Erfahrungen sind, die die Kompetenz begründen, und wie ausgeprägt die Kompetenz ist.

Es macht eben einen Unterschied, ob jemand erste Erfahrungen im Umgang mit einer bestimmten Technik hat oder diese sicher beherrscht.

Beispiel 1:
Statt „Lehrkompetenz"
lieber „nachhaltige Vermittlung wissenschaftlicher Sachverhalte an Schüler, Studenten und Doktoranden durch adressatengerechtes Aufbereiten des Lehrstoffes und regelmäßige Verständniskontrolle"

Beispiel 2:
Statt „Projektmanagementkompetenz"
lieber „mehrfach erfolgreiche fachliche und personelle Führung von Projektteams zu einem verabredeten Projektergebnis unter Einhaltung der Budgetvorgaben"

Beispiel 3:
Statt „Labormanagement"
lieber „laufende effiziente Organisation aller im Labor stattfindenden Arbeitsprozesse unter Einhaltung aller sicherheitsrelevanten Bestimmungen und Berücksichtigung eines sparsamen Verbrauchs von Ressourcen"

Beispiel 4:
Statt „interkulturelle Kompetenz"
lieber „erfolgreiche Formierung von internationalen Hochleistungsteams durch Moderation von Integrationsprozessen und adäquates Konfliktmanagement"

14.3 Publikationsliste, Zeugnisse, Referenzen und Bewerbungsfoto

Publikationsliste und Vortragsliste

Die Liste der Vorträge und Posterpräsentationen ist innerhalb der akademischen Welt ein äußerst wichtiges Informationsmedium, um die eigene wissenschaftliche Kompetenz darzustellen. Dies gilt sowohl für Bewerbungen als auch für Antragstellungen. Diese Bedeutung lässt sich auf andere Bewerbungssituationen aber keineswegs übertragen. Nur in Ausnahmefällen trifft man außerhalb der Universität auf Leser, die eine solche Liste verstehen und sich dafür interessieren. Daher lautet die Empfehlung an dieser Stelle: Publikationslisten und andere Darstellungen rein wissenschaftlicher Aktivitäten lieber weglassen, wenn sie nicht ausdrücklich angefordert werden. Es genügt der Hinweis auf wissenschaftliche Veröffentlichungen und Vortragstätigkeiten. Wenn sich dann doch jemand näher damit beschäftigen will, wird er eine solche Liste nachfordern. Das Weglassen der Publikationsliste in einer ansonsten vollständigen und gut durchdachten Bewerbung wirkt auf den Leser in Unternehmen nicht nachlässig, da sie nicht von Relevanz ist. Hingegen hinterlässt eine Bewerbung, die sich sehr auf die Darstellung wissenschaftlicher Leistungen fokussiert, in Unternehmen eher den Eindruck, dass dem Bewerber der Abschied aus der akademischen Forschung schwerfällt.

Zeugnisse

Der Wert von Arbeitszeugnissen wird sehr unterschiedlich beurteilt. Auf der einen Seite erwecken fehlende Zeugnisse unter Umständen Misstrauen und lassen Platz für Spekulationen über die Ausscheidensgründe. Auf der anderen Seite werden Zeugnisse vielfach als Gefälligkeitsgutachten betrachtet, deren Aussagen nur eingeschränkt verwertbar sind. Beides ist richtig. Zeugnisse müssen schon aus arbeitsrechtlichen Gründen wohlwollend sein. Wird ein Arbeitsverhältnis einvernehmlich beendet, ist der Text für das Zeugnis häufig Bestandteil der Aufhebungsvereinbarung und wird von den Verhandlungspartnern einvernehmlich abgestimmt. Auf der anderen Seite haftet der Arbeitgeber für den Wahrheitsgehalt, so dass er nicht wissentlich falsche Aussagen treffen wird. Er lässt ein strittiges Thema lieber weg. Weggelassenes bestimmt die Aussagekraft eines Zeugnisses eher als das, was drinsteht. Der Vorwurf, Zeugnisse seien schon deshalb unglaubwürdig, weil Mitarbeiter sich diese selbst schreiben, ist ebenfalls weit verbreitet. Es mag zwar zutreffen, dass Arbeitnehmer einen Entwurf erstellen, aber sie wissen häufig am besten, welche Arbeit sie verrichtet haben, und der Arbeitgeber steht schließlich mit seiner Unterschrift für den Inhalt gerade.

Exkurs: Arbeitsrechtliche Grundlagen für das Ausstellen von Arbeitszeugnissen

Arbeitnehmer haben einen Anspruch auf Ausstellung eines Zeugnisses. Es soll zum einen ihrer beruflichen Entwicklung dienen und ist deshalb wohlwollend zu verfassen. Zum anderen hat das Zeugnis die Funktion, einem künftigen Arbeitgeber Auskünfte über die Eignung des Bewerbers zu erteilen. Deshalb muss es der Wahrheit entsprechen. Das Zeugnis gibt Auskunft über Art und Dauer der Beschäftigung (einfaches Zeugnis) und auf Wunsch des Arbeitnehmers auch über Leistung und Verhalten des Arbeitnehmers (qualifiziertes Zeugnis). Dieser Anspruch folgt aus Paragraf 109 Gewerbeordnung (GewO) und gilt für das Endzeugnis bei Ausscheiden des Arbeitnehmers. Der Anspruch besteht, sobald der Ausscheidenszeitpunkt feststeht, im Fall einer Kündigung mit Ausspruch der Kündigung oder mit Abschluss eines Aufhebungsvertrages oder bei befristeten Arbeitsverhältnissen in einem angemessenen Zeitraum vor Ablauf. Der Arbeitgeber darf dieses Zeugnis als „vorläufig" bezeichnen, wenn das Arbeitsverhältnis noch nicht zu Ende ist.

Ein Zwischenzeugnis darf ein Arbeitnehmer immer dann verlangen, wenn er ein berechtigtes Interesse daran hat. Dies liegt beispielsweise bei einer eigenen Versetzung vor, bei einem Vorgesetztenwechsel oder bei betrieblichen Veränderungen wie Fusionen oder Übernahmen. Auch bei länger unverändert andauernden Arbeitsverhältnissen besteht ohne äußeren Anlass ein solcher Anspruch, damit der Arbeitnehmer nicht in seiner beruflichen Entwicklung gehemmt wird. Der Anspruch auf Ausstellung eines Zeugnisses verjährt in drei Jahren, so dass fehlende Zeugnisse so lange noch nachgefordert werden können. Zeugnisse müssen schriftlich erteilt werden und ein Datum und mindestens eine eigenhändige Unterschrift tragen.

In Österreich besteht der Anspruch aufgrund von Paragraf 1163 des Allgemeinen Bürgerlichen Gesetzbuches (ABGB) bzw. für Angestellte auch aufgrund von Paragraf 39 Angestelltengesetz (AngG): Der Anspruch besteht nur auf Ausstellung eines einfachen Zeugnisses, das über Art und Dauer der Beschäftigung Auskunft gibt.

In der Schweiz hat der Arbeitnehmer aufgrund von Artikel 330a des Schweizerischen Obligationenrechts (OR) die Wahl zwischen einem einfachen oder einem qualifizierten Zeugnis und kann ohne Anlass ein Zwischenzeugnis verlangen.

Da der potenzielle Arbeitgeber bei fehlenden Zeugnissen über mangelhafte Leistungen spekulieren könnte, sollten Sie Ihre Zeugnisse möglichst vollständig vorlegen. Das gilt zumindest für die letzten Jahre der Berufstätigkeit. Liegen Ihnen diese Zeugnisse nicht vollständig vor, so prüfen Sie, ob Sie sie noch nachträglich bekommen können. Manche Arbeitgeber sind sehr entgegenkommend und berufen sich nicht auf die dreijährige Verjährungsfrist. Andernfalls benötigen Sie zumindest eine plausible Begründung für das Fehlen.

Für die Arbeitgeberseite ist es interessant, welche Arbeiten der Kandidat ausgeführt hat. Dies ist in Zeugnissen ausführlicher beschrieben als im Lebenslauf. Im Übrigen achten manche Personalentscheider sehr auf die Schlussformulierungen, also die Anlässe, warum das Zeugnis erteilt wurde, welche Ausscheidensgründe vorliegen und ob das Ausscheiden bedauert wird.

In Abschnitt 14.1. wurde bereits dargestellt, anhand welcher Kriterien eine Auswahl der Weiterbildungsmaßnahmen zu tref-

Testate und Teilnahmebescheinigungen

fen ist. Wenn Sie Ihren Unterlagen überhaupt Kopien dieser Nachweise beifügen wollen, dann beschränken Sie sich auf diese Auswahl. Ebenso gut können Sie es auch bei der Aufzählung im Lebenslauf belassen und die Testate ggf. auf Verlangen vorlegen.

Referenzschreiben

Referenzschreiben sind in der Wissenschaft recht weit verbreitet und sollten bei Bewerbungen um wissenschaftliche Positionen auch eingesetzt werden. In Unternehmen und anderen öffentlichen Stellen sind sie eher unüblich und wirken im Zweifel wie reine Gefälligkeitszeugnisse. Also lassen Sie sie lieber weg. Warten Sie ab, ob man Sie nach Referenzpersonen fragt, und benennen Sie dann die Personen, die Sie vorher darüber informiert haben, dass man sich nach Ihnen erkundigen wird.

Bewerbungsfoto

Noch ist es in Deutschland, Österreich und der Schweiz üblich, sich mit einem Bewerbungsfoto zu bewerben. Dies kann sich im Zuge eines sich wandelnden Diversity-Verständnisses zwar ändern, aber solange Sie die Chance haben, ein Foto beizufügen, sollten Sie das tun. Der Grund dafür liegt auf der Hand. Menschen erinnern sich eher an Bilder als an abstrakte Informationen. Auch Personalentscheider werden sich in einem Stapel von Bewerbungen an Bildern orientieren und sich im Zweifel beispielsweise eher an Haarfarbe oder -länge erinnern als daran, ob die Mappe blau oder grau war.

Dresscode Foto

Es kommt nicht auf eine künstlerische Gestaltung des Fotos an, sondern darauf, dass das Bild den richtigen Eindruck von Ihnen vermittelt. Aus diesem Grund ist es empfehlenswert, einen Fotografen zu suchen, der sich auf Bewerbungsfotos spezialisiert hat und Sie in Bezug auf Kleidung, Make-up und Gesichtsausdruck berät. Sollten Sie keinen Fotografen kennen, schauen Sie sich im Internet um. Firmenwebsites und soziale Netzwerke bieten eine Vielzahl von Bildern. Wenn Ihnen etwas besonders gut gefällt, fragen Sie nach dem Fotografen.

Kriterien für ein professionelles Bewerbungsfoto:
- nur *ein* Bild
- nur der Kopf ist abgebildet
- die Haltung des Kopfes ist gerade
- keine Gesten oder Posen
- farbig oder schwarz-weiß
- Studioaufnahme
- Garderobe in dezenten Farben und förmlich
- professioneller und freundlicher Gesichtsausdruck

Professionell wirkende Bilder zeichnen sich dadurch aus, dass die Person den Kopf gerade hält, freundlich, aber bestimmt in die Kamera blickt und keinerlei Manieriertheiten den Eindruck beeinflussen, d.h. keine Posen wie ein auf die Hand gestütztes Kinn, keine Haare vor den Augen, keine Halb- oder Ganzkörperbilder usw. Wenn Sie aus mehreren Bildern dann eines auswählen, sollten Sie nicht auf Ihr eigenes Urteil und auf das Ihnen nahestehender Personen vertrauen, sondern einen unbefangenen Dritten hinzuziehen. Andernfalls besteht die Gefahr, dass Sie sich für das Bild entscheiden, auf dem Sie am sympathischsten, hübschesten oder nettesten wirken. Besonders Frauen sollten darauf achten, nicht zu nett oder zu harmlos zu wirken. Sie wollen doch Kompetenz signalisieren.

Ob das Bild schwarz-weiß oder farbig ist, entscheiden Sie. Ebenso entscheiden Sie über Ihre Garderobe, die aber in etwa

dem entsprechen sollte, was Sie auch zu einem Vorstellungsgespräch tragen würden. Das Bild sollte keineswegs größer als
7 mal 10 cm sein. Und bitte: Verwenden Sie nur *ein* Bild, keine
Galerie und kein komplettes Shooting. Das mag für eine Bewerbung im Kreativ- oder Life-Style-Bereich passend sein, in
anderen Fällen wirkt es eher unseriös.

14.4 Bewerbungsmappe und Online-Bewerbung

Wenn Sie sich mit einer Mappe bewerben wollen, ist es natürlich wichtig, dass Sie gutes Papier wählen, die Mappe ordentlich aussieht und einfach in der Handhabung ist. Wählen Sie eine praktische Klemmmappe mit einem durchsichtigen De-
ckel. Dann können Sie auf einem Deckblatt Ihr Bild und ihre
Kontaktdaten gesondert positionieren. Die im Handel als Be-
werbungsmappen angebotenen, dreiteiligen Pappmappen sehen zwar gut aus, sind aber wegen der vielen Klemmvorrich-
tungen unpraktisch, wenn die Unterlagen kopiert werden sollen – und das werden sie unter Umständen mehrfach. Aus dem
gleichen Grund sollten Sie auch darauf verzichten, jedes Blatt
einzeln in eine Klarsichthülle zu legen.

Name und Kontaktdaten gehören auf jede Seite, damit einzelne Blätter schnell wieder zugeordnet werden können, falls
sie versehentlich herausrutschen oder im Kopierer liegen bleiben. Zum Versenden benutzt man am besten Umschläge mit einer Rückwand aus Karton, damit die Mappe auch unversehrt
beim Empfänger ankommt. Wenn Sie sich nicht gerade um
Positionen bewerben, in denen es sehr auf ökologische
Themenstellungen ankommt, sind weiße Umschläge anspre-
chender als braune.

Weit verbreitet sind inzwischen Online-Bewerbungen.
Dabei gibt es zwei unterschiedliche Verfahren. Beim ersten
werden vollständige Bewerbungsunterlagen als Anlage an eine
E-Mail angehängt.

Für diese Anlage gilt hinsichtlich der Gestaltung im Wesentlichen das Gleiche wie für eine Mappe – mit kleinen Ausnahmen. Für das Foto verwendet man hier eher kein gesondertes
Deckblatt, sondern setzt es oben in den Lebenslauf. Nur so
kann man verhindern, dass jemand darauf verzichtet, es auszu-
drucken. Das Anschreiben zu einer Bewerbung gehört nicht in
die E-Mail selbst, sondern ist ein Dokument in der Anlage. In
die E-Mail schreiben Sie nur den gleichen Betreff wie in Ihrem
Anschreiben und einen knappen Text, aus dem hervorgeht,
dass es sich um Ihre Bewerbung handelt. Die Anlagen sollten
insgesamt aus nicht mehr als zwei pdf-Dateien bestehen. Wenn

Online-Bewerbungen im pdf-Format

es neben Anschreiben, Lebenslauf und Kompetenzprofil nur wenige weitere Unterlagen gibt, kann man sie in nur einer Datei senden. Gehören zur Bewerbung viele Zeugnisse, so ist es besser, zwei Dateien zu mailen, davon eine mit Anschreiben, Lebenslauf und Kompetenzprofil und die andere mit allen Zeugnissen. Die Dateien werden am besten mit vollständigem Namen und einem Zusatz wie „Bewerbung", „Zeugnisse" oder „Bewerbung um…" sowie dem Datum versehen, so dass man sie sicher wiederfinden kann. Diese Möglichkeit der Bewerbung findet sich eher bei kleineren Unternehmen oder im öffentlichen Dienst und wird häufig alternativ zur Bewerbungsmappe angeboten. Es spricht überhaupt nichts dagegen, dieses Verfahren zu nutzen. Es ist schneller, billiger und für die ausschreibende Stelle in der Weiterverarbeitung (Speichern, Weiterleiten) einfacher.

Online-Bewerbungen über Web-Portale

Die zweite Variante einer Online-Bewerbung ist vor allem in großen Konzernen verbreitet. Hier finden Sie auf der Website mit Stellenangeboten ein vorgefertigtes Formular, in das Angaben zur Ausbildung, zum Werdegang und zu Fachkompetenzen eingegeben werden. Zusätzlich können Anhänge hochgeladen werden. Viel Gestaltungsfreiheit verschafft diese Form nicht, aber sie erleichtert Unternehmen eine Erstauswahl, weil sie einen Datenabgleich zwischen Anforderungen der Stelle und Kompetenzen der Bewerber ermöglicht. Aus diesem Grund empfiehlt es sich, bei der Beschreibung Ihrer Fähigkeiten die Terminologie der Stellenausschreibung aufzugreifen. So verhindern Sie, in einem Matching durch ein Suchraster zu fallen, obwohl sie die Anforderungen erfüllen.

Die Möglichkeit, Anhänge hochzuladen, nutzen Sie für Ihren Lebenslauf, Ihr Kompetenzprofil und ggf. die wichtigsten Zeugnisse. Häufig ist die Datenmenge auf wenige Megabyte beschränkt. Versuchen Sie dann bitte nicht, über eine zu geringe Auflösung möglichst viele Dateien anzuhängen. Der Ausdruck sollte immer noch ordentlich aussehen und gut lesbar sein. Ein Verweis auf weitere Unterlagen, die auf Wunsch gerne nachgereicht werden, löst das Problem auch.

14.5 Sprache

Ein Blick in Tageszeitungen oder Jobbörsen macht schnell deutlich, worum es unter dieser Überschrift geht. Ausschreibungen von Stellen in Deutschland, Österreich und der deutschsprachigen Schweiz sind keineswegs mehr alle in deutscher Sprache verfasst, Ausschreibungen für ausländische Standorte ohnehin nicht. Zudem gibt es deutsche Ausschreibungen mit dem Wunsch nach englischsprachigen Unterlagen.

Meistens ist es angezeigt, die Unterlagen in der Sprache zu verfassen, in der auch die Anzeige verfasst ist. Das sollte man auch dann tun, wenn man ziemlich sicher sein kann, dass auf der Empfängerseite auch deutsch gesprochen wird. Gerade die internationalen Konzerne verwenden häufig als Arbeitssprache Englisch und beschäftigen Mitarbeiter, die nicht deutsch sprechen, auch wenn sie ihren Sitz im deutschen Sprachraum haben. Wenn in der Anzeige ausdrücklich etwas Bestimmtes gefordert ist, dann gibt es dafür einen Grund. So hat die deutsche Firma, die englische Lebensläufe möchte, eventuell eine ausländische Muttergesellschaft, die an der Personalauswahl beteiligt ist. In einem solchen Fall sollte man aber bei der deutschen oder europäischen Form bleiben und nicht unbedingt einen amerikanischen Lebenslauf erstellen.

Nicht notwendig ist es, bei Bewerbungen auf englischsprachige Anzeigen in Deutschland oder in Nachbarländern alle Zeugnisse amtlich übersetzen zu lassen. Das Gleiche gilt, wenn Sie englischsprachige Zeugnisse haben für Tätigkeiten oder Ausbildungsabschnitte im Ausland. Abweichende Notensysteme sollten dann allerdings erklärt werden. Zeugnisse in anderen Sprachen als Englisch sollten sicherheitshalber übersetzt werden. Bei Stellen im öffentlichen Dienst ist immer eine amtlich beglaubigte Übersetzung nötig, in anderen Fällen kann auch zunächst eine einfache Übersetzung genügen. Ggf. kann die amtlich beglaubigte nachgereicht werden, wenn dies gewünscht wird.

15 Vorstellungsgespräche

15.1 Vorbereitung

Einladungen zu Vorstellungsgesprächen kommen heute nicht mehr unbedingt per Post. Sie können genauso per E-Mail oder auch telefonisch eingehen. Der Mail-Eingang, die Mobilbox und der Anrufbeantworter sollten daher regelmäßig abgefragt werden.

Wenn aus der Einladung keine weiteren Informationen ersichtlich sind als die Angabe von Ort und Zeit und Hinweise zur Erstattung von Fahrtkosten, so ist es sinnvoll, anzurufen, um zu erfragen, wer die Gesprächspartner sind. Es lohnt sich, diese im Internet zu suchen. Zum einen erfahren Sie möglicherweise etwas über diese Personen, worüber es sich zu sprechen lohnt, und zum anderen werden Ihnen Ihre Gesprächspartner im Vorfeld schon ein wenig vertrauter. Vielleicht entdecken Sie ein Bild, finden heraus, wo Ihr Gesprächspartner vorher beschäftigt war, wo er aufgewachsen ist oder studiert hat, und können darin Anknüpfungspunkte für einen persönlichen Kontakt finden. Die Namen Ihrer Gesprächspartner erhalten Sie in der Regel problemlos, wenn Sie in der Personalabteilung danach fragen.

Im Übrigen gilt für die Vorbereitung auf ein Vorstellungsgespräch nur eines: viele verschiedene Informationen sammeln. Lesen Sie sorgfältig die Website des betreffenden Unternehmens, weil Firmen wissen wollen, warum man gerade zu ihnen will. Das mag Ihnen als Berufseinsteiger merkwürdig erscheinen, weil Sie in erster Linie eine geeignete Stelle suchen und die Unterschiede zwischen Unternehmen noch nicht vollständig einschätzen können. Je mehr Erfahrung Sie mitbringen, desto eher kennen Sie diese Gepflogenheit. Eine überzeugende Antwort darauf können Sie am besten geben, wenn Sie über die Besonderheiten einer Organisation Bescheid wissen. Darüber hinaus sollten Sie aktuelle Meldungen kennen, die über die Wirtschaftsnachrichten verbreitet wurden. Es ist peinlich, wenn in der Woche vor Ihrem Interviewtermin über eine spektakuläre Fusion in wichtigen Zeitungen berichtet wurde und Sie davon nichts mitbekommen haben. Weitergehende Informationen über Geschäftsentwicklungen, Pläne für die Zukunft u.Ä. sind ebenfalls äußerst interessant, um einschätzen zu können, ob Sie einem passenden Arbeitgeber gegenübersitzen. Diese Informationen sind auch wichtig für Naturwissenschaftler und Ingenieure, die sich auf Forschungs- und Entwicklungsstellen bewerben. Zwar ist der Umgang mit Kunden,

Märkten und dem betriebswirtschaftlichen Zahlenwerk nicht Ihr tägliches Geschäft, aber es geht Sie etwas an, sobald Sie in eine Organisation eintreten, die Gewinne machen will.

Stellen Sie sich bei einer Non-Profit-Organisation vor, so ist neben einem aktuellen Informationsstand sehr wichtig, dass Sie sich mit den jeweiligen Zielen identifizieren. Diese müssen Sie daher unbedingt kennen und sollten sich prüfen, ob Sie damit übereinstimmen. Wer mit Naturschutz nichts anfangen kann, ist auf Dauer in Umweltschutzorganisationen genauso fehl am Platz wie ein Atheist an einer katholischen Schule.

Nachdem Sie Informationen gesammelt haben, sollten Sie einen Fragenkatalog für das Vorstellungsgespräch vorbereiten.

Fragen zur Aufgabe:
- Welche Inhalte, Kompetenzen und Verantwortungen sind mit der Position verbunden?
- Warum ist die Stelle frei (Nachfolge oder neue Position)?
- Wie ist die Einarbeitung vorgesehen? Wer führt sie durch?
- Welche Ziele sind zuerst anzugehen (Prioritäten)?
- Was wird vom künftigen Stelleninhaber erwartet?
- Wem ist die Position unterstellt oder zugeordnet? Mit wem arbeite ich zusammen?

Fragen zur inneren Organisation:
- Wie ist das Unternehmen bzw. die Organisation aufgebaut (Organigramm)?
- Wie sind die Berichtswege organisiert?
- Welches Verständnis hat das Unternehmen bzw. die Organisation von Führung und Zusammenarbeit (Leitbild, Führungsgrundsätze etc.)?
- Wie ist die interne Kommunikation organisiert?

Fragen zur Stellung des Unternehmens am Markt bzw. zur Stellung der Organisation im Umfeld:
- Welche strategischen Ziele gibt es für die nächsten Jahre?
- Welche neuen Technologien bzw. Instrumente werden dafür eingesetzt?
- Wer sind die größten Wettbewerber bzw. Mitstreiter?
- Welchen Wettbewerbsvorteil hat das Unternehmen, bei dem ich mich gerade bewerbe?
- Wo sieht mein Gesprächspartner die größten Herausforderungen für die nächsten Jahre?
- Wie sieht das Qualitätsmanagement aus?

Dieser Katalog ist keineswegs vollständig, soll Sie vielmehr dazu anregen, Ihre eigenen Fragen zu finden und sie dann auch mutig zu stellen.

Es wirkt keineswegs unprofessionell, wenn der Bewerber im Interview einen Zettel oder eine Kladde hervorholt und prüft, ob er alle Fragen gestellt hat, die ihm wichtig sind.

Ist es sinnvoll, Vorstellungsgespräche zu üben? Diese Frage lässt sich mit „ja" und mit „nein" beantworten. Es ist sicherlich nicht sinnvoll, ganze Passagen auswendig zu lernen und sich passende Antworten auf umfangreiche Fragenkataloge zurechtzulegen. Im Ernstfall vergessen Sie Ihre vorgefertigten Antworten oder Sie wirken völlig unauthentisch. Stattdessen können Sie sich auf Fragen zu Ihrer Person vorbereiten, indem Sie Ihre Interessen und Aktivitäten auf einem Poster darstellen; mehr dazu in Abschnitt 16.3. Wenn Sie ein solches Bild verinnerlichen, sind Sie jederzeit in der Lage, es zu reproduzieren und frei über sich zu sprechen.

Es gibt allerdings Fragen, auf die Sie eine plausible Antwort haben sollten. Dazu gehören Fragen nach bestimmten Entscheidungen. Warum diese Ausbildung bzw. dieses Studium, warum eine bzw. keine Promotion, warum diese Stelle, warum der Wechsel in dieses Unternehmen? Es geht nicht darum, sich zu rechtfertigen, sondern plausibel zu machen, warum eine Entscheidung so und nicht anders getroffen wurde. Wenn sich darunter falsche Entscheidungen befinden, so stehen Sie dazu und machen Sie deutlich, wie Sie sie korrigiert haben. Es schadet nicht zu sagen, dass Sie an eine Aufgabe mit Erwartungen herangetreten sind, die sich nicht erfüllen ließen, und Sie daraus die Konsequenz gezogen haben. Das betrifft auch Doktoranden, die nach einem Jahr ihre Stelle und das Thema gewechselt haben. Es ist besser, diese Entscheidung zu erklären, als zu versuchen, sie zu vertuschen und damit Anlass zu Spekulationen zu geben.

Ein Interviewtraining mit einem Profi ist im Regelfall nicht notwendig, aber man sollte sich einmal bei einer kurzen Vorstellung der eigenen Person filmen lassen. Diesen Film sehen Sie sich am besten zusammen mit einer Person Ihres Vertrauens an und bitten um deren Rückmeldung. Auf diese Weise werden Ihnen kleine Angewohnheiten bewusst, die lästig sind oder Ihnen Überzeugungskraft nehmen, wie häufiges Fassen an die Nase oder zu große Gesten. Sie bekommen zudem ein Gespür für Ihre Stimme (Lage und Lautstärke). So können Sie schon durch diese Rückmeldung ein paar Kleinigkeiten ändern. Wenn es mehr werden soll, geht es besser mit professioneller Hilfe durch einen Karriereberater oder Trainer.

Wichtig ist auch, sich bewusst auf den Interviewpartner einzustellen. Überwiegend begegnen Ihnen in Interviews die gleichen Typen von Gesprächspartnern. Der erste Typus ist der Interviewer, der Stress aufbaut. Die Atmosphäre ist angespannt, er fragt dazwischen, lässt den anderen nicht ausreden und versucht, Kandidaten unter Druck zu setzen. Manchmal wird der Druck noch durch besonders spitzfindige Fragen erhöht. Hier hilft nur, Ruhe zu bewahren, nachzufragen, wenn Sie etwas nicht verstanden haben, und sich nicht provozieren zu lassen.

Freundlich und aktiv bleiben, statt sich zurückzuziehen, sind angemessene Reaktionen. Auch wenn Sie sich unwohl fühlen, vermeiden Sie vorschnelle Entscheidungen wie „Hier will ich sowieso nicht arbeiten". Das entscheiden Sie besser mit zeitlichem Abstand zu Hause und nicht im Vorstellungsgespräch zusammen mit einer Person, mit der Sie vielleicht später nie wieder zu tun haben werden oder die dann ganz anders ist, weil sie im Interview eine Rolle spielte.

Ein anderer Typus ist der Vielredner. Er hört sich selbst gerne zu und nutzt die Kandidaten nur als Bewunderer seiner Erfolge. Diese Menschen sind zwar anstrengend, aber es ist eigentlich einfach, mit Ihnen umzugehen. Aufmerksam zuhören, zustimmendes Kopfnicken und andere nonverbale bestätigende Signale helfen hier schnell weiter. Wenn man dann noch ab und an eine weiterführende Frage stellt, vermittelt man diesem Gesprächspartner schnell den Eindruck, ganz auf seiner Linie zu sein. Versuche, diesen Interviewern die Hauptrolle streitig zu machen, gehen meisten schief. Flechten Sie eher beiläufig einige Bemerkungen über sich ein und beschränken Sie sich darauf, dass Ihr Gegenüber sich wohlfühlt. Mehr ist in dieser Situation nicht zu erreichen, aber häufig kommt es auch nur darauf an. Es ist manchmal erstaunlich, welche Informationen dieser Interviewertyp aus seinen Gesprächen mitnimmt.

Der dritte Typus ist locker, freundlich, schafft eine angenehme Atmosphäre und nimmt Ihnen schnell die Unsicherheit. Auf diese Weise bringt er es fertig, Sie zum Plaudern zu bringen. Sie fühlen sich wohl und bevor es Ihnen bewusst wird, reden Sie mehr und offener, als Sie eigentlich vorhatten. Hier ist Vorsicht geboten. Bleiben Sie konzentriert und halten Sie nötigenfalls Pausen im Gesprächsfluss aus, wenn Sie eine Frage hinreichend beantwortet haben. Die meisten Menschen spüren den Punkt genau, an dem sie aufhören sollten, zu sprechen. Sie plaudern dann nur aus Verlegenheit weiter und reden sich um Kopf und Kragen. Sie tun das bitte nicht, sondern zählen lieber still bis zehn. Wenn Ihr Gegenüber bis dann das Gespräch immer noch nicht wieder aufgenommen hat, fragen Sie freundlich zurück „Ist damit Ihre Frage beantwortet?" oder „Welche Information benötigen Sie noch?". Oder Sie lenken  selbst das Gespräch auf einen anderen Punkt: „Wenn ich Ihre Frage damit beantwortet habe, würde ich gerne auf einen anderen Punkt zu sprechen kommen." Das geht einfacher, als Sie denken, und bewahrt Sie davor, zu viel zu erzählen.

Und schließlich noch ein Hinweis zu Interviews und Auswahlverfahren in englischer Sprache: Auch wenn Sie in Ihrer Fachsprache absolut fit sind und ein englisches Interview sicher beherrschen, üben Sie, was Sie über sich selbst sagen wollen. Suchen Sie zuvor nach passenden Vokabeln für ihre persönlichen Eigenschaften und bisherigen Leistungen.

Exkurs: Arbeitsrechtliche Grundlagen für die Erstattung von Fahrtkosten zu Vorstellungsgesprächen

Bewerber haben einen Anspruch auf Erstattung der Kosten, die für ein Vorstellungsgespräch anfallen, zu dem sie eingeladen werden, und zwar unabhängig davon, ob sie den Arbeitsplatz angeboten bekommen oder nicht. Der Anspruch umfasst im Regelfall die Kosten für Bahnfahrten zweiter Klasse und für den öffentlichen Nahverkehr. PKW-Kosten werden üblicherweise auch erstattet. Wenn es keine anderen Angaben gibt, orientieren sich Arbeitgeber an den steuerlichen Pauschalen. Wollen Bewerber aufgrund der großen Distanz fliegen oder längere Strecken mit dem Taxi fahren, sollten sie dies vorher mit der einladenden Stelle abstimmen. Gleiches gilt für Übernachtungskosten. Wenn eine Übernachtung notwendig ist, werden Bewerber häufig auf Vertragshotels des einladenden Unternehmens verwiesen. Im Fall einer unaufgeforderten Vorstellung besteht kein Anspruch auf Kostenerstattung.

Will ein Arbeitgeber die Kostenübernahme für die Anreise zu Vorstellungsgesprächen vermeiden, so muss er schon in seiner Einladung unmissverständlich darauf hinweisen, dass er keine Reisekosten übernehmen wird. Unklarheiten gehen zu seinen Lasten, so dass Bewerber in Zweifelsfällen auf die Kostenerstattung bestehen sollten. Die Ansprüche auf Erstattung von Vorstellungskosten verjähren erst nach drei Jahren. Nicht erstattete Kosten können als vorweggenommene Werbungskosten in der Steuererklärung geltend gemacht werden.

15.2 Erstes Gespräch

Das erste Vorstellungsgespräch findet in manchen Organisationen allein mit der Fachabteilung statt, in anderen ist auch die Personalabteilung beteiligt. Davon hängt u.a. ab, inwieweit bereits über Beschäftigungsbedingungen gesprochen wird. Üblicherweise sind das aber eher Themen für ein zweites Gespräch.

Im Zentrum des ersten Gesprächs steht die Klärung von Aufgaben und Anforderungen. Sie sollten erkennen, ob Sie die Stelle interessant finden und ob Sie die Anforderungen erfüllen können. Beide Gesprächspartner loten zudem aus, ob sie persönlich zueinander passen. Deshalb ist es wichtig, dass Sie mit dem Gesprächspartner auf Augenhöhe bleiben. Eine nicht ganz unwichtige Rolle spielt dabei Ihre Kleidung.

Versuchen Sie herauszufinden, welche Bekleidung in diesem Unternehmen üblich ist, und seien Sie dann eher eine Spur förmlicher als zu lässig. In der Regel kann ein Mann mit Anzug und Hemd – je nach Unternehmen mit oder ohne Krawatte – oder eine Frau mit einem Hosenanzug bzw. einem Kostüm und Top oder Bluse nichts falsch machen. Es muss aber nicht immer eine schwarze Grundgarderobe und ein weißes Hemd bzw. eine weiße Bluse sein. Wichtig sind zudem gepflegte Schuhe. Wenn Sie sich völlig unsicher sind, recherchieren Sie im Internet.

Im Übrigen erweisen Sie sich als souveräner Gesprächspartner, wenn Sie Kompetenz ausstrahlen und Ihr Outfit nicht

Dresscode für Vorstellungsgespräche: www.e-fellows.net, Stichwort: dresscode, oder in Suchmaschinen unter: dress for success

davon ablenkt. Ihre kompetente Ausstrahlung unterstreichen Sie durch sachkundige Fragen. Wenn Sie dann nicht den Respekt spüren, den Sie gerne hätten, überlegen Sie gut, ob Sie diese Stelle wirklich wollen.

Wenn man Ihnen am Ende nicht ohnehin eröffnet, wie der weitere Auswahlprozess aussehen wird, so fragen Sie danach, um die zeitlichen Abläufe und die Art der Entscheidungsfindung zu verstehen.

15.3 Zweites Gespräch

Für ein zweites Gespräch sollte immer Zeit sein. Werden Sie hellhörig, wenn man Ihnen nach einem ersten Interview von einer Stunde gleich einen Vertrag anbietet. Natürlich dürfen Sie sich darüber freuen, aber bitten Sie um einen zweiten Termin, bevor Sie unterschreiben. Es gibt immer offene Punkte und unbehandelte Themen. Und wenn man Ihnen diese Aufmerksamkeit nicht entgegenbringen will, prüfen Sie genau, auf was Sie sich einlassen. Ein Unternehmen, das einen aufwendigen Auswahlprozess durchführt, bringt dem Bewerber vor allem Respekt entgegen. Man nimmt Personalauswahl sehr ernst, will beiden Seiten Gelegenheit zum intensiven Kennenlernen geben und nicht leichtfertig schnelle Entscheidungen treffen, um diese nach wenigen Wochen genauso schnell zu korrigieren. Also klären Sie alle Fragen, die noch offen sind. Zudem dürfen Sie in einem zweiten Gespräch auch Fragen zu persönlichen Entwicklungschancen, zu Beförderungsmöglichkeiten, Weiterbildungsangeboten und zum Thema Vergütung und Nebenleistungen stellen.

Familienfreundlichkeit im Betrieb

Junge Bewerber wollen gerne wissen, wie familienfreundlich eine Organisation ist. Obwohl die öffentliche Hand und die Privatwirtschaft derzeit enorme Anstrengungen unternehmen, ihre gut qualifizierten Arbeitnehmer möglichst rasch aus Erziehungsphasen zurückzuholen, und sich gerne familienfreundlich geben, sollte man vorsichtig sein mit Fragen, die erkennen lassen, dass man unter Familienfreundlichkeit in erster Linie geregelte Arbeitszeiten versteht.

Betriebskindergärten, kreative Arbeitszeitmodelle und Wiedereingliederungsmaßnahmen nach Babypausen sind zwar Indikatoren für eine familienfreundliche Haltung im Unternehmen, aber auch Marketinginstrumente, die sich öffentlich darstellen und sogar zertifizieren lassen, z.B. durch die Hertie-Stiftung, die das Zertifikat „Beruf und Familie" verleiht. Das besagt aber nicht unbedingt, dass jeder Chef begeistert ist, wenn ein junger Kandidat sich für geregelte Arbeitszeiten interessiert. Gehen Sie davon aus, dass man von Ihnen Flexibilität und Ein-

Exkurs: Zulässige Fragen und Wahrheitspflichten in Vorstellungsgesprächen

Arbeitnehmer haben in Vorstellungsgesprächen keine allgemeinen Offenbarungspflichten. Sie müssen von sich aus weder Krankheiten, Schwerbehinderungen, familiäre Besonderheiten o.Ä. angeben, wenn sie nicht danach gefragt werden. Eine Ausnahme gibt es für Extremfälle wie Vorstrafen, die in unmittelbarem Zusammenhang mit der Tätigkeit stehen und die persönliche Eignung des Bewerbers in Frage stellen, z.B. die Verurteilung eines Buchhalters oder Einkäufers wegen Untreue oder Unterschlagung. Schwere Verstöße gegen das Tierschutzgesetz können für Mitarbeiter im Bereich der Versuchstierhaltung und Verstöße gegen das Gentechnikgesetz für Laborleiter offenbarungspflichtig sein – jedenfalls dann, wenn Freiheitsstrafen verhängt wurden. Eine weitere Ausnahme stellen im Arbeitsvertrag vereinbarte Wettbewerbsverbote dar, wenn sie den Bewerber in der Ausübung seiner künftigen Tätigkeit behindern.

Hingegen müssen Bewerber auf viele Fragen des künftigen Arbeitgebers zutreffend antworten. Das gilt für Fragen nach Krankheiten, die für Kollegen ansteckend sein können (dazu gehört auch eine ausgebrochene HIV-Erkrankung, wenn durch die Art der Tätigkeit andere gefährdet werden), Fragen nach bevorstehenden Ausfällen durch Operationen oder Reha-Maßnahmen und Fragen nach Beeinträchtigungen, sofern sie mit einem konkreten Bezug zum Arbeitsplatz verbunden sind. Werden zulässige Fragen nicht wahrheitsgemäß beantwortet, so hat der Arbeitgeber ein Recht auf Anfechtung des Arbeitsvertrages. Übt er dieses fristgerecht aus, so wird das Arbeitsverhältnis für die Zukunft ohne Einhaltung weiterer Fristen beendet.

Aber nicht jede Frage darf gestellt werden. Arbeitgeber müssen sich auf die Themen beschränken, an denen sie ein berechtigtes Interesse haben, sie sollten also mit dem Arbeitsplatz im Zusammenhang stehen. Deshalb sind Fragen nach Schwangerschaft, Familienplanung, sexueller Orientierung, bestehender HIV-Infektion ebenso unzulässig wie Fragen nach Religions-, Gewerkschafts- oder Parteizugehörigkeit oder nach Aktivitäten für Greenpeace oder Attac. Gleiches gilt für Fragen nach der ethnischen Herkunft. (Anders verhält es sich bei der Frage nach der Staatsangehörigkeit, da der Arbeitgeber die Voraussetzungen für eine legale Beschäftigung klären muss.) In der Regel verstoßen diese Fragen gegen Bestimmungen des Allgemeinen Gleichstellungsgesetzes. Vor diesem Hintergrund wird auch die Frage nach Bestehen einer Schwerbehinderteneigenschaft mittlerweile als diskriminierend und damit unzulässig angesehen, es sei denn, der Arbeitgeber bemüht sich besonders um die Integration Schwerbehinderter (positive Diskriminierung). Und selbst für den Fall, dass für den zu besetzenden Arbeitsplatz ein Beschäftigungsverbot für Schwangere besteht und die Kandidatin gerade als Schwangerschaftsvertretung eingestellt werden soll, hat der Europäische Gerichtshof die Frage nach einer bestehenden Schwangerschaft für unzulässig erachtet.

Umstritten ist, ob Fragen nach der bisherigen Vergütung zulässig sind und damit wahrheitsgemäß beantwortet werden müssen. Die Rechtsprechung nimmt dies an, wenn die bisherige Vergütung für die angestrebte Stelle aussagefähig ist oder der Bewerber seine bisherige Vergütung als Mindestvergütung selbst genannt hat. In diesen Fällen ist die Frage danach zulässig und muss wahrheitsgemäß beantwortet werden. Unzulässige Fragen müssen Bewerber nicht beantworten. Sie können sie zurückweisen oder – häufig geschickter – falsch beantworten (Recht auf Lüge). Abgelehnte Bewerber können ggf. einen Entschädigungsanspruch nach Paragraf 15, Absatz 2 Allgemeines Gleichbehandlungsgesetz (AGG) auf unzulässige, weil diskriminierende Frage stützen. Eine ausführliche Behandlung weiterer Fälle findet sich bei Böhm und Poppelreuter ab S. 117.

satz erwartet. Das gilt auch für Eltern. Legitim ist es allerdings, darauf hinzuweisen, dass man als Eltern bestimmte Zeiten einhalten muss und Termine außerhalb dieses Zeitrahmens einen gewissen Planungsvorlauf benötigen, im Übrigen aber die Bereitschaft besteht, sich den Gegebenheiten soweit wie möglich anzupassen.

Ein ganz anderer, gerne unterschätzter Aspekt im zweiten Gespräch ist, als Bewerber die notwendige Konzentration aufzubringen. Viele gehen nach einem guten ersten Gespräch mit dem sicheren Gefühl in die zweite Runde, diese sei nur noch Formsache. Damit liegt man im Regelfall falsch. Wenn für eine Position zwei Kandidaten in die engere Auswahl kommen und erneut eingeladen werden, dann stehen die Chancen nicht besser und nicht schlechter als 50:50. Also seien Sie genauso aufmerksam, interessiert und engagiert wie beim ersten Mal, wenn Sie die Stelle haben möchten und schenken Sie Ihre Aufmerksamkeit allen Beteiligten, auch den anwesenden Betriebs- oder Personalratsmitgliedern.

Wenn Sie sich schon sicher sind, dass Sie die Stelle auf keinen Fall wollen, ist es Ihnen überlassen, ob Sie zu Übungszwecken das Gespräch noch führen oder gleich absagen. Wenn Sie absagen, nennen Sie einen nachvollziehbaren Grund, der nicht mit den handelnden Personen in Verbindung steht – Sie wissen nie, wann Sie Ihren Gesprächspartnern wieder begegnen.

15.4 Nachbereitung

Sowohl nach dem ersten als auch nach dem zweiten Gespräch ist es höflich und angebracht, sich bei den Anwesenden zu bedanken. Das tun Sie zwar bereits bei der Verabschiedung, Sie können das aber auch mit ein bisschen Abstand per E-Mail wiederholen. Stecken Sie daher auf jeden Fall die angebotenen Visitenkarten ein. Wenn Sie schreiben, fassen Sie knapp zusammen, worin Ihres Erachtens die besondere Herausforderung der besprochenen Stelle liegt und versichern Sie Ihren Gesprächspartnern, dass Sie die Aufgabe engagiert angehen möchten.

Absage Außerdem sollten Sie sich alle Fragen notieren, die Ihnen nachträglich in den Sinn kommen und sich dann auf den nächsten Schritt vorbereiten. Wenn es an dieser Stelle keinen weiteren Schritt gibt, weil man sich für andere Kandidaten entschieden hat, so versuchen Sie, herauszufinden, woran es gelegen hat. Dies ist zunehmend schwierig, da Unternehmen aus Angst vor Verstößen gegen Gleichbehandlungsgrundsätze meist keine Auskunft darüber geben wollen. Aber versuchen

Sie es trotzdem. Mündlich ist gelegentlich mehr zu erfahren, als Unternehmen zu schreiben bereit sind. Manchmal kann es hilfreich sein, ein beteiligtes Betriebs- oder Personalratsmitglied zu fragen, das Ihre Lernbereitschaft bereitwillig unterstützt.

16 Auswahlinstrumente

16.1 Zielsetzung beim Einsatz von Auswahlinstrumenten

Das Einstellen von Mitarbeitern ist für Unternehmen oder andere Organisationen mit der Investition in Sachanlagen vergleichbar. Die Ausgaben für Stellenausschreibungen in Zeitungen und Internet-Jobbörsen, der Einsatz der eigenen Mitarbeiter in der Personalauswahl und die Einarbeitung eines neuen Kollegen erreichen schnell die Summe von ein bis zwei Jahresgehältern. Stellt sich dann in der Probezeit oder gar danach heraus, dass die Personalentscheidung nicht richtig war, hat man viel Geld fehlinvestiert und viel Zeit verloren. Anders als bei der Investition in Sachanlagen kommt man bei der Bewerberauswahl aber mit rechnerischen Alternativenvergleichen nicht weiter. Daher versuchen Arbeitgeber, ihre Einschätzung der Bewerber mit unterschiedlichsten Methoden zur Prognose künftigen Verhaltens möglichst gut abzusichern. Das mag manchen Bewerbern sehr aufwendig erscheinen und lästig vorkommen. Sie denken: „Was ich kann, habe ich doch gezeigt." Unternehmen geht es jedoch darum, einzuschätzen, wie Bewerber mit künftigen Anforderungen umgehen werden, die sie bisher noch gar nicht kennen. Hinter dem großen Aufwand steckt folglich eine professionelle Haltung. Diese Sorgfalt im Auswahlprozess kommt in der Regel auch den Bewerbern zugute. Wenn sie eine Einstellungszusage erhalten, können sie davon ausgehen, dass man sie wirklich will und hohe Erwartungen in sie steckt. Im Fall einer Absage spricht vieles dafür, dass die ausgeschriebene Stelle tatsächlich nicht zum Bewerber passt. Im günstigsten Fall erhalten diese Bewerber ein umfassendes Feedback, das ihnen im Zuge der weiteren Stellensuche hilfreich ist.

Welche Verfahren eine Organisation nutzt, hängt davon ab, wie viel Aufwand sie betreiben will, welche Instrumente für welche der gesuchten Kompetenzen eine zuverlässige Einschätzung ermöglichen und wie viel eigenes oder fremdes Know-how für den Auswahlprozess zur Verfügung steht. Und schließlich bestimmt die Erfahrung der Personalchefs die Auswahl der eingesetzten Instrumente.

Grundsätzlich lassen sich vier Gruppen von Testverfahren unterscheiden. Zum einen finden sich verhaltensorientierte Tests. Das können simulierte Situationen sein, in denen das Verhalten von Kandidaten beobachtet wird. In diese Gruppe ge-

Verhaltensorientierte Tests

hören Rollenspiele und Fallstudien bzw. Planspiele. Alternativ werden fragebogenbasierte Verfahren angewandt, in denen der Befragte sein bisheriges Verhalten in bestimmten Situationen schildert bzw. entsprechende Varianten ankreuzt. In beiden Versionen wird aus dem gezeigten bzw. geschilderten Verhalten auf das künftige Verhalten geschlossen und daraus die Aussage gewonnen, ob eine Person die gestellten Anforderungen vermutlich erfüllen wird.

Persönlichkeitstests

Eine andere Gruppe stellen Persönlichkeitstests dar. Eine schier unübersichtliche Anzahl verschiedener Testverfahren soll den Anwendern dabei behilflich sein, die Persönlichkeitsstruktur von Kandidaten zu analysieren, um festzustellen, ob diese auf ein bestimmtes Stellenprofil passt. Meistens orientieren sich diese Testverfahren an einem Persönlichkeitsmodell und identifizieren verschiedene Bewerbertypen. Je komplexer ein solches Modell entwickelt ist, desto differenzierter sind auch die Aussagen hinsichtlich der Bewerberpersönlichkeit. Sehr grobe Modelle ermöglichen auch nur eine indikative Einschätzung. Im Rahmen dieses Buches ist es nicht möglich, einen kompletten Überblick über alle gängigen Testverfahren zu geben. Einige sehr verbreitete Tests werden jedoch in Abschnitt 16.4 näher vorgestellt.

Intelligenztests

Die dritte Gruppe bilden kognitive Testverfahren oder Intelligenztests. Dabei handelt es sich zum Teil um recht alte Methoden, die derzeit eine Renaissance erleben. Dahinter steckt die Idee, dass Intelligenz und die Fähigkeit, mit Komplexität umgehen zu können, korrelieren. Diese Fähigkeit wiederum ist insbesondere in Führungssituationen eine Schlüsselkompetenz. Die Tests variieren sehr stark und dienen der Ermittlung von analytischer und kreativer Kompetenz. Zum Teil wird auch die Fähigkeit zum logischen Denken und bisweilen das Allgemeinwissen abgefragt. Dazu gehören Schätzaufgaben wie „Wie viele Tankstellen gibt es in Indien?" und Konzentrationsübungen wie logische Zahlenreihen bilden, Satzergänzungs- oder Mustererkennungsübungen. Häufig wollen diese Tests ermitteln, ob jemand in eingefahrenen Denkstrukturen eine Lösung sucht oder in der Lage ist, neue Wege zu finden.

Ein Beispiel: Die Zahlen von eins bis zehn stehen hier in einer bestimmten Reihenfolge. Finden Sie das Schema heraus:

5 3 2 7 10 9 4 6 1 8*

Diese Art von Testverfahren wird u.a. von Unternehmensberatungen eingesetzt. Es gibt dazu Literatur, mit der Sie sich dar-

---

* Die Zahlen stehen in der Reihenfolge ihrer Schlussbuchstaben, bei Gleichheit geben die davor stehenden Buchstaben den Ausschlag.

auf vorbereiten können, um die Ecke zu denken. Sie finden dazu einige Titel im Anhang.

Die vierte Gruppe schließlich stellen die Motivationstests dar. Hier geht es darum, die Leitmotive der Testteilnehmer zu erkennen. Ein Beispiel ist der Operante Motivtest (OMT), der mit Hilfe von mehrdeutigen Bildern die impliziten Motive „Macht", „Leistung" und „Bindung" analysiert. Dazu sollen die Testteilnehmer die Bilder assoziativ erfassen und interpretieren. Andere Tests arbeiten mit Farben und Formen, um Informationen über die Motive der Probanden zu erlangen.

Motivationstests

Nur noch in Ausnahmefällen lassen Arbeitgeber ein grafologisches Gutachten erstellen. Diese Testform basiert auf der Überlegung, dass Persönlichkeitsmerkmale im Schriftbild erkennbar sind. Die Tatsache, dass dieses Instrument wissenschaftlich sehr umstritten und zudem teuer ist, weil ein Fachgutachter benötigt wird, hat das grafologische Gutachten weitgehend aus den Personalauswahlprozessen verschwinden lassen.

Grafologische Gutachten

Generell lässt sich für alle Verfahren feststellen, dass sie im Rahmen der Eignungsfeststellung einen Beitrag liefern, sie aber in der Regel nicht dazu gedacht sind, eine solche Aussage alleine zu stützen. Vielmehr sollen diese Verfahren, das Bild, das ein Bewerber aufgrund seiner Fachkompetenz und seiner Ausstrahlung in einem oder mehreren Vorstellungsgesprächen hinterlassen hat, abrunden oder Widersprüche sichtbar machen. Die Qualität der eingesetzten Verfahren hängt stark von der Kompetenz der Anwender ab. Lassen Sie sich als Bewerber ruhig auf diese Verfahren ein. Es gibt keinen Grund für ein generelles Misstrauen. Aber lassen Sie sich erklären, welche Erkenntnisse mit dem jeweiligen Verfahren gewonnen werden sollen, und bestehen Sie darauf, dass man Ihnen die Ergebnisse erläutert. Wenn das nicht vorgesehen ist, ist eine gewisse Skepsis angebracht. Gleiches gilt, wenn Sie mit unzulässigen Fragen nach Krankheiten oder persönlichen Dingen gefragt werden, wie bereits im Exkurs in Abschnitt 15.3 dargestellt wurde.

16.2 Assessment-Center

Assessment-Center bezeichnet eigentlich das Gremium, das über eine Personalauswahlentscheidung befindet. Häufig wird der Begriff aber für ein komplexes Verfahren verwandt, das aus verschiedenen Aufgabenstellungen und Testvarianten zusammengesetzt ist. Die dabei zum Einsatz kommenden Methoden sind keineswegs standardisiert, vielmehr handelt es sich um eine ganze Abfolge von Übungen, die sich über einen oder mehrere Tage hinziehen und das Potenzial der teilnehmenden Kandidaten in unterschiedlichen Kompetenzfeldern sichtbar machen sollen. Unterscheiden kann man ferner noch zwischen Gruppen- und Einzel-Assessments. Die Gruppenverfahren sind bei der Einstellung von Nachwuchskräften – sehr häufig bei der Gewinnung von Trainees – das gängigere Verfahren, während Einzel-Assessments eher der Potenzialerkennung berufserfahrener Mitarbeiter im Hinblick auf weitergehende Führungsaufgaben dienen und unternehmensintern z.B. für die Nachfolgeplanung eingesetzt werden. Häufig wird dafür auch die Bezeichnung „Management-Audit" verwandt.

Assessment-Center-Verfahren werden in der Regel von Psychologen im Hinblick auf konkrete Anforderungen einer Stelle oder eines Stellentyps (z.B. Traineeprogramm für künftige Gruppenleiter) entwickelt.

Rollenspiele und Gruppendiskussionen

Weit verbreitete Elemente sind dabei Rollenspiele, mit denen bestimmte Situationen simuliert werden (z.B. Feedbackgespräch mit einem Mitarbeiter oder Verkaufsgespräch), und Gruppendiskussionen, in denen Probleme gelöst oder knappe Ressourcen verteilt werden sollen (z.B. Entwicklung eines Marketingplans für ein neues Produkt, Wahl des Mitarbeiters des Monats). Die Gesprächspartner sind entweder Psychologen oder – bei Gruppenverfahren – die übrigen Teilnehmer. Instruktionen zur konkreten Situation gibt es meist unmittelbar vorher schriftlich und nach kurzer Vorbereitungszeit startet die jeweilige Übung. Für die Teilnehmer geht es nicht darum, sich auf Biegen und Brechen durchzusetzen, sondern im Zusammenspiel mit anderen konstruktiv zu agieren. Dabei kann am Ende die eigene Vorstellung verwirklicht werden, muss aber nicht, wenn die Argumente anderer stärker sind. In den Gruppen- und Einzelgesprächen setzen Sie sich am besten ein klares Ziel und fassen Zwischenergebnisse hin und wieder zusammen. Im Übrigen sollten Sie gut zuhören, die anderen nicht unterbrechen und sich aktiv und konstruktiv verhalten. Ein Sonderfall der Gruppendiskussion sind Konstruktionsübungen, in denen Gruppen aus vorgegebenen Materialien etwas bauen müssen, z.B. aus Papier, einem Luftballon und Klebeband eine Vorrichtung, die es ermöglicht, ein rohes Ei aus 3 Metern Höhe unbeschädigt auf den Boden fallen zu lassen. Hier wird beobachtet, wie Sie mit Lösungsvorschlägen anderer umgehen, wie Sie Ihre eigenen darstellen und welchen Beitrag Sie zum Teamergebnis liefern.

Schriftliche Übungen

Neben diesen mündlichen Übungen gibt es schriftliche Elemente, z.B. die Entwicklung eines Konzepts für eine bestimmte Problemstellung. Eine schon lange angewandte Methode zur Ermittlung der Entscheidungskompetenz ist die Postkorbübung, heute eher die E-Mail-Eingang-Übung. Hier wird der Umgang mit verschiedenen Informationen simuliert, die sich teilweise widersprechen und sich auf verschiedene Eingänge verteilen. Von den Kandidaten wird erwartet, dass sie sich unter Zeitdruck einen zutreffenden Überblick verschaffen und nachvollziehbare Entscheidungen fällen, wo diese notwendig sind. Manchmal werden Kandidaten im Anschluss an die Übung aufgefordert, ihre Entscheidungen zu begründen. Dabei wird häufig Wert darauf gelegt, dass sie die einzelnen Vorgänge in einen Gesamtzusammenhang stellen können, aus dem heraus sie ihr Vorgehen erläutern. Sie sollen Prioritäten setzen können und erkennen, was sie dringend bearbeiten müssen und mit welchen Aufgaben sie andere betrauen.

Ein weiterer Übungstyp sind Präsentationen. Es kann sein, dass die Teilnehmer sich selbst oder ein Thema, z.B. ihr Ergebnis aus der schriftlichen Ausarbeitung, präsentieren sollen. Dazu erhalten sie Anweisungen, Vorbereitungszeit und Hilfsmittel zur Visualisierung. Erwartet wird, dass sie ihre zentralen Botschaften gut transportieren und diese sinnvoll mit einigen Darstellungen unterstreichen. Es geht hier in der Regel nicht um die perfekte PowerPoint-Präsentation. Für Naturwissenschaftler, die bereits vielfach Poster präsentiert haben, sollte das kein Problem darstellen.

Und schließlich kann sich ein scheinbar informellerer Teil anschließen wie z.B. ein gemeinsames Abendessen, das keineswegs unbeobachtet bleibt. Gleiches gilt auch für Mittags- und Kaffeepausen. Tischmanieren, die Fähigkeit, ein Gespräch anzuregen und am Laufen zu halten, Höflichkeit, vielseitige persönliche Interessen und anderes lassen sich bei dieser Gelegenheit gut beobachten. Unbeobachtet sind Sie erst dann wieder, wenn das Verfahren abgeschlossen ist und Sie sich verabschiedet haben. Das tun Sie bitte persönlich bei allen Beteiligten.

Erste Ansätze, Assessment-Center mit Hilfe von it-basierten Tools durchzuführen, gibt es bereits. So werden Übungen mit Hilfe virtueller Situationen am PC absolviert oder die Kandidaten elektronisch beobachtet und analysiert. Die Aufgabenstellung selbst verändert sich dadurch nicht.

Die Teilnehmer der hier dargestellten Verfahren werden von mehreren Beobachtern über den gesamten Zeitraum begleitet. Die Beobachter sind Psychologen oder Mitarbeiter und Führungskräfte aus der Organisation, die speziell für diese Beobachterrolle geschult werden, oder häufig beides. Während Psychologen den geschulteren Blick auf die Persönlichkeit der Kandidaten haben, erfassen Mitarbeiter und Führungskräfte eher, ob jemand zu ihnen passt. Beobachter halten während der Übungen fest, was sie in bestimmten Kompetenzfeldern wahrnehmen und tauschen sich nach jeder Übung und am Ende über diese Wahrnehmungen aus. Dabei werden pro Übung nicht mehr als zwei bis drei Kompetenzen erfasst und jede gewünschte Kompetenz wird in mindestens zwei Übungen be-

Präsentationen

Informeller Teil – unbeobachtet ist man nie

Beobachtergremien

obachtet, um ein zutreffendes Bild zu bekommen. Beobachtung und Diskussion darüber erfolgen in der Regel sehr sorgfältig und gewissenhaft. Organisationen, die die Kosten für ein solches Verfahren aufbringen, legen auch Wert auf die Qualität der Beobachtergremien und wählen diese entsprechend aus. Für die Teilnehmer bedeutet dies, dass sie im Rahmen eines gut konzipierten und sorgfältig durchgeführten Verfahrens kompetent eingeschätzt werden. Dabei geht es immer um eine Beurteilung im Hinblick auf spezifische Anforderungen. Dazu erhalten die Teilnehmer am Ende oder wenige Tage später eine Rückmeldung, die meistens mündlich durch einen der beteiligten Psychologen erfolgt. Dies ist eine Chance, wertvolle Hinweise zur Fremdwahrnehmung der eigenen Person zu erhalten. Wer also zu einem Assessment-Center eingeladen wird, sollte sich auf die wertvollen Erfahrungen freuen, die er dort machen kann.

„Kann man sich auf Assessment-Center vorbereiten?" ist eine Frage, die viele Menschen in Bewerbungssituationen beschäftigt. Allein die über tausend verfügbaren Buchtitel zu diesem Thema erwecken den Eindruck, dass man sich darauf vorbereiten sollte und kann wie auf eine Matheklausur. In dieser Form geht es sicher nicht, da Assessment-Center Persönlichkeits- und Sozialkompetenzen beobachten, die man sich nicht anlesen kann. Ein Bewerber, der sich aktiv um eine neue Stelle bemüht und dementsprechend gut über die Branche, aktuelle Trends und das Wunschunternehmen informiert ist, braucht keine gezielte Vorbereitung auf ein solches Verfahren. Es genügt, wenn sich jeder Teilnehmer klarmacht, dass er sich dort präsentieren und etwas von sich zeigen muss. Greifen Sie dabei auf Ihre Berufs- und Lebenserfahrung zurück. Vornehme Zurückhaltung ist ebenso wenig gefragt wie aufgesetztes Dominanzverhalten. Im Übrigen hilft es eher, sich auf die Übungen einzulassen, d.h. wirklich in die jeweilige Rolle zu schlüpfen und sich damit zu identifizieren. Tun Sie das, was Sie auch im richtigen Leben tun würden. Wer sich ständig selbst kontrolliert, wirkt verkrampft statt natürlich und locker. Lockerheit erzielen Sie eher durch ausreichenden Schlaf und Verzicht auf Alkohol am Vorabend. Gönnen Sie sich lieber morgens noch eine Extraportion frische Luft. Für die, die damit nicht zufrieden sind, gibt es Literaturhinweise im Anhang.

Feedback

Gezielte Vorbereitung unnötig

16.3 Multimodales Interview und Planspiele

Anstelle kompletter Assessment-Center-Verfahren verwenden Unternehmen vielfach in ihrem Auswahlprozess nur einzelne Elemente. Zum Teil findet sich hier die Bezeichnung „Multimodales Interview (MMI)", was nicht mehr besagt, als dass ein Interview aus mehreren Teilen besteht und mit allen Kandidaten in gleicher Struktur abläuft.

Es startet häufig mit der Aufforderung an Bewerber, sich selbst zu präsentieren. Dafür gibt es eine zeitliche Vorgabe und manchmal Vorbereitungszeit. Die ist aber nicht selbstverständlich, schließlich geht man davon aus, dass Bewerber über sich jederzeit kompetent Auskunft geben können. Bereiten Sie sich also vor wie auf ein Interview und entwickeln Sie zudem einige Ideen, wie Sie Ihre Präsentation ggf. illustrieren können. Diese Illustrationen sollten Sie zu Hause am eigenen Flipchart auch schon einmal gezeichnet haben. Wer darin noch ungeübt ist, kann sich gut an folgenden Leitfragen orientieren:

Präsentation der eigenen Persönlichkeit

- Welche zentralen Aussagen soll mein Poster enthalten?
- Was steht im Mittelpunkt?
- Wie kann ich dies visuell darstellen?
- Was sollte noch angesprochen werden?
- Wie mache ich mein Poster spannend und interessant?
- Welche privaten Informationen will ich offen legen?

Ein Beispiel für ein solches Poster gibt Abb. 16.1.

Im weiteren Verlauf werden standardisierte Fragen zur Biografie gestellt. Zudem wird die Motivation im Hinblick auf die zu besetzende Stelle ergründet. Ergänzt wird das Multimodale Interview um situative Fragen zum künftigen Tätigkeitsfeld. Die Fragen konzentrieren sich auf kritische oder besonders gelungene Situationen, so dass erkennbar wird, wie sich ein Kandidat in extremen Lagen verhält.

Fragen zu Biografie, Motivation und künftiger Tätigkeit

Ein weiteres Verfahren sind Fallstudien, die Kandidaten mit der Aufforderung übergeben werden, dazu einen Lösungsvorschlag zu entwickeln, ein Konzept zu entwerfen o.Ä. Dafür gibt es einen knapp bemessenen Zeitraum zu Vorbereitung. Anschließend präsentiert der Bewerber seine Ansätze und diskutiert ggf. mit den Gesprächspartnern darüber. Hier geht es zunächst darum, zu zeigen, dass man analytisch vorgehen und sinnvolle Ansätze entwickeln kann, und dann darum, gut zu argumentieren und seine Arbeit überzeugend vorzustellen. Das Wichtigste ist, sich die Aufgabenstellung genau durchzulesen und das eigene Vorgehen zu strukturieren. Alles andere müssten Sie mit Ihrer Fachkompetenz gut bewältigen können.

Fallstudien

Abb. 16.1 Beispielposter zur Vorbereitung von Präsentationen der eigenen Persönlichkeit

Planspiele · In eine ähnliche Richtung gehen Unternehmensplanspiele. Auch sie werden zum Teil im Rahmen von Auswahlentscheidungen zur Potenzialeinschätzung genutzt. Unternehmensplanspiele simulieren die Folgen unternehmerischer Entscheidungen, die im Hinblick auf verschiedene Unternehmensbereiche getroffen werden, z.B. im Hinblick auf den Aufbau von Produktionskapazitäten, Marketingaufwendungen, Preisbildung und Personaleinstellungen. Diese Entscheidungen können einzeln oder in Gruppen getroffen werden und werden in ein entsprechendes Programm eingegeben, so dass nach kurzer Zeit die Ergebnisse feststehen. Dabei spielen Einzelpersonen und Teams gegen andere. Finden Planspiele im Rahmen von Personalauswahlverfahren statt, so geht es nicht nur um die erreichten Ergebnisse, sondern auch um die Art der Entscheidungsfindung. Die Teilnehmer werden im Hinblick auf ihr Sozialverhalten in der Gruppe beobachtet.

16.4 Persönlichkeitstests

Wie oben beschrieben sind Assessment-Center-Verfahren sehr aufwendig und teuer. Aus diesem Grund versuchen Unternehmen, durch vereinfachte, am besten webbasierte Verfahren, die weit verbreitet, entsprechend preiswert und schnell verfügbar sind, die gleichen Informationen über Kandidaten zu erhalten. So hat eine Befragung aus dem Jahr 2004 unter den DAX- und MDAX-Unternehmen ergeben, dass in rund der Hälfte der befragten Unternehmen Persönlichkeitstest bekannt sind und eingesetzt werden. Zudem gingen die entsprechenden Unternehmen zum großen Teil davon aus, dass die Bedeutung von Testverfahren zunehmen wird.

Diese Verfahren haben fast alle den Nachteil, dass sie auf der Selbsteinschätzung der teilnehmenden Personen beruhen. Dies setzt voraus, dass die Teilnehmer sich zuverlässig einschätzen können und dies auch wollen. Beides kann nicht ohne weiteres angenommen werden. Einerseits setzt Selbsteinschätzung Erfahrung voraus, die Berufsanfängern manchmal fehlt, zumal wenn sie sich bis dahin nicht mit Fragen zu ihrer Persönlichkeit beschäftigt haben. Andererseits werden viele Testteilnehmer die Antworten geben, von denen sie glauben, dass die Testanwender sie erwarten. Dieses sogenannte sozial erwünschte Antwortverhalten versuchen die Tests zwar durch Plausibilisierungen zu umgehen, dies ist jedoch nur eingeschränkt möglich.

Für Sie als Testteilnehmer heißt das, dass Sie sich im Vorfeld überlegen sollten, was man von Ihnen erwartet. Sicher ist es nicht sinnvoll, die Fragen durchgängig falsch zu beantworten. Das Testergebnis würde dann nicht zu dem Eindruck passen, den Sie hinterlassen haben. Wenn Sie sich aber im Zweifel für die dynamischere oder entschlossenere Antwortvariante entscheiden, ist das der richtige Weg, um erfolgreich durch derartige Tests zu gelangen, vorausgesetzt, es handelt sich um seriöse und für die Personalauswahl konzipierte Verfahren. Sollte es daran Zweifel geben, weil die Fragen unangemessen, zu persönlich oder nicht sachbezogen sind, überlegen Sie sich, ob Sie teilnehmen wollen. Ein Arbeitgeber, der schon zu Beginn Ihres Zusammentreffens zweifelhafte Methoden einsetzt, verdient Ihr Vertrauen nicht. Deshalb lassen Sie sich erläutern, was mit dem Test ergründet werden soll und wie er ausgewertet wird. Gute und langjährig evaluierte Verfahren lassen sich auch plausibel erklären.

Die im Anschluss exemplarisch vorgestellten Tests zur Persönlichkeitsanalyse sind in Deutschland recht bekannt, werden vielfach eingesetzt und gelten als valide, so dass Sie damit rechnen können, ihnen in Ihrer beruflichen Praxis eventuell zu begegnen.

Bochumer Inventar (BIP)

Das Bochumer Inventar zur berufsbezogenen Persönlichkeitsbeschreibung (BIP) von Rüdiger Hossiep ist ein Verfahren zur Selbsteinschätzung der Testteilnehmer im Hinblick auf beruflich relevante Eigenschaften. Anhand von 251 Aussagen, denen auf einer sechsteiligen Skala zugestimmt oder widersprochen werden soll, werden diese Eigenschaften ermittelt. Dies dauert etwa 50 Minuten. Die Teilnehmer füllen den Test online oder auf Papier aus und erhalten eine Auswertung der zentralen Auswertungsstellen in Deutschland oder der Schweiz. Die Interpretation der Testergebnisse ist nur durch geschulte Psychologen zulässig. Das Verfahren wird laufend von einem Projektteam der Ruhr-Universität Bochum beforscht und weiterentwickelt, gilt als wissenschaftlich fundiert und genießt im deutschen Sprachraum sicherlich die höchste Anerkennung unter Fachleuten. Die Testergebnisse können sowohl zur Eignungsfeststellung als auch zur Berufs- und Karriereberatung sowie als Standortbestimmung im Vorfeld von Trainings und Coachings verwandt werden.

Myers-Briggs-Typenindikator (MBTI)

Der Myers-Briggs-Typenidikator (MBTI) wurde von Isabel Myers und Katherine Briggs entwickelt und geht auf eine Persönlichkeitstypologie von C.G. Jung zurück. Ziel des Tests ist es, den Probanden als einen von 16 Persönlichkeitstypen zu identifizieren. Dies erfolgt mit Hilfe eines Fragebogens, der für jede Frage immer nur die Möglichkeit genereller Zustimmung oder Ablehnung bzw. einer Enthaltung vorsieht. Weitere Abstufungen sind nicht vorgesehen. Der Test ist einfach in der Anwendung und statistische Daten weisen die Korrelation zwischen einzelnen MBTI-Typen und beruflichen Erfolgen nach. In den USA sehr verbreitet, wird er in Deutschland im Rahmen der betrieblichen Personalentwicklung oder als Basis für ein berufsbezogenes Coaching verwandt, weniger im Rahmen von Auswahlentscheidungen bei Neueinstellungen.

DISG-Modell

Das DISG-Modell oder englisch DISC, entwickelt von John G. Geier und seit rund 20 Jahren im deutschsprachigen Raum verbreitet, ermittelt die vier Verhaltenstendenzen Dominanz, Initiative, Stetigkeit und Gewissenhaftigkeit. Anhand von Begriffspaaren entscheiden die Testpersonen, wohin sie eher tendieren. Dabei beurteilen sie sich zunächst aus ihrer eigenen Sicht und dann danach, wie sie glauben, von anderen gesehen zu werden. Das Testergebnis eröffnet ihnen, welche Verhaltenstendenz bei ihnen vorherrscht, wobei es sich häufig nicht nur um eine handelt. Der Test wird gerne eingesetzt, weil er sowohl papiergestützt als auch im Online-Verfahren schnell ausgefüllt und ausgewertet werden kann. Seine Aussagefähigkeit beschränkt sich auf eine sehr grobe Typisierung, die im Rahmen eines seriösen Einsatzes vor allem den Zweck hat, eine zu homogene Zusammensetzung von Teams zu vermeiden. Aus dem Test kann ohne ein Hinzuziehen weiterer Informationen sicher keine Eignungsaussage abgeleitet werden. Testteilnehmer akzeptieren das Verfahren in der Regel sehr gut, weil es schnell geht und die Ergebnisse selten wirklich überraschen. Eine gute Erläuterung durch den Anwender sollte allerdings dazugehören.

Reiss-Profil – eigentlich englisch Reiss-profile – ist eine Methode des Amerikaners Prof. Steven Reiss zur Ermittlung der persönlichen Motivation. Das Testverfahren, das erst seit 2002 auf dem deutschen Markt verfügbar ist, ermittelt, welches von 16 Lebensmotiven für den Testteilnehmer die treibende Kraft ist. Dies erfolgt anhand von 128 Aussagen, die der Teilnehmer entweder im Online-Verfahren oder papiergestützt bewertet. Mit einer Dauer von ca. 20 Minuten ist der Test sehr benutzerfreundlich. Als Grundlage für Coachings oder Personalentwicklungsmaßnahmen entfaltet er seine größte Aussagefähigkeit, da er auch Work-Life-Balance-Aspekte berührt. Als Auswahlinstrument ist er nur in Ergänzung mit anderen Methoden geeignet, da es kein eindeutiges Wunschmotiv bei einer Stellenbesetzung gibt, lediglich einige der 16 Lebensmotive für bestimmte Aufgabenfelder weniger erwünscht sind. Aus diesem Grund setzen ihn Unternehmen eher im Zuge der Führungskräfteentwicklung ein. Nimmt man die Größe der jeweiligen Diskussionsgruppen in XING als Indikator für die aktuelle oder künftige Verbreitung der Testverfahren, so erfreut sich das Reiss-Profil derzeit großer Beliebtheit.

Die Hogan-Tests sind insgesamt fünf in den USA entwickelte Tests zur Ermittlung von Persönlichkeitsmerkmalen, die Auskunft über berufliche Perspektiven und Erfolgswahrscheinlichkeiten bieten. Zentraler Test ist das Hogan Personality Inventory (HPI), das die Stärken einer Person in Bezug auf ihre beruflichen Erfolgsaussichten fragebogenbasiert herausstellt. Ergänzt wird das Paket durch den Hogan Development Survey sowie durch das Motives, Values, Preferences Inventory. Die Einsatzfelder dieser Verfahren liegen im Bereich Personalauswahl und Entwicklung. Spezifisch auf Nachwuchskräfte zugeschnitten ist eine Online-Variante, Hogan Advantage, die eine Kurzform des HPI darstellt. Der fünfte Test ist das Hogan Business Reasoning Inventory, das speziell für obere Führungskräfte konzipiert wurde. Alle Verfahren sind online-gestützt, praktikabel in der Anwendung und werden zentral von Hogan Assessment Systems ausgewertet. Die Ergebnisse werden ausführlich dargestellt, sollten allerdings – wie alle anderen Testverfahren auch – persönlich erläutert werden.

16.5 DIN 33430

Zum Schluss dieses Kapitels noch ein Ausblick auf die DIN 33430: In der Tat, es gibt seit 2002 eine DIN-Norm für die Anforderungen an Verfahren zur berufsbezogenen Eignungsbeurteilung und deren Einsatz und damit die Möglichkeit für Organisationen, den eigenen Auswahlprozess zertifizieren zu lassen. Dem waren langjährige Bemühungen um Beurteilungssysteme für Testverfahren vorausgegangen, u.a. durch deutsche Psychologenverbände und den Schweizerischen Verband für Berufsberatung, die reine Berufsstandesregeln entwickelten und außerhalb ihres Umfelds wenig Akzeptanz fanden. Die jetzige DIN-Norm hat den Vorteil, von allen Berufsgruppen als Standard anerkannt zu werden, wenn auch ihre Anwendung freiwillig ist.

Zertifizierung von Personalwahlverfahren

Nach DIN 33430 wird nicht jedes einzelne Element, sondern der Prozess insgesamt und damit auch die Qualifikation der eingesetzten Beobachter im Hinblick auf ihre Beobachtungs- und Beurteilungskompetenz zertifiziert. Dies ist sicher der richtige Ansatz für die Qualitätssicherung in der Personalauswahl, der sich hoffentlich rasch durchsetzt. Eine entsprechende ISO-Norm ist in Vorbereitung.

Ein solches zertifiziertes Unternehmen ist für Sie als Bewerber bestimmt interessant und verdient einen Vertrauensvorschuss.

17 Netzwerke

17.1 Persönliche Netzwerke

Wenn erfolgreiche Menschen beschrieben werden, egal ob aus Politik, Unternehmen, Verwaltung, Sport oder Unterhaltung, fällt irgendwann immer der Satz: „Ja und im Übrigen ist er sehr gut vernetzt." Offensichtlich ist dieses „Vernetztsein" ein hervorstechendes Merkmal, das viel über die berufliche Stellung eines Menschen und seine Perspektiven aussagt. Während in den 80er und 90er Jahren „Beziehungen" noch verpönt waren – man hatte keine und selbst wenn man sie hatte, nutzte man sie unter gar keinen Umständen – hat sich die Einstellung dazu radikal verändert und Mitarbeiter werden zum Teil gerade wegen ihres Netzwerks eingestellt.

Gute persönliche Kontakte zu Menschen aus dem beruflichen Umfeld sind in erster Linie eine wichtige Quelle für Informationen, die nicht jederzeit frei verfügbar sind. Durch persönliche Ansprechpartner spart man viel Zeit. Im Hinblick auf die berufliche Karriereentwicklung sind Netzwerke also eine wichtige Quelle, um Hintergrundwissen über Organisationen zu erhalten, von Vakanzen zu erfahren, bevor diese öffentlich ausgeschrieben werden, und Kontakte vermittelt zu bekommen, die hilfreich sein können. Netzwerke schaffen keine Stellen und Personalentscheidungen basieren in den wenigsten Fällen allein auf Protektion, aber Netzwerke können einen Wissensvorsprung schaffen, der sehr hilfreich ist. Aus diesem Grund lohnt es sich, schon früh Kontakte bewusst zu pflegen. Legen Sie sich ein Verzeichnis mit Kontaktdaten an oder sammeln Sie Visitenkarten. Wichtig ist, dass Sie erfahren, wenn sich bei Ihren Kontakten etwas verändert. Daher sollten Sie gelegentlich eine E-Mail schreiben oder telefonieren, um auf dem Laufenden zu bleiben.

Zum Kreis des persönlichen Netzwerks gehören zu Beginn einer beruflichen Entwicklung Eltern, Nachbarn, Schul- und Ausbildungskollegen, Kommilitonen und alle anderen, die Sie durch Hobbys und Ehrenamt kennen. Wenn Sie Ihre Ausbildung abgeschlossen haben und eine Stelle suchen oder sich verändern wollen, sollten all diese Menschen das wissen, auch wenn sie nicht in Ihrem beruflichen Umfeld arbeiten. Bedenken Sie, dass jede dieser Personen wiederum über ein eigenes Netzwerk verfügt und damit vielleicht Dinge weiß, die für Sie äußerst nützlich sein können.

17.2 Virtuelle Netzwerke

www.facebook.de; www.studivz.net;
www.stay-friends.de; www.yasni.com

Im privaten Bereich ist vielen Menschen die Nutzung virtueller Netzwerke sehr vertraut. Sie sind aktiv in Netzwerken wie Facebook oder StudiVZ oder nutzen Personensuchmaschinen wie StayFriends oder Yasni. Der Austausch hier betrifft zwar überwiegend private Informationen, aber zunehmend mehr Unternehmen nutzen insbesondere Facebook. Dabei geht es nicht nur darum, Informationen über ihre Bewerber zu erlangen oder kompromittierende Fotos zu finden, sondern auch darum, Informationen über das eigene Unternehmen zu verbreiten und frühzeitig in Kontakt zu möglichen Interessenten zu treten.

www.xing.de; www.linkedin.com

Allein in Xing finden sich unter dem Stichwort „Life Science" über 60 Gruppen mit 1– über 7000 Mitgliedern

Stärker berufsorientierte virtuelle Netzwerke sind Xing, das seinen Schwerpunkt in Deutschland hat, und LinkedIn, ein internationales Netzwerk. In beiden Netzwerken findet ein Austausch über berufliche Themen statt. Dazu gibt es unterschiedlichste Gruppen und Foren, die sich zu Branchenthemen, Fachfragen oder Themen von allgemeinem Interesse zusammenfinden. Die Qualität der Beiträge ist von den Teilnehmern und Moderatoren abhängig, zum Teil sind die Inhalte etwas unspezifisch. Dennoch kann die Nutzung dieser Netzwerke sehr hilfreich sein, um gezielt neue Kontakte aufzubauen und Informationen über Unternehmen, Technologien oder Märkte zu bekommen. Hier lässt sich auch in Erfahrung bringen, worüber Personaler diskutieren, wenn es um Recruiting und Personalauswahl geht.

17.3 Kontakte zu Personalberatern

Personalberater (auch Headhunter genannt) arbeiten im Auftrag ihrer Kunden, um diese bei der Personalgewinnung zu unterstützen. Dabei gibt es unterschiedliche Vorgehensweisen. Ist der Berater mit einer „Direct Search" beauftragt, geht es darum, gezielt nach Personen zu suchen, die ein bestimmtes Stellenprofil erfüllen. Dazu erstellt er in der Regel zunächst gemeinsam mit dem Auftraggeber eine Liste mit Zielfirmen und spricht dann die in Frage kommenden Personen direkt darauf an, ob sie für ein Gespräch über einen beruflichen Wechsel offen sind. Kommt ein solches Gespräch zustande, verschafft der Personalberater sich einen persönlichen Eindruck über die Kompetenzen des Gesprächspartners und entscheidet, ob er ihn seinem Auftraggeber als geeigneten Kandidaten präsentiert. Dieser Prozess ist sehr aufwendig und setzt sehr gute Branchenkenntnisse voraus. Die Kosten dafür werden daher im Regelfall nur in Kauf genommen, wenn Führungskräfte oder Spezialisten gesucht werden. Personalberater aus dem Segment „Executive Search" sind in der Regel auf eine oder wenige Branchen fokussiert, manchmal auf bestimmte Arten von Tätigkeiten. Die großen Beratungsunternehmen verfügen über eine Vielzahl von Spezialisten und können damit eine große Bandbreite abdecken.

Eine einfachere Form der Suche über Personalberater erfolgt mit Hilfe von Ausschreibungen. Das Beratungsunternehmen schaltet Stellenanzeigen und trifft eine Vorauswahl, um die Auftraggeber zu entlasten. Den suchenden Unternehmen werden nur die geeigneten Kandidaten präsentiert. Dieses Verfahren kommt auch dann zum Einsatz, wenn Personal unterhalb der Führungsebene gesucht wird, Organisationen aber das Recruiting nicht selbst machen, sondern es in professionelle Hände legen wollen. Die in diesem Segment tätigen Beratungsunternehmen arbeiten in der Regel branchenübergreifend. Kombinationen und Varianten dieser Vorgehensweisen sind natürlich ebenfalls zu finden.

Beratungsunternehmen steht häufig eine eigene Datenbank zur Verfügung, die bei Suchaufträgen immer zuerst nach geeigneten Kandidaten durchforstet wird. Aus diesem Grund sind Personalberater für das eigene Netzwerk von großer Bedeutung. Wenn Sie Berater kennenlernen, die in Ihrer Branche oder in einem für Sie interessanten Bereich tätig sind, sollten Sie diese Kontakte pflegen, indem Sie ihnen Ihren aktuellen Lebenslauf zur Verfügung stellen und sie über Veränderungen auf dem Laufenden halten. Wer weiß, vielleicht passen Sie eines Tages auf ein Suchprofil. Im Übrigen hat ein guter Berater vielleicht auch den ein oder anderen Tipp für Sie. Schließlich bekommt er vieles mit, was über sein engeres Aufgabenfeld hinausgeht.

17.4 Mentoring- und Alumni-Netzwerke

Manchmal sind Personen interessant, weil sie selbst gute Netzwerker sind. Dies gilt insbesondere für erfahrene Menschen, die schon mehrere berufliche Stationen hinter sich gebracht haben und wegen dieser Wechsel viele Kontakte haben. Dazu gehören aber auch alle Menschen, die sich selbst aktiv um Kontakte außerhalb ihrer Organisationen kümmern und z.B. in Kooperationen arbeiten, auf Konferenzen gehen und sich ständig mit anderen über die Entwicklung im eigenen Aufgabenfeld austauschen. Diese Menschen zu kennen, kann sehr wertvoll sein, um Zugang zu ihren Netzwerken zu bekommen.

Eine gute Gelegenheit, solche Menschen zu treffen, bieten Mentoring-Programme und Alumni-Vereinigungen. Wenn sich

Ihnen die Chance bietet, an einem Mentoring-Programm teilzunehmen, sollten Sie das tun. Sie werden erleben, dass es nicht nur um die direkte Unterstützung durch Ihren Mentor geht. Wichtiger noch ist der Austausch unter allen Mentees und Mentoren, so dass Sie gezielt interessante Leute ansprechen können und innerhalb dieses geschützten Rahmens ohne Scheu über ihre beruflichen Ziele sprechen können. In aller Regel wird man Ihnen sehr hilfsbereit gegenübertreten.

Wenn Sie schon über ein paar Jahre Berufserfahrung verfügen, überlegen Sie doch einmal, ob Sie nicht selbst Mentor werden wollen. Vielleicht hat ja Ihre frühere Universität Interesse daran. Durch einen solchen Schritt können Sie Kontakt zu anderen Mentoren aufbauen und dabei viele Beziehungen knüpfen, die anderweitig kaum in Betracht kämen, sowie Kontakt zu Studierenden und Doktoranden halten.

Zwar wird Mentoring vielfach zur gezielten Förderung von Frauen eingesetzt und die großen Mentoring-Netzwerke sind häufig weiblichen Mentees vorbehalten, aber das muss ja nicht so bleiben. Männer profitieren genauso von Mentoring und selbst in Frauen-Mentoring-Programmen sind männliche Mentoren gern gesehen.

Eine ähnliche Funktion wie Mentoring-Programme übernehmen auch Alumni-Netzwerke von Schulen und Universitäten, aber auch von größeren Unternehmen. Hier kann man viele Leute treffen, die in relevanten Feldern arbeiten und über wichtige Erfahrungen verfügen. Überlegen Sie, wo sich eine Mitgliedschaft für Sie lohnt, so dass Sie dort aktiv werden können. Lediglich die Beiträge zu zahlen und Newsletter zu lesen, hilft Ihnen nur bedingt weiter.

Frauen in Naturwissenschaft und Technik, www.mentorinnennetzwerk.de; Femtec, www.femtec.org

17.5 Ausbau von Netzwerken auf Tagungen, Messen und Recruiting-Events

Gute Möglichkeiten, berufliche Kontakte zu erweitern, sind Kongresse, Fachtagungen und Messen.

Auf Kongressen und Fachtagungen ist es sehr einfach, jemanden anzusprechen, weil es immer genügend Fachthemen gibt, über die man sich unterhalten kann. Die Kaffeepausen und Abendveranstaltungen bieten sich dafür an. Hier treffen Sie vor allem Gesprächspartner aus verschiedenen Sektoren. Man trifft auf Teilnehmer aus Unternehmen, der öffentlichen Verwaltung und aus der akademischen Forschung. Je vielseitiger der Teilnehmerkreis, desto interessanter ist die Veranstaltung für Sie.

Auf Messen geht es zwar in erster Linie ums Geschäft, aber viele Fachbesuchermessen haben sich zu Jobbörsen entwickelt. An einem einzigen Tag eine Vielzahl von interessanten Gesprächspartnern zu treffen, ist nirgendwo so einfach wie hier. Auch wenn Sie auf vielen Messen zwar nicht die Top-Führungskräfte aus Ihren Wunschunternehmen treffen, so doch meist Produktmanager und Vertriebsmitarbeiter, die Ihnen gerne etwas über das Unternehmen oder ihren eigenen Werdegang erzählen.

Eine Sonderrolle spielen Recruiting-Events. Dieses Messeformat hat sich in den letzten Jahren auch im Life-Sciences-Bereich sehr stark entwickelt. Häufig präsentieren sich Unternehmen hier durch ihre Personalabteilungen, die Auskünfte über Einstiegs- und Entwicklungsmöglichkeiten in ihrer Organisation geben. Zwar wenden sich viele dieser Veranstaltungen an Berufseinsteiger, dennoch lohnt sich der Besuch auch für Berufserfahrene.

Nur hier haben Sie die Gelegenheit, an einem einzigen Tag mit Vertretern von Personalabteilungen vieler Unternehmen zu sprechen. Für alle Veranstaltungen gilt, dass Sie sich gut vorbereiten sollten. Die Aussteller werden vorher auf den entsprechenden Internetseiten bekanntgegeben, so dass Sie schon im Vorfeld auswählen können, mit wem Sie reden wollen. Für einen professionellen Auftritt sollten Sie eigene Visitenkarten sowie einige Ausdrucke Ihres Lebenslaufs bereithalten und die Garderobe tragen, die Sie auch zu einem Vorstellungsgespräch anziehen würden.

Recruiting-Events Life Sciences:
Contact Heidelberg
ScieCon Bochum und München
T5 Futures Düsseldorf, Stuttgart, München
IKOM Life Science Weihenstephan
LZ Karrieretag
weitere unter: www.karriere.de oder www.messeninfo.de/karrieremessen

Dresscode Messe

17.6 Netzwerke der Fachleute

Berufsbezogene Organisationen gibt es in vielfältigster Form. Zum einen gibt es Verbände, die an eine Studienrichtung anknüpfen, z.B. den VBIO e.V., in dem Biologen aus unterschiedlichen beruflichen Feldern vertreten sind. Gleiches gilt für die GDCh für Chemiker oder die Sektion Life Sciences im VDI, die in erster Linie Ingenieure anspricht. Diese Organisationen sind in der Regel offen für alle, die sich für die entsprechenden Berufsfelder interessieren, und haben die Aufgabe, die Interessen ihrer Mitglieder zu vertreten und Nachwuchskräfte für diese Berufsfelder zu begeistern. Häufig sind sie regional organisiert und richten Tagungen oder andere Veranstaltungen aus, die Möglichkeiten zur Kontaktaufnahme bieten.

Andere spezifischere Organisationen beziehen sich auf bestimmte fachliche Themen. Dazu gehören u.a. die Gesellschaft für Biochemie und Molekularbiologie e.V., GBM, Vereinigung für Allgemeine und Angewandte Mikrobiologie, VAAM und

Deutsche Gesellschaft für Hygiene und Mikrobiologie, DGHM. Eine Zusammenstellung findet sich im Anhang.

Zudem gibt es Netzwerke, die unabhängig von Fachrichtungen allen offenstehen, die sich mit einem bestimmten Thema oder einer bestimmten Haltung identifizieren können. Dazu gehören z.B. Netzwerke von katholischen Akademikerinnen, angestellten Führungskräften, Rotariern und homosexuellen Managern. Sich hier einen vollständigen Überblick zu verschaffen, ist sicher nicht ganz einfach. Wenn Sie für sich ein passendes Netzwerk suchen, sollten Sie sich einige Kriterien und ihre Relevanz überlegen. Dazu gehören:

- nationale oder internationale Organisation
- fachliche oder allgemein berufsbezogene Ausrichtung
- Organisation für Einzelmitglieder oder auch für Institutionen
- regionale oder nationale Struktur
- Maß an Aktivität
- Kosten der Mitgliedschaft
- Art des Aufnahmeverfahrens
- Pflichten der Mitgliedschaft
- Spaßfaktor (schließlich ist das Ganze freiwillig)

Im Übrigen finden die meisten den Weg in ein solches Netzwerk, indem sie von anderen angesprochen werden und einfach einmal vorbeischauen. Bei vielen Organisationen ist die Teilnahme an Veranstaltungen als Interessent möglich, so dass man über die Mitgliedschaft erst entscheiden muss, wenn man ein bisschen mehr Einblick gewonnen hat.

Eine sehr gute Möglichkeit für junge Leute in den ersten Berufsjahren, die in Unternehmen oder selbständig tätig sind, bieten die Wirtschaftsjunioren, die an die zuständigen Industrie- und Handelskammern angegliedert und Teil des Junior Chamber International (JCI) sind.

Die Wirtschaftsjunioren verstehen sich als Lernorganisation, in der man schnell Verantwortung übernehmen und in verschiedene Aufgaben hineinwachsen kann. Wer einmal den Vorsitz in einer Region übernommen oder sich im Bundesvorstand engagiert hat, macht wertvolle Erfahrungen für die eigene Karriere und lernt viele interessante und wichtige Leute kennen. Mit 40 Jahren ist hier für eine aktive Mitgliedschaft Schluss. Aber viele ehemals aktive Mitglieder bleiben den Junioren verbunden und treten dann anderen Organisationen bei. Nationale Organisationen des JCI gibt es in Österreich mit der Jungen Wirtschaft und in der Schweiz mit dem Junior Chamber International Schweiz.

Eine besondere Rolle spielen Frauennetzwerke. Lange ist berufstätigen Frauen vorgeworfen worden, sich nicht gut zu vernetzen. Sie konzentrieren sich auf ihre Arbeit und kümmern sich um ihre Familien. Da bleibt auch häufig wenig Spielraum für anderes. Die Haltung der Frauen hat sich jedoch sehr verändert. Der Wunsch nach Gleichgesinnten führt nicht nur die zusammen, die sich über Vereinbarkeitsfragen austauschen wollen. Aus diesem Grund ist eine Vielzahl von Frauennetzwerken entstanden, die sehr aktiv sind und im vorpolitischen Umfeld als kompetente Ansprechpartner gelten. Auch bei den Frauennetzwerken gibt es allgemein berufsbezogene oder fachbezogene Organisationen (Abschnitt 21.2). Wer sich für diese interessiert, findet weitere Hinweise im Anhang. Gute Ansprechpartnerinnen sind hier die Gleichstellungsbeauftragten des eigenen Arbeitgebers oder der Städte, die häufig Kontakte zu verschiedenen Netzwerken pflegen.

18 Entscheidungsfindung und Einarbeitungsphase

18.1 Auswahl des richtigen Stellenangebots

Wie verhält man sich als Stellensuchender im Fall, dass man mehrere Angebote erhält? Zunächst können Sie durchaus ein bisschen das Gefühl genießen, dass Sie gefragt sind. Ihre Kompetenzen und Ihr persönlicher Auftritt haben offensichtlich so überzeugt, dass mehrere Unternehmen sich eine Zusammenarbeit mit Ihnen gut vorstellen können. Es liegt jetzt an Ihnen, die richtige Wahl zu treffen. Einige der folgenden Kriterien können dabei helfen:

Besonders bei Hochschulabsolventen sind die großen, wohlklingenden Namen der jeweils angestrebten Branche sehr begehrt. Wer Arzneimittel entwickeln will, träumt von einer Stelle bei Bayer, Roche oder Novartis, und wer in die Lebensmittelbranche möchte, für den stehen Nestlé, Unilever oder Dr. Oetker ganz oben auf der Wunschliste. Im Bereich Biotechnologie sind es Morphosis oder Qiagen und bei Unternehmensberatungen Boston Consulting, McKinsey oder Roland Berger. Unter den 100 am höchsten bewerteten Marken dieser Welt befinden sich aber gerade 21 Nahrungs- und Genussmittelhersteller, acht Firmen aus dem Bereich Kosmetik, Pflege und Reinigungsmittel (FMCG) und zwei Elektronikkonzerne, General Electric und Siemens, die über Medizintechniksparten verfügen – insgesamt 31 Unternehmen, die zumindest in Teilbereichen dem Sektor „Life Sciences" zugeordnet werden können. Die anderen 69 sind Autohersteller, Internetunternehmen, Hersteller von Luxusgütern und Elektronik, Finanzdienstleister, Medienunternehmen u.a.

Doch Vorsicht: Große Marken werden nicht immer von großen Unternehmen produziert. Gerade die großen Pharmafirmen tauchen unter den Top Brands gar nicht auf, sind aber in der Liste der 100 am besten bewerteten, börsennotierten Unternehmen mit zehn Unternehmen stark vertreten. Gleichzeitig tauchen einige der großen Marken in keiner Liste von Top-Unternehmen auf, die nach Umsatz, Gewinn oder Beschäftigtenzahlen ermittelt wurde.

Top Brand oder lieber der Hidden Champion?

Kleine Unternehmen werden gerne unterschätzt: Während man großen Unternehmen zuschreibt, dass sie gut durchstrukturiert sind und ein professionelles Personalmanagement haben, werden bei kleineren eher Defizite in der Karriereförderung vermutet. Der Einsteiger, der sich einen klaren Entwicklungspfad wünscht und von seinem Arbeitgeber durch ausgewählte Instrumente unterstützt werden möchte, sollte sich nicht täuschen lassen, sondern genau hinsehen. Viele mittelständische Unternehmen sind heute sehr professionell aufgestellt, verfügen über gute Personalentwicklungsmöglichkeiten und investieren in die Fortbildung ihrer Mitarbeiter mindestens ebenso viel wie die großen.

Gleichzeitig muss man wissen, dass die internen Spielregeln in großen Unternehmen die tägliche Arbeit und die Entwicklungsmöglichkeiten unter Umständen stärker beeinflussen als dies in kleinen der Fall ist. Zudem sind Großunternehmen sehr arbeitsteilig organisiert. Der eigene Beitrag zu einem Ergebnis ist kaum sichtbar. In kleineren Unternehmen dagegen ist es für einen Mitarbeiter eher möglich, über den eigenen Arbeitsbereich hinaus zu agieren, vielseitige Erfahrungen zu machen und seine Entwicklung selbst in die Hand zu nehmen. Gut geführte Familienunternehmen, langsam gewachsene Mittelständler oder sogenannte Hidden Champions bieten aus diesen Gründen interessante Karriereperspektiven. Kennzeichnend für diese Unternehmen ist, dass sie häufig nach außen hin sehr zurückhaltend auftreten und sehr langfristige Ziele verfolgen. Auf dem Bewerbermarkt werden sie dann leider im Konzert der „Lauten" oft überhört. Wenn sie dann auch noch an einem scheinbar unattraktiven Standort abseits der großen Ballungsräume angesiedelt sind, fällt ihnen das Finden von geeigneten Fachkräften oft schwer. Bevor Sie einem solchen Unternehmen zugunsten eines Branchenriesen absagen, prüfen Sie genau, ob sich hier nicht doch die besseren Perspektiven finden lassen.

Anforderungen an eine neue Stelle:

- Gestaltungsspielraum bei der Tätigkeit
- Perspektiven für die nächsten Jahre
- Verantwortungsbereich in der neuen Position
- Persönlichkeit des Unternehmers/der Geschäftsführung/des Vorgesetzten
- besondere Herausforderungen für das Unternehmen/die Organisation in den nächsten drei Jahren
- (Unternehmens-)kultur
- Tradition
- Vergütung
- Nebenleistungen
- Familienfreundlichkeit

Kongress für Familienunternehmen an der Uni Witten/Herdeeke
www.familienunternehmer-kongress.de
Karrieretag Familienunternehmen
www.karrieretag-familienunter
nehmen.de

– Arbeitszeitflexibilität
– Entfernung

Egal, ob Sie große oder kleinere, bekannte oder unbekannte Unternehmen ins Auge fassen, hilfreich ist immer, eine Liste der Kriterien zu erstellen, die für Ihre Entscheidung ausschlaggebend sind. Diese Liste können Sie dann Punkt für Punkt durchgehen und jeweils bewerten, in welchem Maß die entsprechenden Kriterien erfüllt sind. Das verhindert, dass Sie sich zu stark auf einen Punkt konzentrieren und dabei vielleicht andere übersehen.

18.2 Arbeitsvertrag

Gerade, wenn Sie zum ersten Mal einen Arbeitsvertrag in der Hand halten, ist es natürlich schwierig, die vielen juristischen Formulierungen zu verstehen, die darin enthalten sind. Wie Sie einen solchen Text prüfen können, ist Ihnen vermutlich schleierhaft. Wenn Sie ganz auf der sicheren Seite sein wollen, bleibt Ihnen nur, einen Arbeitsrechtler einzuschalten. Da diese Fachleute sich tagtäglich mit der Materie beschäftigen, ist eine solche Prüfung für sie mit wenig Aufwand verbunden. Die meisten Bestimmungen werden sie beim Durchlesen bereits einschätzen können und nur wenige genauer untersuchen. Damit ist eine solche Prüfung für Sie bezahlbar. Wenn Sie selbst diese Prüfung vornehmen wollen, sollten Sie sich mit Musterverträgen auseinandersetzen, die im Internet veröffentlicht sind. Zuverlässige Quellen sind u.a. die Handelskammern. Schauen Sie sich auch die für Sie geltenden Tarifverträge an, die auf den Seiten der Tarifvertragsparteien veröffentlicht sind. Falls dann einzelne Bestimmungen unklar sind, fragen Sie Ihren künftigen Arbeitgeber. Er sollte bereit sein, sie Ihnen zu erläutern. Alles, was Sie nicht verstehen, macht zu Recht misstrauisch. Entscheidend ist, dass der Arbeitsvertrag die wichtigsten Bedingungen enthält, die für Sie gelten. In Deutschland sind diese im Nachweisgesetz festgehalten.

Das Gesetz verpflichtet in erster Linie Arbeitgeber zu einem schriftlichen Arbeitsvertrag. Wenn Sie keinen abgeschlossen haben, kommt Ihr Arbeitsverhältnis zwar trotzdem zustande und Sie haben Anspruch auf die zugesagte Vergütung, Sie haben aber große Schwierigkeiten, wenn Sie sich auf etwas berufen wollen, dass Sie unter Umständen nicht beweisen können. In Österreich und in der Schweiz ist ein schriftlicher Arbeitsvertrag nicht verpflichtend, aber aus Beweisgründen ebenfalls üblich und dringend zu empfehlen.

Schriftlich festzuhaltende Arbeitsbedingungen:
– Namen und die Anschriften der Vertragsparteien
– der Beginn des Arbeitsverhältnisses
– bei befristeten Arbeitsverhältnissen: die vorhersehbare Dauer des Arbeitsverhältnisses
– der Arbeitsort oder, falls der Arbeitnehmer nicht nur an einem bestimmten Arbeitsort tätig sein soll, ein Hinweis darauf, dass er an verschiedenen Orten beschäftigt werden kann
– eine kurze Charakterisierung oder Beschreibung der vom Arbeitnehmer zu leistenden Tätigkeit
– die Zusammensetzung und die Höhe des Arbeitsentgelts einschließlich der Zuschläge, der Zulagen, Prämien und Sonderzahlungen sowie anderer Bestandteile des Arbeitsentgelts und deren Fälligkeit
– die vereinbarte Arbeitszeit
– die Dauer des jährlichen Erholungsurlaubs
– die Fristen für die Kündigung des Arbeitsverhältnisses
– ein allgemein gehaltener Hinweis auf die Tarifverträge, Betriebs- oder Dienstvereinbarungen, die auf das Arbeitsverhältnis anzuwenden sind

18.3 Arbeitsaufnahme und Einarbeitungszeit

Der erste Tag ist für einen neuen Mitarbeiter immer aufregend und sollte vom Arbeitgeber gut vorbereitet werden. Er muss darauf achten, dass der Arbeitsplatz eingerichtet ist, Rechner und Telefon funktionieren und Zugangskarten oder Ausweise bereitliegen. Besonders aufmerksame Arbeitgeber überreichen noch einen Blumenstrauß und haben eine persönliche Kaffeetasse vorrätig. Trotz einer Flut von Checklisten, die zur Vorbereitung von Neueinstellungen für jedermann im Internet verfügbar sind, sieht der Alltag in den meisten Organisationen anders aus. Also seien Sie nicht enttäuscht, wenn Sie ein leeres Büro vorfinden mit ein paar Kabeln, die aus dem Fußboden kommen, und Sie sich um alles selbst kümmern müssen. Nehmen Sie die Situation mit Humor und als Chance, gleich zu Beginn ihr Organisationstalent unter Beweis stellen zu können. Solche Pannen können meistens in wenigen Tagen behoben werden; die Wochen danach sind viel entscheidender.

Häufig sind am ersten Tag noch eine Reihe formaler Dinge zu klären. Wenn Sie Ihre Unterlagen noch nicht vollständig abgegeben haben, so sollten Sie spätestens jetzt die fehlenden Bescheinigungen im Personalbüro vorbeibringen.

Nun beginnt Ihre Einarbeitungszeit. Nicht wenige Arbeitsverhältnisse werden schon während der Probezeit oder in den ersten Jahren ihres Bestehens beendet, weil die Einarbeitung des neuen Mitarbeiters nicht gut funktioniert hat. Das kann verschiedene Ursachen haben. Eine häufige ist, dass sich erst in den ersten Woche herausstellt, dass der neue Mitarbeiter und sein Vorgesetzter ganz unterschiedliche Erwartungen an die zu erbringende Leistung haben. Dann wird der neue Mitarbeiter entweder unter- oder überfordert und es kommt zu Unzufriedenheit. Es kann aber auch sein, dass der neue Mitarbeiter die Erwartungen seines Vorgesetzten gar nicht kennt, weil es keinen Austausch über Aufgabenstellung, Leistungserbringung und Qualitätsmerkmale gibt. Und schließlich ist denkbar, dass die persönliche Integration des neuen Kollegen nicht gelingt. Man wird nicht warm miteinander und bleibt distanziert. Insgesamt für alle Beteiligten eine ärgerliche Situation, die Arbeitgeber Zeit und Geld kostet und bei Arbeitnehmern zu Enttäuschungen und Selbstzweifeln führen kann. Also warum nicht gleich richtig an die Sache herangehen?

Als neuer Mitarbeiter sollten Sie sich spätestens am ersten Tag in Ihrer neuen Stelle erkundigen, wie Ihre Einarbeitung gedacht ist. Besser noch ist, dass Sie dies schon vorher klären. Entweder sie fragen Ihren künftigen Chef im Rahmen des letzten Vorstellungsgesprächs danach oder Sie bitten ihn um ein

Extragespräch. Wenn Sie nicht gerade in einem Traineeprogramm oder in einem Unternehmen mit sehr professionellem Personalmanagement beginnen, kümmern Sie sich in eigenem Interesse aktiv um dieses Thema. Sinnvoll ist es, einen Plan aufzustellen und diesen schriftlich festzuhalten. Legen Sie zwei Rubriken an, von denen die erste für die Fakten, die Sie lernen müssen, bestimmt ist. Dazu gehören alle Informationen über Produkte, Dienstleistungen, Maschinen und Materialien, Prozesse, Qualitätsnormen, interne und externe Schnittstellen usw., die für Ihren Aufgabenbereich relevant sind. Die zweite Rubrik ist für alle Menschen vorgesehen, die Sie kennenlernen sollten, um möglichst schnell ein eigenes Netzwerk in Ihrer neuen Umgebung aufzubauen, das Ihnen weiterhilft. Dazu gehören nicht nur die Kollegen und Vorgesetzten, mit denen Sie direkte Arbeitsbeziehungen haben, sondern auch die, die aus anderen Gründen für Sie wertvoll sein können oder bei denen es ein Gebot der Höflichkeit ist, sich wenigstens kurz vorzustellen. Ein Beispiel für einen Einarbeitungsplan gibt Tab. 18.1.

Manche Unternehmen stellen neuen Mitarbeitern einen Buddy zur Seite, dessen Aufgabe es ist, sie in die informellen Regeln einer Organisation einzuweihen. Wenn das in Ihrer Firma nicht der Fall ist, sollten Sie überlegen, wen Sie dazu befragen könnten, bevor Sie unbeabsichtigt anecken. Alle Organisationen haben Verhaltensnormen, die Sie in keinem Handbuch finden, gleichwohl Sie sie zumindest am Anfang einhalten sollten. Suchen Sie bewusst Kontakt zu anderen und nehmen Sie an angebotenen Freizeitveranstaltungen teil. Hier lernen Sie Ihre Kollegen am schnellsten kennen.

Einarbeitungspläne sollten in den ersten vier Wochen detailliert sein, z.B. tageweise ausgeführt werden, dann können sie bis zum Ende der Probezeit etwas grober ausfallen, z.B. wochenweise erstellt werden. Sie sollten auch Fortbildungen, Tagungen und Messen sowie Besuche bei Lieferanten und Kunden umfassen, soweit diese zum Aufgabenfeld gehören.

Der wichtigste Bestandteil Ihres Einarbeitungsplans sind regelmäßige Feedbackgespräche mit Ihrem Vorgesetzten und ggf. mit weiteren Personen in der organisationsinternen Hierarchie. Sie bieten eine Gelegenheit, abzuklären, was von Ihnen erwartet wird und ob Sie diese Erwartungen erfüllen. Falls Letzteres nicht der Fall sein sollte, fragen Sie, was Ihnen fehlt, um diese Erwartungen erfüllen zu können. Dies ist auch die Gelegenheit, Situationen anzusprechen, die aus Ihrer Sicht nicht zufriedenstellend sind. Im Anschluss sollten Sie konkrete Ziele absprechen.

Solche Gespräche sollten ungestört und konzentriert ablaufen können. Lassen Sie sich deshalb einen Termin geben und planen Sie mindestens 45 Minuten dafür ein. Vorschläge für ein sinnvolles Gesprächsintervall finden Sie in Tab. 18.1.

Ungeschriebene Regeln im Umgang mit:

Chef:..

Kollegen/Kolleginnen: ....

Kunden/Lieferanten/Partner: ....

Verhalten auf Betriebsfesten: ....

Dresscode: ....

Tabelle 18.1: Musterbeispiel für einen Einarbeitungsplan eines Produktmanagers

Zeitraum	Aufgaben	Personen (namentlich bezeichnen)	Feedback (jeweils am Ende des Zeitraums)
1. Woche	organisatorische Dinge klären, Produkt- und Arbeitsplatzbeschreibungen lesen	Kollegen in der eigenen Gruppe/Abteilung Personalbüro IT-Abteilung ggf. Pförtner Sekretärin des Chefs	
2. Woche	Produktionsanlage kennenlernen, interne Arbeitsanweisungen, Betriebsvereinbarungen, Arbeitszeitregelungen etc. wissen	Betriebs-/Personalrat Gleichstellungsbeauftragte nächst höherer Vorgesetzter und dessen Sekretärin	
3. Woche	Prozesshandbuch, Qualitätsmanagementrichtlinie lesen	Kollegen aus der Forschung und Entwicklung	
4. Woche	Marketinghandbuch, Pläne, Programme, Strategiepapiere lesen	Kollegen aus Marketing und Vertrieb	1. Feedbackgespräch mit dem Vorgesetzten
5.–6. Woche	Fachwissen ergänzen, in erstem Projekt mitarbeiten	Kollegen aus Marketing und Vertrieb	
7.–8. Woche	noch offene Mitarbeit in erstem Projekt klären	Kollegen aus Marketing und Vertrieb	
9.–10. Woche	Übernahme selbständige Teilverantwortung für Geschäftsdaten und -berichte übernehmen	Kollegen aus dem Bereich PR	
11.–12. Woche	Übernahme selbständiger Teilverantwortung für Geschäftsdaten und -berichte aus der Vergangenheit übernehmen	Kunden, ggf. Lieferanten	2. Feedbackgespräch mit dem Vorgesetzten Feedbackgespräch auf der nächst höheren Ebene
4. Monat	eigenes Teilprojekt übernehmen	Kunden, ggf. Lieferanten	
5. Monat	eigenes Teilprojekt übernehmen	Kunden, ggf. Lieferanten und Partner	3. Feedbackgespräch mit dem Vorgesetzten Ziel: Klärung, ob Probezeit erfolgreich bestanden wurde und weiteres Vorgehen Feedbackgespräch auf der nächsthöheren Ebene mit gleichem Ziel
6. Monat	eigenes Teilprojekt übernehmen	Kunden, ggf. Lieferanten und Partner	

Bereiten Sie sich gut auf diese Gespräche vor, so dass Sie Ihre Leistungen aufzeigen und Ihre Pläne darlegen können, und machen Sie sich eine Liste mit Fragen und Wünschen an Ihren Vorgesetzten.

Exkurs: Arbeitsrechtliche Grundlagen für die Probezeit

Eine vereinbarte Probezeit gibt es in Deutschland in zwei Varianten. Im ersten Fall handelt es sich um ein befristetes Arbeitsverhältnis zum Zweck der Erprobung (Zweckbefristung gemäß Paragraf 14 Absatz 1 Nr. 5 Teilzeit- und Befristungsgesetzt, TzBfG), das in der Regel nicht für länger als sechs Monate befristet werden kann, wobei der Arbeitgeber die ernsthafte Absicht hegen muss, den Arbeitnehmer im Fall der Bewährung zu übernehmen. In der zweiten Variante handelt es sich um eine vorgeschaltete Probezeit bei einem unbefristeten oder einem sachgrundlos befristeten Arbeitsverhältnis (Paragraf 14 Absatz 2–3 TzBfG). Die rechtliche Bedeutung einer Probezeitvereinbarung wird in Deutschland allerdings vielfach überschätzt. Bei neu begründeten Arbeitsverhältnissen findet das Kündigungsschutzgesetz ohnehin erst nach sechs Monaten Anwendung. Bis dahin kann jedes Arbeitsverhältnis mit einer Frist von vier Wochen zum 15. eines Monats oder zum Monatsende ohne Angabe von Gründen gekündigt werden. Ist eine Probezeit vereinbart, verkürzt sich diese Frist während der Probezeit auf zwei Wochen zu jedem beliebigen Zeitpunkt, sofern nicht tarifvertragliche Regelungen etwas anderes vorsehen.

In der Schweiz kann ebenfalls eine Probezeit für maximal drei Monate vereinbart werden. In dieser Zeit beträgt die Kündigungsfrist sieben Tage, ohne eine solche Vereinbarung im ersten Beschäftigungsjahr einen Monat.

In Österreich kann eine Probezeit von einem Monat vereinbart werden. In dieser Zeit können beide Seiten den Arbeitsvertrag mit sofortiger Wirkung kündigen, ohne eine solche Vereinbarung beträgt die Kündigungsfrist sechs Wochen zum Quartalsende.

18.4 Beziehungspflege am Arbeitsplatz

Technisch und naturwissenschaftlich ausgebildete Menschen widmen der Pflege ihrer Beziehungen weniger Aufmerksamkeit als Angehörige anderer Berufsgruppen, weil sie dazu erzogen wurden, sich auf Sachfragen zu konzentrieren. Über beruflichen Erfolg entscheidet aber nicht nur Fachkompetenz und die Fähigkeit, Probleme zu lösen, sondern auch wie gut dies im Zusammenspiel mit anderen funktioniert und wie hoch die Akzeptanz der eigenen Person bei anderen ist. Wie man Beziehungen pflegt, ist sehr individuell und soll zur eigenen Persönlichkeit passen. Also bitte nicht zum Partylöwen mutieren, wenn Sie lieber früh schlafen gehen. Man kann aber lernen, Beziehungspflege zu einem festen Bestandteil der persönlichen Entwicklung machen. Dazu bietet sich eine Übung an, mit deren Hilfe Sie sich von Zeit zu Zeit Ihr berufliches Beziehungsnetz sehr plastisch vor Augen führen können und schnell feststellen, welche Beziehungen einer intensiveren Pflege bedürfen und welche vielleicht auch zu eng sind. Diese

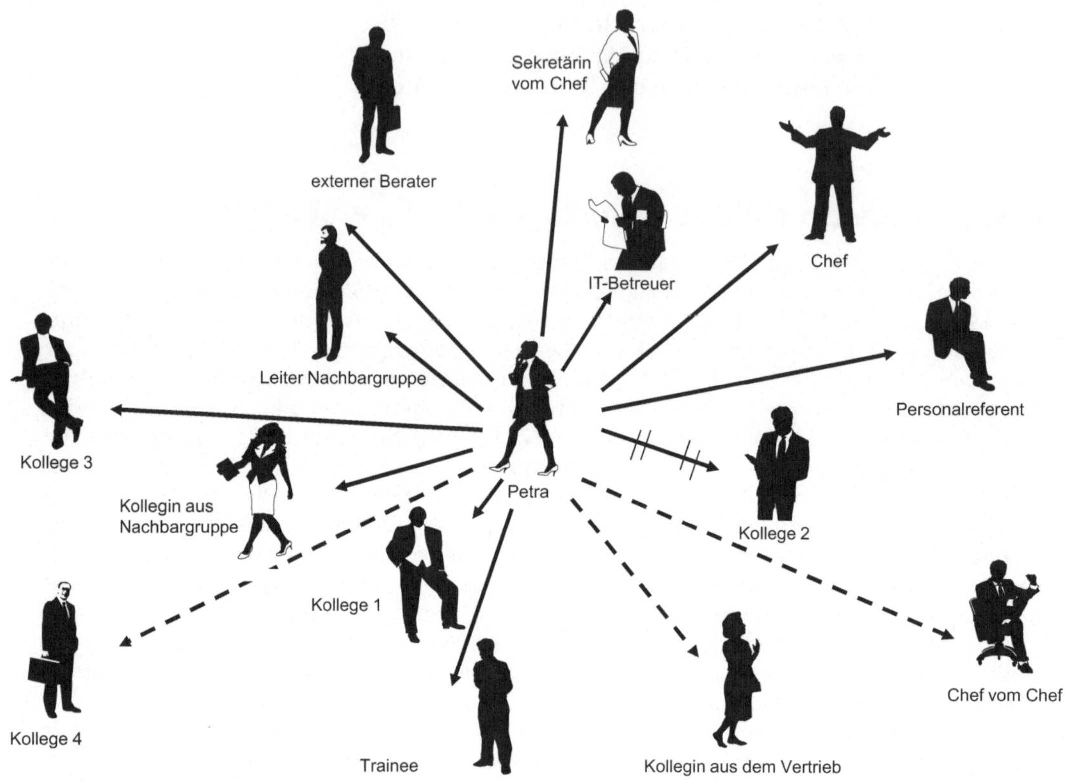

Abb. 18.1 Beispieldarstellung eines beruflichen Beziehungsnetzes

Übung stammt ursprünglich aus dem Psychodrama und wird in unterschiedlichen Varianten im Coaching eingesetzt:
Nehmen Sie sich ein weißes Blatt Papier und zeichnen Sie sich selbst in die Mitte. Dabei können Sie statt Ihres Namens ein Symbol wählen. Nun zeichnen Sie der Reihe nach alle Personen auf das Blatt, die Ihnen im Zusammenhang mit Ihrer beruflichen Situation einfallen (wenn Sie wollen, als Symbol), und zwar in dem Abstand zu Ihnen, der Ihrer emotionalen Nähe oder Entfernung entspricht. Notieren Sie die Reihenfolge der Personen. Nun verbinden Sie sich und diese Personen miteinander durch verschiedene Pfeile. Durchgezogene Pfeile stehen für gute Beziehungen, gestrichelte für ambivalente und durchgestrichene Pfeile für gestörte Beziehungen. Wenn Sie den Eindruck haben, dass eine Beziehung von den Beteiligten unterschiedlich empfunden wird, setzen Sie zwei Pfeile nebeneinander.

Wenn Sie fertig sind, schauen Sie sich Ihr Bild in Ruhe an. Sind alle wichtigen Personen abgebildet? Wie ist Ihr erster Eindruck? Sind es zu viele oder zu wenige Personen? Dann widmen Sie sich den einzelnen Beziehung und überlegen, was gut ist und so bleiben soll und bei welchen Beziehungen sich Handlungsfelder auftun, sei es, weil Sie jemanden näher an sich heranholen wollen oder weiter von ihm wegrücken möchten oder eine Beziehung einfach verbessern wollen. Gerade in der ersten Zeit an einem neuen Arbeitsplatz sind solche Überlegungen besonders relevant. In Abb. 18.1 stellt sich die Frage, ob die beiden Chefs nicht zu weit weg sind von Petra, während vor allem die Kollegen aus der Nachbargruppe zu dicht an ihr sein könnten. Trotz überwiegend guter Beziehungen gibt es eine sehr nahe, die gestört ist.

Wenn Sie sich einen Überblick über Ihre Beziehungssituation verschafft haben, überlegen Sie, wie Sie vorgehen, um Ihre Beziehungen zu verändern. Sie werden schnell merken, dass sich in Ihren Beziehungen etwas tut, wenn Sie sich darum bemühen. Finden Sie sich nicht damit ab, dass eine Beziehung, die für Sie wichtig ist, nicht gut funktioniert. Das kann man in vielen Fällen ändern. Schauen Sie sich von Zeit zu Zeit Ihr Bild wieder an, um solche Veränderungen festzustellen, und finden Sie Ihren Rhythmus, wann Sie es wieder neu zeichnen. Das kann im Fall beruflicher Veränderungen sein oder auch zur jährlichen Routine werden.

19 Weiterbildungen

19.1 Universitäre Weiterbildungen

Universitäten und Fachhochschulen haben den Weiterbildungsmarkt für sich entdeckt und wollen im Wettbewerb um die Personalentwicklungsbudgets mitspielen. Nur so erklärt sich, warum ständig neue Angebote entstehen, die berufsbegleitend wahrgenommen werden können. Sich einen Überblick zu verschaffen, ist sehr schwierig, da es bisher keine gemeinsame Internet-Plattform gibt, sondern jede Hochschule ihr eigenes Angebot direkt vermarktet. Hilfreich ist im Moment die Übersicht der Post Media GmbH, die Masterportale für Deutschland, Österreich und die Schweiz betreibt. Hier werden Masterstudiengänge aller denkbaren Fachrichtungen vorgestellt, aber auch andere Weiterbildungsangebote, ohne dass eine Gewähr für Vollständigkeit besteht.

Masterportale im Internet: www.postgrade.de, www.postgrade.at, www.postgrade.ch

Ein postgraduierter Masterstudiengang ist die anspruchsvollste universitäre Weiterbildung. Bekannt war insbesondere der Master of Business Administration schon vor der Bologna-Reform. Im In- und Ausland sind MBA-Programme entstanden mit dem Ziel, Fachfremden kaufmännisches Wissen zu vermitteln und sie zu Führungsaufgaben zu befähigen. Besonders hervorzuheben sind hier die Programme, die namhafte Business Schools speziell für Executives konzipieren und die nur Führungskräften bzw. Personen mit entsprechender Berufserfahrung offenstehen. Diese Studiengänge unterscheiden sich von den neuen Masterstudiengängen, die im Rahmen einer Grundausbildung absolviert werden (Abschnitt 1.1) dadurch, dass sie in der Regel berufsbegleitend sind und mehrere Jahre praktische Berufserfahrung voraussetzen.

Business School Rankings werden z.B. von der Financial Times und der Business Week vorgenommen; Weiteres unter: www.mba-vergleich.de, www.mba-gate.de, rankings.ft.com/businessschoolrankings, www.businessweek.com/bschools

Klangvolle Namen sollen den Weg in die Top-Positionen ebnen helfen, und diese Rechnung geht für viele Menschen auch auf. Schließlich besteht der Vorteil eines solchen Programms nicht nur im vermittelten Wissen, sondern auch im Zugewinn an Kontakten. Je hochwertiger ein Programm, desto wertvoller das Netzwerk. Diese Formel ist zwar sicher etwas vereinfacht, aber nicht gänzlich falsch. Je nach persönlicher Zielsetzung sind jedoch neben dem Rankingplatz ganz andere Kriterien wichtig wie Kosten, Lage der Universität, Vereinbarkeit mit dem Beruf, Inhalte, Kontaktmöglichkeiten zu Menschen aus der gleichen Branche usw. Holen Sie auf jeden Fall über Ihr persönliches Netzwerk oder Ihre Personalstelle Erfahrungsberichte ein.

Wichtige Infos zu MBA-Programmen: www.mba-channel.com

Gründe, die für eine universitäre Maßnahme sprechen, gibt es durchaus. An der Universität oder Fachhochschule finden sich nahezu für jedes relevante Fachgebiet gute Referenten, die zudem Lehrerfahrung haben. Für die Qualität der angebotenen Kurse ist dies zumindest ein wichtiger Indikator. Es kann davon ausgegangen werden, dass die Ausbildung jeweils auf dem aktuellen Wissensstand erfolgt und keine veralteten Informationen beinhaltet. Die Kosten der Maßnahmen sind zwar keineswegs niedrig, liegen aber häufig doch unter denen vergleichbarer privater Wettbewerber.

Zudem haben Universitäten den Vorteil, dass sie bei entsprechender Akkreditierung Credit Points nach dem European Credits Transfer System (ECTS) vergeben, die die Teilnehmer im Rahmen weiterführender Studiengänge anrechnen lassen können. Diese Möglichkeit steht zwar privaten Einrichtungen ebenfalls offen und wird auch genutzt, Universitäten haben es aber leichter, ihre fachliche und didaktische Kompetenz nachzuweisen.

Da Sie Karriere im Bereich „Life Sciences" machen wollen, finden Sie in Tab. 19.1 eine Auswahl der im deutschsprachigen Raum bestehenden Angebote speziell auf diesem Sektor mit den wichtigsten Rahmendaten.

Universitäten widmen sich zudem der Weiterbildung im Bereich der Arzneimittelforschung und -entwicklung. Die größte Gruppe bilden Angebote zur Vermittlung von Fachkompetenz für die Planung und Durchführung klinischer Studien, aber auch andere Aspekte kommen zum Tragen. Die Beuth Hochschule für Technik (University of Applied Science) in Berlin bietet einen Masterstudiengang „Clinical Trial Management" als postgradualen Aufbaustudiengang an. Studenten erwerben den Titel „Master of Science in Clinical Trial Management". Ein weiteres Angebot ist der Masterstudiengang „Medizinische Informatik". Beides sind Fernstudiengänge.

Die Donau-Universität Krems bildet zum Master of Science in Clinical Research aus. Das Angebot wird in Kooperation mit der Central GmbH in Tübingen durchgeführt und findet auch dort statt.

Die Universität Leipzig hat einen Master of Science Clinical Research and Translational Medicine im Angebot, der berufsbegleitend über zwei Jahre durch die Medizinische Fakultät Leipzig und das Zentrum für Klinische Studien Leipzig durchgeführt wird.

In Kooperation mit der Wissenschaftlichen Hochschule Lahr bietet die Albert-Ludwigs-Universität Freiburg einen berufsbegleitenden Masterstudiengang Clinical Research Management an.

Ein Zertifikatsprogramm Clinical Research & Regulatory Affairs findet sich an der Deutschen Universität für Weiterbil-

---

Die Akkreditierung von Studiengängen an Universitäten und Fachhochschulen erfolgt in Deutschland, Österreich (nur für private Hochschulen und Fachhochschulen) und der Schweiz durch Akkreditierungsagenturen.

Weitere Infos unter: education-portal.com; www.mba-masterstudien.de

M.Sc. Clinical Trial Management, Beuth Hochschule Berlin, www.beuth-hochschule.de

Central GmbH Tübingen, www.central.de

M.Sc. Clinical Research and Translational Medicine, Zentrum für Klinische Studien Leipzig, www.zks-msc.uni-leipzig.de

M.Sc. Clinical Research Management, Zentrum Klinische Studien/Albert-Ludwigs-Universität Freiburg, www.zks.uni-freiburg.de; Wissenschaftliche Hochschule Lahr, www.whl-lahr.de/crm

Tabelle 19.1: Auswahl der universitären Weiterbildungsangebote im Bereich „Life Sciences" im deutschsprachigen Raum mit Rahmendaten

Adresse	Titel	Zielgruppe	Dauer	Sprache	Akkreditierung	Website
Internationale Business School Tuttlingen Waaghausstraße 10 78512 Tuttlingen	MBA Medical Devices & Healthcare Management	Hochschulabschluss + 2 Jahre Berufserfahrung	2 Jahre Teilzeit	Englisch	FIBAA	www.mba-tuttlingen.de
Universität Potsdam BIEM – Brandenburgisches Institut für Existenzgründung und Mittelstandsförderung Am Park Babelsberg 14 14482 Potsdam	MBA BioMed Tech	Naturwissenschaftlicher Hochschulabschluss + 2 Jahre Berufserfahrung	2 Jahre Teilzeit	Englisch	FIBAA	www.mba-biomedtech.de
International School of Management (ISM) Technologiepark Otto-Hahn-Straße 19 44227 Dortmund	MBA Pharma Management	Naturwissenschaftlicher Hochschulabschluss + 1 Jahr Berufserfahrung	2 Jahre Teilzeit	Deutsch Englisch	FIBAA	www.ism.de
Graduate School Rhein-Neckar gGmbH Julius-Hatry-Straße 1 68163 Mannheim	MBA Life Science Management	Hochschulabschluss + 2 Jahre Berufserfahrung	2,5 Jahre Teilzeit	Englisch	FIBAA	www.gsrn.de
Donau Universität Krems Dr.-Karl-Dorrek-Straße 30 A–3500 Krems	MBA Biotech & Pharmaceutical Management	Hochschulabschluss + 3 Jahre Berufserfahrung	2 Jahre Teilzeit oder 1 Jahr Vollzeit	Englisch	FIBAA	www.donau-uni.ac.at

dung in Berlin. Interessant ist hier die Kombination der Themen Design klinischer Studien, Studienplanung und -durchführung mit den rechtlichen Rahmenbedingungen, so dass Absolventen viel über die Erstellung der Clinical-Study-Reports, der Zulassungsdokumentationen und der Fachinformation und Packungsbeilagen erfahren. Teilnehmer müssen wie in den Masterstudiengängen einen Hochschulabschluss und ein Jahr Berufserfahrung nachweisen. Sie erhalten keinen Mastertitel, aber ein Zertifikat mit 15 ECTS-Punkten.

Regulatory Affairs ist auch Inhalt eines Programms des European Centre of Regulatory Affairs in Freiburg. Gemeinsam mit Universitäten in Freiburg und Straßburg und dem Paul-Ehrlich-Institut wird in neun Einzelseminaren eine Weiterbildung zum Erwerb des „Master Regulatory Affairs – esp. Biopharmaceuticals" angeboten.

Die Deutsche Universität für Weiterbildung bietet den neuen Masterstudiengang „Drug Research and Management" als Fernstudiengang an. Vermittelt wird ein wissenschaftlich fundierter und praxisbezogener Überblick über alle Stadien des Produktlebenszyklus eines Arzneimittels. Die Absolventen sollten auf die Übernahmen von Verantwortung in der pharmazeutischen Industrie, in Behörden und anderen Einrichtungen des Gesundheitswesens gut vorbereitet sein. Zielgruppe sind Absolventen entsprechender Studiengänge mit mindestens einem Jahr Berufserfahrung oder Doktoranden entsprechender Fächer.

Auch diese Liste ist sicher nicht vollständig, zumal ständig weitere Studiengänge konzipiert werden. Die Frage ist, ob Sie das Risiko wagen sollen, einen ganz neuen Weiterbildungsgang zu besuchen, oder ob Sie sich lieber an schon bewährten Formaten orientieren sollen, für die Referenzen vorliegen. Neue Abschlüsse haben sicher den Nachteil, dass man ihre Inhalte und ihre Qualität auf dem Arbeitsmarkt erklären muss, solange sie in Unternehmen unbekannt sind. Denn leider schwören viele Entscheidungsträger nur auf Bewährtes. Oft sind aber gerade neue Weiterbildungsangebote sehr gut. Zum einen hat man sich große Mühe gegeben, die Akkreditierungsanforderungen zu erfüllen, und zum anderen wollen alle in der Startphase für zufriedene Teilnehmer sorgen, damit sich das Angebot schnell herumspricht und einen guten Ruf erlangt. Unter diesem Gesichtspunkt werden die ersten Durchgänge einer neuen Maßnahme sehr sorgfältig konzipiert und mit hervorragenden Lehrkräften besetzt, so dass sie damit die Erwartungen der Teilnehmer in besonders hohem Maß erfüllen. Vor diesem Hintergrund spricht nichts dagegen, sich auf ein neues Angebot einzulassen. Am besten nutzen Sie die häufig im Vorfeld angebotenen Informationsmöglichkeiten und verschaffen sich einen persönlichen Eindruck.

In den Themenfeldern Umwelt, Agrarwirtschaft und Lebensmittel finden sich deutlich weniger Hochschulangebote. Interessant ist aber ein Master of Life Science der Schweizerischen Hochschule für Landwirtschaft SHL, der sich an Studenten der Bereiche Land- und Forstwirtschaft, Lebensmitteltechnologie sowie aller verwandten Ingenieur- und Naturwissenschaften wendet und ein sehr breites Wissen vermittelt.

Master of Life Science, www.shl.bfh.ch

19.2 Außeruniversitäre Weiterbildungen

Weiterbildung muss nicht immer auf einer Universität stattfinden. Eine Alternative sind Studiengänge privater Anbieter. Manchmal genügen Einzelkurse zu bestimmten Themen, die von einer Vielzahl von Bildungsträgern angeboten werden. Hier sollen einige überregional tätige Bildungsträger vorgestellt werden:

In Deutschland ist mit über hundert Standorten die Verwaltungs- und Wirtschaftsakademie nahezu flächendeckend vertreten. Sie hat eine Reihe von berufsbegleitenden Studiengängen vom Bachelor bis zum MBA im Repertoire und verfügt daneben über ein breitgefächertes Kursangebot.

Verwaltungs- und Wirtschaftsakademie, www.vwa.de

Ähnlich vielseitig sind auch die AKAD Hochschulen. Sie bieten im Fernstudium Studiengänge mit überwiegend betriebswirtschaftlichen Themenstellungen an. Ergänzt wird das Angebot um Wirtschaftsinformatik und Sprache sowie einige ingenieurwissenschaftliche Studiengänge.

AKAD, www.akad.de

Und schließlich lohnt sich immer auch ein Blick in das Programm der Volkshochschulen. Diese haben sich in den letzten Jahren sehr um die berufliche Weiterbildung bemüht und bieten sowohl zertifizierte Kurse an als auch kleinere Fortbildungsformate, die einen ersten Überblick verschaffen. Auch wenn hier die Preise etwas angezogen haben, sind sie im Vergleich zu privaten Anbietern immer noch sehr attraktiv.

Volkshochschulen, Übersicht unter: www.vhs.de

Fachspezifische Weiterbildungsangebote im Bereich „Life Sciences" sind weit verbreitet. Die Weiterbildungsträger, die in Abschnitt 7.3 als Arbeitgeber vorgestellt wurden, haben ein umfangreiches Programm mit vielen lebenswissenschaftlichen Themen. Hier findet sich bei entsprechenden Internet-Recherchen schnell etwas Passendes. Herausgegriffen werden soll hier die Ausbildung zum klinischen Monitor oder Clinical Research Associate. Dies Ausbildung kann bei Vorliegen bestimmter persönlicher Voraussetzungen durch die Bundesagentur für Arbeit (BA) gefördert werden. Daher finden sich auf der Website der BA anerkannte Anbieter.

Bundesagentur für Arbeit, kursnet-finden.arbeitsagentur.de

Etabliert ist die Pharmaakademie in Bremen, die deutschlandweit an acht Standorten eine viermonatige Vollzeitausbildung zum Clinical Research Associate (CRA) anbietet. Zugangsvoraussetzung ist der Abschluss einer medizinischen, pharmazeutischen oder technischen Ausbildung oder eines entsprechenden Studiums.

Ebenfalls etabliert ist das mibeg-Institut Medizin in Köln, das über einen Ausbildungsgang zum klinischen Monitor verfügt.

Neuerdings bietet die Provadis in Frankfurt/Hoechst im Verbund mit Fachleuten aus Contract-Research-Organisationen eine Fortbildung im Clinical-Trial-Management an. Sie wendet sich bevorzugt an Studienabsolventen entsprechender Fächer.

Ebenfalls förderungswürdig ist die Ausbildung zum geprüften Pharmareferenten. Auch hier finden sich auf der Kursnet-Seite der Bundesagentur für Arbeit eine Reihe von Anbietern, die von Seiten der Agentur als zuverlässig und leistungsfähig eingestuft wurden. Zum Teil finden sich hier die oben genannten Institutionen wieder. So ist die Pharmaakademie auch in diesem Bereich tätig. Die Weiterbildungen finden ganztags oder berufsbegleitend, als Fernlehrgang oder Präsenzveranstaltung statt. Auf diese Weise sollte sich für jeden ein passendes Angebot finden lassen, der diesen Weg einschlagen will.

19.3 Auswahl und Finanzierung der Weiterbildungen

Es gibt immer noch kein TÜV- oder ISO-Zertifikat für den Lernerfolg von Weiterbildungsmaßnahmen. Aus diesem Grund sind Sie weitgehend auf Empfehlungen angewiesen. Arbeiten Sie bereits in einem Unternehmen oder einer Organisation, kann Ihnen eventuell die Personalstelle weiterhelfen. In anderen Fällen können Sie Ihr Netzwerk aktivieren. Fragen nach Erfahrungen mit Weiterbildungsangeboten kann man sich auch gut über XING beantworten lassen.

Für die Finanzierung gibt es drei Quellen: Ihre eigenen Mittel, Geld Ihres Arbeitgebers oder Bildungsgutscheine der Bundesagentur für Arbeit. Über die Voraussetzungen für Bildungsgutscheine finden Sie einiges auf der Website der Bundesagentur für Arbeit.

Arbeitgeber finanzieren Weiterbildungen in der Regel nicht vollständig, sondern beteiligen sich daran. Sie erwarten z.B., dass Ihre Teilnahme in der Freizeit erfolgt, Sie die Kosten für Lernmittel selbst tragen, für die Fahrtkosten aufkommen oder einen Teil der Kurskosten selbst übernehmen. Für ihre finanziellen Aufwendungen verlangen Arbeitgeber dann üblicherweise einen Mindestverbleib im Unternehmen, damit sich der

Aufwand aus ihrer Sicht amortisiert. Darüber werden entsprechende Vereinbarungen getroffen. Ein solcher Vertrag bedeutet nicht, dass Sie nicht vorher kündigen können. Sie müssen aber im Fall der Kündigung die Aufwendungen ganz oder teilweise erstatten. Zulässig sind solche Vereinbarungen, wenn die zu tragende Summe in einer sinnvollen Relation zur Dauer der Ausbildung steht. Je länger also eine Weiterbildungsmaßnahme dauert, desto länger müssen Sie im Unternehmen bleiben. Erhalten Sie in einer solchen Situation ein attraktives Angebot, sollten Sie mit Ihrem neuen Arbeitgeber darüber sprechen. Manchmal ist er bereit, den Betrag zu übernehmen, verpflichtet sie dann aber unter Umständen ebenfalls zu einer Mindestverweildauer im Unternehmen.

Selbst Geld in die eigene Weiterbildung zu stecken, ist ebenfalls sinnvoll und sollte Ihnen keineswegs abwegig erscheinen. Steuerliche Förderung kann den Aufwand attraktiv machen und Sie sichern Ihre Beschäftigungsfähigkeit für die Zukunft.

20 Karriereentwicklung

20.1 Interner Aufstieg

Wer bereits eine Weile am selben Arbeitsplatz tätig ist, fragt sich gelegentlich, wie es weitergehen soll. Ein Teil der Arbeit ist zur Routine geworden, ein anderer ist immer wieder neu und herausfordernd, so dass es insgesamt immer noch Spaß macht. Trotzdem kommt der Gedanke auf, ob man nicht etwas anderes tun möchte. Wer unzufrieden ist, dem stellt sich die Frage dringender.

Zunächst sollte man über einen internen Wechsel nachdenken. Hier spielt es eine große Rolle, wie Ihre Organisation mit internen Veränderungswünschen umgeht. Es gibt Unternehmen, die dies ausdrücklich begrüßen. Gespräche mit Vorgesetzten und Personalern über derartige Ziele sind möglich und Veränderungswünsche werden so gut es geht unterstützt. Manchmal wird sogar in regelmäßigen Personalentwicklungsgesprächen mit Mitarbeitern über ihre persönlichen Entwicklungsziele gesprochen. Dies ist überwiegend in größeren Unternehmen der Fall, aber manchmal ergeben sich auch in kleineren Chancen für interne Wechsel. Es liegt an Ihnen, Ihre Wünsche offen zu artikulieren und abzuklären, wie Sie Ihre Veränderungswünsche realisieren können. Dazu gehört auch die Frage nach geeigneten Weiterbildungsmaßnahmen, einem möglichen Eigenbeitrag dazu und Fördermöglichkeiten durch Ihren Arbeitgeber.

Sind Sie dort tätig, wo diese Wechsel nicht aktiv gefördert werden oder dies nur über offen ausgeschriebenen Stellen ermöglicht wird, wie dies im öffentlichen Dienst der Fall ist, so sollten Sie dennoch versuchen, Ihre Veränderungswünsche jemandem gegenüber zu äußern, der am ehesten Verständnis dafür hat. Dies kann z.B. der Leiter des von Ihnen angestrebten Bereichs sein oder jemand, der für Personalentwicklung zuständig ist. Geschickt ist es, mit diesen Personen zu überlegen, wie man Ihren Veränderungswunsch weitergibt. Grundsätzlich hat ein interner Wechsel Vorteile gegenüber einem Arbeitgeberwechsel. Sie kennen Ihr Arbeitsumfeld bereits, haben Verbindungen in der Organisation und bringen wertvolles Knowhow mit. Für Sie persönlich ist dies interessant, weil Sie Ihre durch Betriebszugehörigkeit erworbenen Rechte behalten. Das sind im Wesentlichen Vorteile im Kündigungsschutz und in der betrieblichen Altersversorgung, sofern es eine solche gibt. Wenn wir auch heute immer weniger die Situation vorfinden, dass Menschen ihr gesamtes Berufsleben in einem Unternehmen verbringen, so ist doch ein Arbeitgeberwechsel immer noch ein Wagnis, das gut überlegt sein will.

20.2 Stellen- und Branchenwechsel

„Ich kann doch nicht nach einem Jahr schon wieder die Stelle wechseln! Wie sieht das in meinem Lebenslauf aus?" Das höre ich immer wieder von Menschen, die dort, wo sie arbeiten, unzufrieden sind. Einerseits sollten Sie nicht für Ihren Lebenslauf leben. Wenn es gute Gründe gibt, die Stelle nach relativ kurzer Zeit wieder zu verlassen, dann sollten Sie das tun. Andererseits sind „Jobhopper" nicht wirklich attraktiv. Sie stehen in dem Ruf, wenig loyal zu sein, bei den ersten Schwierigkeiten das Handtuch zu werfen oder im Wesentlichen über Geld motivierbar zu sein. Wer ihnen am meisten bietet, holt sie. Überlegen Sie einmal, ob etwas davon auf Sie zutrifft oder ob Ihr Wunsch, die Stelle zu wechseln, nicht vielleicht ganz anders begründet ist. Mit guten Argumenten lassen sich auch ein, zwei schnelle Wechsel erklären. Dies können Veränderungen in der Führung (neuer Chef), in der Organisation (Fusion) oder in der Ausrichtung (Strategiewechsel) sein. Diese Themen lassen sich gut erläutern, ohne dass man schlecht über den früheren Chef oder den alten Arbeitgeber sprechen muss und damit die eigene Loyalität in Frage stellt. Um beim neuen Arbeitgeber letzte Zweifel auszuräumen, kann es sinnvoll sein, ihm eine Referenzperson aus der bisherigen Organisation zu nennen, die das Motiv für den Wechsel bestätigen kann.

Wenn Sie mit der Stelle auch die Branche wechseln wollen, stehen Sie vor der noch größeren Herausforderung, diesen Schritt plausible zu begründen. Grundsätzlich ist der deutschsprachige Arbeitsmarkt nicht dafür bekannt, dass er Branchenwechseln sehr offen gegenübersteht. Dies gilt zumindest für Fachkräfte. Aber selbst Spezialisten in Querschnittsfunktionen wie Controller oder Personalentwickler werden häufig bevorzugt aus der eigenen Branche rekrutiert. Die Vorteile, die Kenntnisse aus einer anderen Branche einer Organisation bringen, werden nicht gesehen oder unterschätzt. Wenn Sie einen solchen Schritt vorhaben, überlegen Sie sich genau, welchen Nutzen gerade Sie mit Ihrem spezifischen Erfahrungsschatz Ihrem neuen Arbeitgeber bringen. Der Hinweis, dass Sie sich für die fremde Branche interessieren, ist hier sicher nicht genug.

20.3 Karriere und Familie

Für viele Karriereentscheidungen spielt die Vereinbarkeit von Beruf und Familie eine wichtige Rolle. Väter wie Mütter scheuen einen Ortswechsel, insbesondere wenn auch der Partner berufstätig ist. Arbeitet jemand in gut funktionierenden Teilzeitmodellen oder kann sogar einen Teil seiner Arbeit von zu Hause aus erledigen, ist die Befürchtung natürlich berechtigt, dass man eine solche Situation bei einem Arbeitgeberwechsel erst einmal verliert und sich mühsam wieder erwerben muss. Diese Bedenken bestehen zu Recht. Karriereschritte als Teilzeitkraft sind extrem schwierig. Für viele hat sich Teilzeitarbeit eher als Falle entpuppt. Dies betrifft zwar zahlenmäßig mehr Frauen als Männer (Abschnitt 21.2), das Phänomen ist aber nicht geschlechtsspezifisch. Dies gilt auch dann, wenn die betroffenen Teilzeitkräfte in ihrer Produktivität anderen nicht nachstehen. Aber ihre geringere Präsenz wird negativ bewertet. Insbesondere die informellen Begegnungen nehmen bei Teilzeitkräften deutlich ab, was man sie spüren lässt. Wenn Karriere trotzdem funktionieren soll – und das gilt auch für Mitarbeiter, die teilweise von zu Hause aus arbeiten – dann nur dort, wo man Sie gut kennt und Ihnen vertraut. Diese Basis aufs Spiel zu setzen, ist für viele der Grund, in der Familienphase sehr treu bei ihrem Arbeitgeber zu verbleiben.

Dennoch kann es im Einzelfall richtig sein, sich auch als teilzeitbeschäftigte Mutter oder als teilzeitbeschäftigter Vater nach Alternativen umzusehen. Immer mehr Unternehmen bemühen sich um familienfreundliche Arbeitsbedingungen und wollen angesichts eines sich abzeichnenden Fachkräftemangels erfahrene Leute halten oder gewinnen. Entsprechende Arbeitszeitmodelle spielen dabei eine ebenso wichtige Rolle wie die Einrichtung von Betriebskindergärten und die Einstellung der Führungskräfte hinsichtlich Familienverantwortung.

Für Unternehmen und Mitarbeiter

Familienservice,
www.familienservice.de

20.4 Karriereberatung und Coaching

In Rechts- und Steuerfragen suchen Sie einen Spezialisten auf und wenn Sie krank sind, gehen Sie zum Arzt. Aber Ihre Karrierethemen bearbeiten Sie selbst?

Für viele gilt die Inanspruchnahme eines Coachs oder Karriereberaters immer noch als Zeichen von Schwäche oder sie sehen darin einen letzten Ausweg in einer Krise. Das spricht nicht gerade für Professionalität. Von beruflicher Zufriedenheit hängt für die meisten Menschen sehr viel ab. Diese strahlt aus auf ihr Lebensglück, ihre Gesundheit und ihre wirtschaftliche Situation. Berufliche Krisen belasten nicht nur sie selbst, sondern auch ihr persönliches Umfeld, und das nicht erst, wenn Arbeitslosigkeit droht. Deshalb sollten wir während unseres langen Berufslebens unsere Situation regelmäßig gemeinsam mit einem Spezialisten reflektieren.

Der Unterschied zwischen Karriereberatung und Coaching ist in der Praxis sicher fließend. Nach Definition ist Coaching jedoch ein reflektierender Prozess, den der Coachee selbst durchläuft, wobei er von seinem Coach durch Fragen und gezielte Interventionen unterstützt wird. In der Karriereberatung hingegen sind konkrete Verhaltenstipps und Hinweise zum weiteren Vorgehen von Seiten des Beraters gewünscht und sollten von diesem geleistet werden können. Gleichwohl arbeiten Karriereberater mit Coaching-Instrumenten, um ihre Klienten in der Entscheidungsfindung zu unterstützten. Welche Leistung für Sie die richtige ist, hängt von Ihrer persönlichen Fragestellung ab. Stehen konkrete Entscheidungen an, überwiegt möglicherweise der Beratungsbedarf, geht es um eine persönliche Standort- und Zielbestimmung oder um eine Positionierungsfrage, ist Coaching das vorrangige Instrument.

Manche Arbeitgeber bieten inzwischen sowohl Nachwuchs- als auch Führungskräften regelmäßige Coachings an, um diesen Reflexionsprozess zu fördern. In vielen Organisationen wird Coaching allerdings immer noch als Instrument zur Behandlung „pathologischer" Fälle gesehen. Und manch einer erhebt seine Stimme öffentlich, um die Wirksamkeit von Coaching lauthals in Frage zu stellen. Beide Haltungen sind nicht wirklich geeignet, dem Thema gerecht zu werden. Die Wirksamkeit von Coaching lässt sich leider nicht so leicht untersuchen wie die Wirksamkeit eines Medikaments. Dennoch zeigen seriöse Untersuchungen, dass die Zusammenarbeit mit einem kompetenten Coach hilfreich sein kann, berufliche Ziele zu überdenken, neu zu definieren und dann auch zu erreichen.

Die Frage ist eher, wie man einen guten Karriereberater oder Coach findet, mit dem man gewinnbringend zusammenarbeiten kann. Wenn Coaching am eigenen Arbeitsplatz nicht vorgesehen ist, lohnt es sich dennoch, in der Personalentwicklungsabteilung nachzufragen, ob man dort jemanden empfehlen kann. Wenn dies nicht der Fall ist, muss man sich selbst auf die Suche zu begeben. Der erste Weg führt ins eigene Netzwerk, in dem sicher Menschen zu finden sind, die bereits Erfahrungen haben und Empfehlungen aussprechen können. Ein anderer Weg führt über Internet-Portale, in denen Porträts verschiedener Coachs und Berater vorgestellt werden, so dass man sich einen ersten Eindruck verschaffen kann. Unerlässlich ist es aber immer, sich einen persönlichen Eindruck zu verschaffen. Aus diesem Grund sollten Sie unverbindliche Informationsgespräche vereinbaren, um Ihren Coach oder Berater zu finden. Diese Gespräche sind häufig kostenlos oder für einen Pauschalpreis möglich und Sie bekommen einen Einblick in die Arbeit, stellen fest, ob Sie mit diesem Menschen arbeiten können und wollen, und können Ihre Fragen zum Prozess oder zu bestimmten Methoden klären. Folgende Kriterien können Ihnen bei der Auswahl eines Coachs oder Beraters behilflich sein:

- Ausbildung (Anerkannte Ausbildungen sollten mindestens 150 Stunden umfassen, die sich über mindestens über ein Jahr erstrecken, viele gute Coachs verfügen über mehrere Ausbildungen.)
- Mitgliedschaft in einem Coaching-Verband
- regelmäßige Teilnahme an Supervisionen (Darin bespricht der Coach seine Fälle oder seine Arbeitsweise mit einem erfahrenen Supervisor.)
- beruflicher Hintergrund des Coachs (Was hat er vorher gemacht?)
- Methoden, die eingesetzt werden (Setzt er nur eine Methode ein oder mehrere?)
- Räumlichkeiten, in denen das Coaching stattfinden soll (Fühlen Sie sich dort wohl?)
- Flexibilität der Terminvereinbarung
- Preis und Zahlungsmodalitäten

Deutscher Bundesverband Coaching, www.dbvc.de
Deutsche Gesellschaft für Coaching, www.coaching-dgfc.de
International Coach Federation, www.coachfederation.de

Für eine Coaching- oder Beratungsstunde müssen Sie einen Preis von mindestens 150 Euro kalkulieren, wenn Sie eine erfahrene Person in Anspruch nehmen wollen. Coachings für Führungskräfte liegen auch deutlich darüber. Dies gilt zumindest für den Profitbereich. Für geringere Stundensätze arbeiten Berater und Coachs im Non-Profit-Bereich. Aber unter 100 Euro wird es auch hier schwierig. Wenn es noch günstiger sein soll, dann suchen Sie ruhig nach jemandem, der gerade eine Coaching-Ausbildung absolviert und dringend Praxis braucht. Die geringe Erfahrung ersetzt ein in der Ausbildung befindlicher Coach durch Engagement und durch die Einbindung seiner Ausbilder bzw. Lehr-Coachs, mit denen er seine Arbeit bespricht. Sie finden diese Nachwuchs-Coachs am schnellsten über entsprechende Ausbildungseinrichtungen oder über die Verbände.

Eine Sonderform unter den Beratern sind Outplacement-Berater. Sie werden eingeschaltet, wenn Führungskräften oder Spezialisten seitens ihres Arbeitgebers eine Trennung angetragen wird. Manchmal findet sich auch der Ausdruck „Newplacement-Berater". Ihre Aufgabe ist es, ihre Klienten darin zu unterstützen, möglichst schnell eine neue berufliche Perspektive zu finden. Dabei geht es nicht darum, schnell den erstbesten Job zu ergattern, sondern mit dem Klienten zu erarbeiten, auf welche Stellen er passt und wie er sie findet. Die Kosten

Outplacement-Berater

für eine solche Neupositionierung werden von Arbeitgebern getragen und sind Bestandteil der Aufhebungsvereinbarung mit dem Arbeitnehmer. Auch den Outplacement-Berater sollten sich Betroffene aussuchen dürfen und sich zuvor in einem Informationsgespräch über Arbeitsweisen informieren und seinen persönlichen Berater kennenlernen. Dazu erhalten sie entweder Vorschläge von ihrem Arbeitgeber oder können sich über den Bundesverband Deutscher Unternehmensberater (BDU) erkundigen. Outplacement-Beratungen werden überwiegend von größeren Unternehmen angeboten, die dort organisiert sind. Karriereberater oder Coachs hingegen arbeiten oft alleine oder in kleinen Netzwerken.

Selbst-Coaching „Coach dich selbst sonst coacht dich keiner" lautet der provozierende Titel eines Buches, das für ein Buchformat steht, das in den letzten Jahren einen Boom erlebte. Allerlei Ratgeber, die die Lösung für beruflichen Erfolg versprechen, erscheinen in immer kürzeren Abständen und finden bereitwillige Käufer. Wie viele dieser Bücher wirklich gelesen oder gar als Arbeitsbuch für den Alltag genutzt werden, lässt sich nicht ermitteln. Die Gefahr, kaum angelesen zu verstauben, ist jedoch recht groß. Und das liegt nicht an der Qualität dieser Bücher. Es gibt darunter einige wirklich sehr gute. Wenn Sie sich entschließen,  etwas für sich zu tun und dazu ein Buch anschaffen möchten, dann entscheiden Sie sich im Zweifel lieber für ein dünnes Exemplar. Es gibt recht schmale Bändchen, die Ihnen helfen, Ihren eigenen Reflexionsprozess anzustoßen, indem sie praktikable Übungen anbieten. Achten Sie darauf, ob Sie Lust haben, mit diesem Buch zu arbeiten. Wenn Sie das wirklich tun, werden Sie feststellen, dass Sie damit schon einen ganzen Schritt weiterkommen. Wem das auf Dauer nicht genügt, der landet früher oder später ohnehin bei einem Coach aus Fleisch und Blut.

21 Frauen und Karriere

21.1 Frauen in der Führungsebene

Seit den 70er Jahren haben Frauen in Deutschland, Österreich und der Schweiz uneingeschränkten Zugang zu Bildung und nutzen dies auch. Sie besuchen höhere Schulen, absolvieren anspruchsvolle Ausbildungsgänge und studieren. Viele sind berufstätig und erreichen auch eine hohe berufliche Zufriedenheit und ein gesichertes Einkommen. Karriere im Sinne eines Aufstiegs in Spitzenpositionen machen aber nur die wenigsten. Zu den Vorstandsetagen der meisten Unternehmen haben nur Sekretärinnen und Assistentinnen Zugang, Managerinnen in Top-Positionen sind immer noch eine Ausnahme. In den Vorstandsetagen börsennotierter Unternehmen beträgt ihr Anteil 3 Prozent, in den Aufsichtsräten aufgrund des höheren Frauenanteils bei den Arbeitnehmervertretern sind es 10 Prozent (Tab. 21.1).

Mittlerweile setzt sich jedoch die Erkenntnis durch, dass gemischte Vorstandsteams besser arbeiten. Wenn dort mehrere Frauen vorhanden sind, führt dies zu anderen Entscheidungs-

Tabelle 21.1: Frauenanteil in der Führungsebene

	Vorstände	davon Frauen	Anteil in Prozent
DAX	187	6	3,21
MDAX	213	5	2,35
SDAX	157	7	4,46
TecDAX	105	6	5,71
Gesamt	662	24	3,63
	Aufsichtsräte	**davon Frauen**	**Anteil in Prozent**
DAX	500	77	15,40
MDAX	596	63	10,57
SDAX	336	33	9,82
TecDAX	189	19	10,05
Gesamt	1621	192	11,84

Quelle: FidAR, Woman-On-Board-Index 2011

wegen mit besseren Ergebnissen. Unternehmen und Politiker, die sich um mehr Frauen in Führungspositionen bemühen, wollen damit die wirtschaftliche Leistungsfähigkeit von morgen sichern. Eine Kienbaum-Studie zeigt, dass die Eigenkapitalrendite in Unternehmen mit gemischten Vorstands- oder Geschäftsführungsteams durchschnittlich 41 Prozent und der Gewinn (EBIT) sogar 56 Prozent höher liegt als in Unternehmen, die nur von Männern geführt werden.

Ein weiteres Argument für eine höhere Frauenbeteiligung in Entscheidungszentren ist der demografische Wandel. Der zu erwartende Fachkräftemangel führt zu einer veränderten Sichtweise auf vorhandene Personalreserven. Eine rasche Rückkehr von Frauen nach Erziehungspausen ist heute erstrebenswert, um Know-how-Verlusten vorzubeugen. Um dies umzusetzen, lassen sich Politik und Unternehmen einiges einfallen. Aber die verbesserte Betreuungssituation für Kinder berufstätiger Eltern erklärt nicht, warum auch kinderlose Frauen in der Vergangenheit nur in wenigen Fällen oben angekommen sind. Dabei geht es nicht ausschließlich um die Besetzung der absoluten Spitzenpositionen, sondern um die Verteilung attraktiver Stellen im mittleren und oberen Management. Ursachenforscher gibt es viele und ihre Thesen reichen von „Frauen wollen gar keine Karriere machen" über „Frauen sind selbst schuld" bis hin zur Anerkennung objektiver Benachteiligungen in Unternehmen. Während die Liste der Dinge, die Frauen angeblich falsch machen, beliebig lang ist und ihren Gipfel in einem Buch mit dem sinnigen Titel „Oben ohne" gefunden hat, gibt es wenig zum Thema, was Organisationen zur Verbesserung der Situation tun können. Eine Hilfe sind allerdings die statistischen Daten der Deutschen Gesellschaft für Personalführung, die Aufschluss über Zufriedenheit mit Aufgaben, Einkommen, Arbeitszeit und Vereinbarkeit von Beruf und Familie geben. Daraus lassen sich gute Anhaltspunkte finden, welche Strukturen Frauen entgegenkommen.

Im öffentlichen Dienst sieht es nur teilweise besser aus. Vor allem in der akademischen Forschung, soweit es um Natur- und Ingenieurwissenschaften geht, sind immer noch sehr wenige Frauen Professorinnen. Alle Anstrengungen, diesen Zustand mit speziellen Förderprogrammen, Stipendien und Mentoring zu verändern, haben nur teilweise Erfolg gezeigt.

Politik, Verwaltungen und Unternehmen reagieren derzeit mit guten und gut gemeinten Programmen auf die niedrigen Frauenquoten und bemühen sich um Verbesserungen gerade für junge Frauen. Und ausgerechnet die sind dafür wenig empfänglich. Junge Frauen vertrauen vielfach auf ihre Leistungen und ihr Können und sind davon überzeugt, sich damit durchzusetzen. Schaut man sich die Faktenlage an, so stellt man allerdings schnell fest, dass das nicht so ist. Insbesondere die Unterschiede im Gehalt auf gleichen Positionen zwischen Frauen und Männern lassen sich nicht damit erklären, dass Frauen angeblich zu wenig Ehrgeiz besitzen, sich zwischen Kindern, Partner und Job aufreiben oder nicht durchsetzungsfähig genug seien. Eine Untersuchung aus Österreich zeigt auf, dass Einstiegsgehälter von Frauen und Männern auf vergleichbaren Positionen gleich sind, sich aber bereits nach drei Jahren Unterschiede einstellen, für die es bisher lediglich Erklärungsversuche gibt.

Zwar liegt eine vergleichbare Längsschnittstudie für Deutschland und die Schweiz nicht vor, es spricht aber sehr viel dafür und wenig dagegen, dass sie in diesen Ländern zu ähnlichen Ergebnissen führen würde. Die absolute Gehaltsdifferenz liegt in der Schweiz bei 19,3 Prozent, in Deutschland bei 23 Prozent und in Österreich bei 27 Prozent. Die rechtliche Gleichstellung von Männern und Frauen hat darauf offensichtlich keinen Einfluss.

Vienna Career Panel Project, www.vicapp.at

21.2 Karriereförderung für Frauen

Vor dem geschilderten Hintergrund ist das Vertrauen junger Frauen in ihre eigenen Fähigkeiten zwar notwendige Bedingung für eine erfolgreiche Karriere, aber keineswegs ausreichend. Es gibt ein paar Dinge, die man zusätzlich ernsthaft in Erwägung ziehen sollte, wenn es vorwärtsgehen soll.

Eine wichtige Hilfe in Ausbildung, Studium und während der ersten Berufsjahre ist ein Mentoring. Hochschulen, Unternehmen und Verwaltungen bieten entsprechende Programme an. Die Mentoren sind je nach Programm entweder nur Frauen oder Männer und Frauen, die bereits einige Berufsjahre hinter sich haben. Als Mentee können Sie Wünsche äußern, ob sie lieber einen Mann oder eine Frau als Mentor möchten, welcher Fachrichtung die Person angehören und in welcher Branche sie arbeiten soll usw. Die Betreuer im jeweiligen Programm versuchen, nach diesen Angaben die passende Person zu finden. In der Regel wird das Mentoring für einen bestimmten Zeitraum vereinbart, z.B. für ein bis zwei Jahre und von weiteren Maßnahmen wie Netzwerktreffen, Seminaren oder Coachings begleitet. Ist eine Mentoring-Beziehung sehr gut, so hält sie häufig deutlich länger an und Ihr Mentor steht Ihnen auch nach Abschluss des offiziellen Teils für Fragen zur Verfügung. Von den unternehmenseigenen Programmen sind die Cross-Company-Programme die attraktivsten. Hier kommt Ihr Mentor aus einem anderen Unternehmen als Sie selbst, was Ihnen gleichzeitig den Vorteil verschafft, in ein anderes Unternehmen Einblick zu erhalten und Zugang zu einem anderen Netz-

Lassen Sie sich helfen – Mentoring

werk zu bekommen. In der akademischen Forschung ist diese Form eher selten, aber wenn Sie auf ein Angebot treffen, in dem die Mentoren nicht nur aus der eigenen Community kommen, so ziehen Sie dies vor. Die Chance, Ihren persönlichen Horizont auf diese Weise zu erweitern, bekommen Sie sonst nicht. Und manch internes Programm in der Wissenschaft verstärkt die hauseigene Isolation eher als ihr entgegenzuwirken.

In welchem Programm auch immer Sie sich gerade bewegen, nutzen Sie die Möglichkeiten aktiv. Fordern Sie Ihren Mentor und lassen Sie sich keineswegs von ihm vor sich hertreiben. Wenn Sie den Eindruck haben, nicht zueinander zu passen, suchen Sie sich einen anderen Mentor und lassen nicht einfach die Zeit verstreichen.

Vernetzen Sie sich – Frauennetzwerke

Natürlich wollen und können Sie gut mit Männern zusammenarbeiten. Dennoch begegnen Ihnen Fragen, die Sie gerne mit anderen Frauen besprechen, die in einer vergleichbaren Situation sind. Der Austausch unter Gleichgesinnten und die Nutzung von Erfahrungen anderer Frauen, die schon etwas weiter sind, helfen in der eigenen Entscheidungsfindung in Bezug auf Karriereschritte, die Vereinbarkeit von Beruf und Familie oder die Vorbereitung auf eine Führungsposition. Zudem finden Sie in Frauennetzwerken Rollenmodelle für Ihre Pläne, die manchmal hilfreich sein können, wenn Sie sich in Ihren Entscheidungen noch nicht ganz sicher sind. Frauennetzwerke sind entweder fachgebunden wie der Deutsche Ingenieurinnenbund e.V., branchenbezogen wie das Managerinnennetzwerk in der Biotechnologie oder übergreifend wie das Netzwerk European Women's Management Development. Was Ihnen am ehesten liegt, sollten Sie herausfinden, indem Sie Kontakt aufnehmen und Veranstaltungen besuchen. Die Teilnahme als Gast ist in der Regel mehrmals möglich, bis Sie sich für einen Beitritt entscheiden müssen. Überlegen Sie, was Ihnen am wichtigsten ist. Denkbare Kriterien sind:

Business Netzwerk für Managerinnen in den Life Sciences

- internationale Vernetzung
- starke lokale Präsenz
- dezentrale Strukturen mit Aktivitäten in vielen Städten
- nationale und internationale Konferenzen
- ähnliche oder sehr diverse Berufsbiografien
- religiöse oder weltanschauliche Bindung
- Sympathie der Repräsentantinnen
- bereits bestehende Kontakte zu Mitgliedsfrauen
- „politisches" Gewicht – Presseecho

Für jedes Bedürfnis gibt es die passende Organisation. Weitere Kriterien finden Sie in Abschnitt 17.6, eine Auswahl von Frauennetzwerken im Anhang.

Wer im Job Spitzenleistungen liefern, gleichzeitig einen perfekten Haushalt führen, die eigenen Kinder gut erziehen, Zeit für eine erfüllte Partnerschaft finden und noch Raum für Bildung und Kultur aufbringen will, überfordert sich sehr schnell selbst. Überlegen Sie, was Ihnen wirklich wichtig ist und setzen Sie Prioritäten. Selbstmanagementliteratur oder -seminare helfen, hier Ordnung zu schaffen, und schützen davor, sich zu verzetteln. Sich klarzumachen, dass in einem Jahr, in dem für Kinder ein schwieriger Schulwechsel ansteht, ein aufwendiges eigenes Weiterbildungsprogramm nicht realisierbar ist, ist nicht etwa wenig karriereorientiert, sondern einfach nur professionell im Umgang mit Ressourcen. Wer die eigene Lebens- und Berufsplanung selbst in die Hand nimmt, wird zudem zielstrebiger und setzt mehr Pläne in Erfolge um. Glauben Sie erfolgreichen Menschen nicht, wenn die behaupten, ihnen sei alles zugeflogen. Und überlegen Sie, was Sie wirklich selbst tun müssen und was andere erledigen können. Ihr Partner spielt dabei sicher die Hauptrolle. Aber auch darüber hinaus müssen Sie nicht alles selbst tun. Das kostet allerdings manchmal Geld. Je höher allerdings Ihre eigene Position ist, desto größer sind die finanziellen Spielräume, um Aufgaben zu delegieren.

Für die Karriere auf Kinder zu verzichten, ist ein Lebensmodell, das zunehmend weniger akzeptiert wird. Und die Akzeptanz war vermutlich nie sehr hoch. Die Frage ist nicht, ob man Beruf und Familie vereinbaren kann, sondern wie es gehen könnte. Folglich weichen die Zahlen zwischen Männern und Frauen, die bereits Führungspositionen bekleiden, kaum voneinander ab, was ihre Wünsche nach Unterbrechung der Berufstätigkeit für eine Familienpause anbelangt (Abb. 21.1).

Etwas weiter auseinander liegen die Zahlen, wenn es um den Wunsch nach Teilzeitarbeit geht. Während sich nur 19 Prozent der befragten Männer in Führungspositionen Teilzeitarbeit wünschen, wünschen sich dies 37 Prozent der führenden Frauen. Nur 14 Prozent von ihnen arbeiten allerdings in Teilzeit, und dies fast ausschließlich in kleinen Unternehmen, an denen sie zu einem Teil sogar beteiligt sind oder zur Eigentümerfamilie gehören. In großen Unternehmen oder Konzernen sind in Teilzeit arbeitende Frauen in der Chefetage immer noch äußerst selten. Vielfach entpuppt sich der Wechsel in Teilzeit ebenso wie eine längere Auszeit für die betroffenen Frauen als Karrierefalle (Abschnitt 20.3). Ein nahtloses Anknüpfen an Position, Einfluss, Einkommen und Perspektive gelingt nur in Ausnahmefällen. Viele Frauen finden sich in weniger anspruchsvollen Aufgaben wieder, übernehmen ungeliebte Projekte oder werden zumindest für die nächste Beförderung zurückgestellt. Betroffene Frauen sollten sich daher frühzeitig darum kümmern, wie es nach der Geburt eines Kindes im Beruf weitergeht und verbindliche Absprachen treffen. Lassen Sie

Vergessen Sie Perfektionismus – steuern Sie Ihre Ressourcen

Familienpause und Teilzeit als Karrierefalle

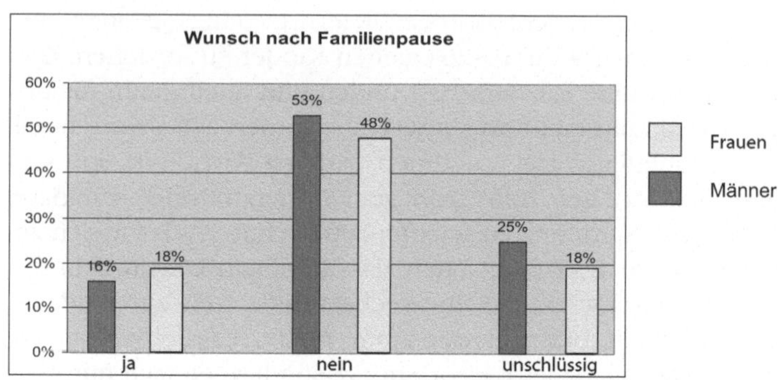

Abb. 21.1 Wunsch nach Familienpause bei Männern und Frauen in Führungs-positionen (Ergebnisse einer DGFP-Befragung unter Führungskräften 2008)

sich nicht sagen, dass man das regeln könne, wenn das Baby erst einmal da ist. Verlassen Sie sich nicht allein auf die Frauenförderprogramme Ihres Arbeitgebers. Wichtig ist, was Ihr Chef mitträgt.

Männer kommunizieren anders – Frauen auch

In der täglichen Zusammenarbeit ist immer wieder festzustellen, was Frauen und Männer unterscheidet. Ein wichtiger Punkt ist das unterschiedliche Kommunikationsverhalten der Geschlechter. Was Frauen nervt, finden Männer völlig normal. Dagegen finden sie Situationen, in denen Frauen sich wohlfühlen, anstrengend und überflüssig – zugegeben etwas pauschal und verallgemeinernd, aber in der Praxis beliebig oft erlebbar. Frauen müssen sich deshalb nicht männlichem Verhalten um jeden Preis anpassen und ihr eigenes aufgeben. Aber sie sollten die speziellen Spielregeln und Rituale kennen, um damit geschickt umgehen zu können. Sonst wird es ihnen nicht nur einmal so ergehen, dass ihr toller Vorschlag abgelehnt wird, während eine halbe Stunde später der nahezu gleiche Vorschlag des männlichen Kollegen lobend angenommen wird. Möglicherweise hat diese Situation weder mit der Person noch mit ihrem Vorschlag zu tun, sondern schlichtweg mit dem richtigen Timing, mit der Ansprache der richtigen Person oder anderen gruppendynamischen Effekten. Über diese Dinge sollten Sie viel wissen – das macht es leichter, damit umzugehen. Lesen Sie dies nach oder besuchen Sie spezielle Seminare für Frauen.

Dual Careers managen

Viele Frauen, die sich beruflich weiterentwickeln wollen, haben Partner, die sich ebenfalls beruflich stark engagieren. Wenn Karriereschritte Mobilität erfordern, stellt dies Paare mitunter vor die Wahl, sich vorübergehend zu trennen oder einem Partner einen zeitweiligen Ausstieg, einen beruflichen Rückschritt oder ähnliche Nachteile zuzumuten. Das macht die Entscheidung für beide nicht einfach. Akademische Einrichtungen haben dieses Problem mittlerweile erkannt und bieten

Dual Career Services an. In den USA schon lange eine Selbstverständlichkeit, bemühen sich nun auch deutsche Hochschulen und außeruniversitäre Forschungseinrichtungen in regionalen Verbünden mit Beteiligung ansässiger Unternehmen um Netzwerke, mit deren Hilfe auch der Partner zu einer adäquaten Position kommt. Dies ist unabhängig davon, ob er ebenfalls in der akademischen Forschung, in einem verwandten Gebiet oder in einem völlig anderen Arbeitsfeld tätig ist. Die verschiedenen Initiativen haben sich zum Dual Career Netzwerk Deutschland (DCND) zusammengeschlossen. Informationen gibt es dort und bei den jeweiligen akademischen Einrichtungen.

Wer weder für Mentoring noch für Frauennetzwerke Zeit hat, sollte sich wenigstens über aktuelle Entwicklungen auf dem Laufenden halten. Eine interessante Seite ist das Career Journal.

Dual Career Netzwerk Deutschland, www.dcnd.org

Informationen beschaffen: www.career-journal.com

Anhang

Glossar persönlicher Kompetenzen*

intellektuelle Kompetenzen	Auffassungsgabe Konzentrationsfähigkeit kreatives Denken mathematisches Verständnis Problemlösungsfähigkeit räumliches Vorstellungsvermögen systematisch-analytisches Denken technisches Verständnis Komplexitätsmanagement
Motivation/Engagement	Eigeninitiative Leistungsbereitschaft Lernbereitschaft Veränderungsbereitschaft
emotionale Kompetenzen	Einfühlungsvermögen Empathie
Handlungskompetenzen	Belastbarkeit Durchhaltevermögen Entscheidungsfähigkeit Frustrationstoleranz realisierungsorientiertes Denken Selbstmanagement Gewissenhaftigkeit/Sorgfalt Umsetzungs- und Handlungsorientierung Fähigkeit zum Umgang mit Widersprüchlichkeiten interkulturelle Kompetenz Veränderungsmanagement
soziale Kompetenzen	Beratungskompetenz Durchsetzungsfähigkeit Kooperationsfähigkeit, Teamfähigkeit Kritikfähigkeit Integrationsfähigkeit Konfliktfähigkeit Networking Stil- und Umgangsformen Fähigkeit zum Perspektivenwechsel

---

* In Anlehnung an Eilles-Matthiesen C, Janssen S, Osterholz-Sauerlaender A, el Hage N (2007) Schlüsselqualifikationen kompakt. 2. Aufl. Hans Huber, Bern

kommunikative Kompetenzen	Fähigkeit zur adressatengerechten Kommunikation (Anpassung der Kommunikation an unterschiedliche soziale Kontexte) sprachliches Ausdrucksvermögen Zuhören
Führung	Delegation Leistungsförderung und Feedback Motivation Zielsetzung
Selbstverantwortung	Eigenverantwortung Work-Life-Integration – Balancing Unternehmer in eigener Sache sein Beschäftigungsfähigkeit (Employability) sichern soziale Verantwortung
unternehmerische Kompetenzen	Gewinnorientierung Innovationsfähigkeit Kundenorientierung marktorientiertes/kaufmännisches Denken Risikobereitschaft Verhandlungsgeschick strategisches Denken und Handeln
Methodenkompetenzen	Informationsmanagement Medienkompetenz Moderationsfähigkeit Mediationskompetenz Präsentationsfähigkeit Projektmanagement/Planung Zeitmanagement

Netzwerke der Fachleute

Deutschland

BBN	Bundesverband Beruflicher Naturschutz e.V.	www.bbn-online.de
BDBiol	Berufsvertretung Deutscher Biologen e.V.	www.biologenverband.de
BdP	Berufsverband der Pharmaberater Deutschland e.V.	www.bdp-pharmaberater.de
BLC	Bundesverband der Lebensmittel-chemiker/innen im öffentlichen Dienst e.V.	www.lebensmittel.org
BNLD	Berufsvereinigung der Naturwissenschaftler in der Labordiagnostik e.V.	www.bnld.de
bts	Biotechnologische Studenteninitiative e.V.	www.bts-ev.de
BVLK	Bundesverband der Lebensmittel-kontrolleure e.V.	www.lebensmittelkontrolleure.de
BVPta	Bundesverband Pharmazeutisch-technischer AssistentInnen e.V.	www.bvpta.de
Dechema	Gesellschaft für chemische Technik und Biotechnologie e.V.	www.dechema.de
DGHM	Deutsche Gesellschaft für Hygiene und Mikrobiologie	www.dghm.org
DGK	Deutsche Gesellschaft für wissenschaftliche und angewandte Kosmetik e.V.	www.dgk-ev.de
DGKL	Deutsche Vereinte Gesellschaft für klinische Chemie und Laboratoriumsmedizin e.V.	www.dgkl.de
DGNG	Deutsche Gesellschaft für Neurogenetik	www.hih-tuebingen.de/dgng
DGPF	Deutsche Gesellschaft für Proteomforschung e.V.	www.dgpf.org
DGPT	Deutsche Gesellschaft für experimentelle und klinische Pharmakologie und Toxikologie	www.dgpt-online.de
DGZ	Deutsche Gesellschaft für Zellbiologie	www.zellbiologie.de
DLG	Deutsche Landwirtschaftsgesellschaft e.V.	www.dlg.org
DPhG	Deutsche Pharmazeutische Gesellschaft e.V.	www.dphg.de
DVMD	Deutscher Verband Medizinischer Dokumentare	www.dvmd.de
DVtA	Deutscher Verband Technischer Assistentinnen/Assistenten in der Medizin e.V.	www.dvta.de
DWA	Deutsche Vereinigung für Wasserwirtschaft, Abwasser und Abfall e.V.	www.dwa.de
EMWA	European Medical Writers Association	www.emwa.org
GAIN	German Academic International Network	www.gain-network.org
GBM	Gesellschaft für Biochemie und Molekularbiologie e.V.	www.gbm-online.de
GDCh	Gesellschaft Deutscher Chemiker e.V.	www.gdch.de

GDL	Gesellschaft Deutscher Lebensmittel-technologen e.V.	www.gdl-ev.de
Genetik	Gesellschaft für Genetik	www.gfgenetik.de
GfE	Gesellschaft für Entwicklungsbiologie	gfe.uni-muenster.de
GSO	German Scholars Organisation	www.gso-net.org
GST	Gesellschaft für Signaltransduktion	www.sigtrans.de
Juniorprofessur	Deutsche Gesellschaft Juniorprofessur e.V.	www.juniorprofessur.org
MEGRA	Mitteleuropäische Gesellschaft für Regulatory Affairs e.V.	www.megra.org
Nutrigenomik	Verein zur Förderung von Nutrigenomik und biomedizinscher Ernährungsforschung e.V.	www.nutrigenomik.de
RiNA	RNA-Netzwerk	www.rna-network.com
VAAM	Vereinigung für Allgemeine und Angewandte Mikrobiologie	www.vaam.uni-halle.de
VBIO	Verband der Biologie, Biowissenschaften und Biomedizin in Deutschland	www.vbio.de
VbtA	Verband Biologisch-Technischer Assistenten e.V.	www.vbta.de
VDC	Verband Deutscher Chemotechniker und Chemisch-technischer Assistenten	www.vdc-cta.de
VDI	VDI-Gesellschaft Technologies of Life Sciences	www.vdi.de/tls
VDL	Berufsverband Agrar, Ernährung, Umwelt e.V.	www.vdl.de
VDOE	Verband der Oecotrophologen e.V.	www.vdoe.de
WIV-Apotheker	Fachgruppe der Apotheker in Wissenschaft, Industrie und Verwaltung	www.public-health.tu-dresden.de/dotnetnuke3/wivapotheker
WJD	Wirtschaftsjunioren Deutschland	www.wjd.de

Österreich

BVPÖ	Berufsverband der Pharmareferenten Österreichs	www.bvpoe.at
GALP	Österreichische Gesellschaft für Gute Analysen- und Laborpraxis	www.galp.at
JW	Die Junge Wirtschaft in Österreich	www.jungewirtschaft.at
ÖGH	Österreichische Gesellschaft für Humangenetik	www.oegh.at
ÖGLMKC	Österreichische Gesellschaft für Laboratoriumsmedizin und Klinische Chemie	www.oeglmkc.at
ÖGMBT	Österreichische Gesellschaft für Molekulare Biowissenschaften und Biotechnologie	www.oegmbt.at
VÖLB	Verein Österreichischer Lebensmittel- und Biotechnologen	www.boku.ac.at/voelb

Schweiz

JCI	Junior Chamber International Schweiz	www.jci.ch
labmed	Schweizerischer Berufsverband der Biomedizinischen Analytikerinnen und Analytiker	www.labmed.ch
SABV	Schweizer Ärztebesucher Verband	www.sabv.ch
SBMP	Schweizerischer Berufsverband für Medizin-physikerinnen und Medizinphysiker	www.medphys.ch
SVC	Schweizerischer Verband diplomierter Chemiker FH	www.svc.ch
SCNAT	Mitgliedsorganisationen der Plattform Biologie in der Akademie der Naturwissenschaften	www.scnat.ch
FLB	Fachverband Laborberufe	www.laborberufe.ch

Für die obige Auswahl von Netzwerken, Fachgesellschaften und Berufsverbänden stand neben fachlichen Aspekten die Möglichkeit einer Einzelmitgliedschaft im Vordergrund.

Frauennetzwerke

BPW Germany	Business and Professional Women Germany	www.bpw-germany.de
DAB	Arbeitskreis Frauen in Naturwissenschaft und Technik im Deutschen Akademikerinnenbund e.V.	www.dab-ev.org/
dib	deutscher ingenieurinnenbund e.v.	www.dibev.de
EMIS	European Mothers in Science	www.mothersinscience.eu
EWMD	European Women's Management Development International Network e.V.	www.ewmd.org
Femtec	Hochschulkarrierezentrum für Frauen in den Natur- und Ingenieurwissenschaften	www.femtec.org
FFU	FachFrauen Umwelt	www.ffu.ch
fib	Frauen im Ingenieurberuf (VDI)	www.vdi.de
Fit	Frauen in der Technik e.V.	www.fitev.de
GDA	Gesellschaft Deutscher Akademikerinnen e.V.	www.gesellschaft-deutscher-akademikerinnen.de
INWES	International Network of Women Engineers and Scientists	www.inwes.org
Mentorinnen Netzwerk	MentorinnenNetzwerk für Frauen in Naturwissenschaft und Technik	www.mentorinnennetzwerk.de
VBU	Business Netzwerk für Managerinnen in den Life Sciences in der Vereinigung Deutscher Biotechnologie-Unternehmen	v-b-u.org
VdU	Verband deutscher Unternehmerinnen e.V.	www.vdu.de
Zonta	Zonta International	www.zonta-union.de

Bei der obigen Auswahl von Frauennetzwerken handelt es sich um Gruppierungen, die eine persönliche Vernetzung von Frauen innerhalb ihrer Berufsgruppe oder darüber hinaus ermöglichen. Daneben existieren vielfach lokale oder regionale Netzwerke mit vergleichbarer Zielsetzung.

Literatur

Akademische Forschung

BMBF (2008) Bundesbericht zur Förderung des wissenschaftlichen Nachwuchses (BuWiN). Bonn, Berlin

Burkhardt A (2008) Wagnis Wissenschaft. Akademische Karrierewege und das Fördersystem in Deutschland. Leipzig

Deutscher Hochschulverband (DHV) (2009) Handbuch für den wissenschaftlichen Nachwuchs. 9. Aufl. Bonn

Färber C, Riedler U (2011) Black Box Berufung, Strategien auf dem Weg zur Professur. Frankfurt

FEMtech – Argumentarium (2009) Frauen in Forschung und Technologie: Argumente und wie die Fakten dazu aussehen. Wien

Gosling P, Noordam B (2011) Mastering Your PhD, Survival and Success in the Doctoral Years and Beyond, Berlin, Heidelberg

Jaksztat S, Schindler N, Briedis K (2010) Wissenschaftliche Karrieren, Beschäftigungsbedingungen, berufliche Orientierungen und Kompetenzen des wissenschaftlichen Nachwuchses. *HIS: Forum Hochschule* 14

Kreckel R (2008) Zwischen Promotion und Professur. Das wissenschaftliche Personal in Deutschland im Vergleich mit Frankreich, Großbritannien, USA, Schweden, Niederlanden, Österreich und der Schweiz. Leipzig

Landesstiftung Baden-Württemberg (2009) Erfolgsgeschichten, Nachwuchswissenschaftler im Portrait, Stuttgart

Lind I (2004) Aufstieg oder Ausstieg? Karrierewege von Wissenschaftlerinnen. Ein Forschungsüberblick. Bielefeld

Aus- und Weiterbildung

BMBF (2004) Die Fachhochschulen in Deutschland. Bonn, Berlin

BMBF (2010) Mehr als ein Stipendium. Staatliche Begabtenförderung im Hochschulbereich. Bonn, Berlin

Schomburg H (2010) Employability und Mobility of Bachelor Graduates in Germany. Beitrag zur internationalen Konferenz Employability und Mobility of Bachelor Graduates in Europe, EMBAC. Berlin 30.09.–1.10.2010

Verband Deutscher Biologen und biowissenschaftlicher Fachgesellschaften e. V. (VBIO) (2005) Studienführer Biologie (Biologie – Biochemie – Biotechnologie – Biomedizin). Heidelberg

Wirtschaft + Weiterbildung/Personalmagazin (2010) mbakompendium 2010/11 für die Weiterbildungselite. 5. Aufl. Freiburg

Bewerbung und Bewerberauswahl

Böhm W, Poppelreuter S (2009) Bewerberauswahl und Einstellungsgespräch. 7. Aufl. Berlin

Bübenbender U, Strutz H (2010) Gabler Kompakt-Lexikon Personal: Wichtige Begriffe zu Personalwirtschaft, Personalmanagement, Arbeits- und Sozialrecht. 3. Aufl. Wiesbaden

Eck C D, Jöri H, Vogt M (2010) Assessment-Center. Entwicklung und Anwendung – mit 57 AC-Aufgaben und Checklisten zum Downloaden und Bearbeiten. 2. Aufl. Heidelberg

Eilles-Matthiessen C, Janssen S, Osterholz-Sauerländer A, el Hage N (2007) Schlüsselqualifikationen kompakt. 2. Aufl. Bern

Hagmann C, Hagmann J (2009) Testbuch Assessment Center mit CD Rom. 2. Aufl. Freiburg

Hesse J, Schrader H C (2008) Persönlichkeitstests. Verstehen – durchschauen – trainieren. Frankfurt

Hofert S (2008) Jobsuche und Bewerbung im Web 2.0. Frankfurt

Hornke L, Winterfeld U (2004) Eignungsbeurteilung auf dem Prüfstand: DIN 33430 zur Qualitätssicherung. Heidelberg

Kersting M (2008) Qualität in der Diagnostik und Personalauswahl – der DIN-Ansatz. Göttingen

Klimmer M, Neef M (2004) Einsatz von Persönlichkeitstypologien in der deutschen Wirtschaft. Ergebnisse einer empirischen Studie des Instituts für Unternehmensführung der Fachhochschule Mannheim, Hochschule für Technik und Gestaltung in Zusammenarbeit mit Rother & Partner, Karlsruhe. Mannheim

Küttner W (2010) Personalbuch 2010. 17. Aufl. München

Leciejewski K D, Fertsch-Röver C (2007) Taschenguide Assessment Center. 5. Aufl. Planegg

Lüdemann C, Lüdemann H (2008) Topkandidat im Assessment-Center. Die optimale Vorbereitung auf Eignungstests, Stressinterviews und alles, was Sie wissen müssen. Heidelberg

managerSeminare-Dossier (2010) Persönlichkeitstests und -analysen. Bonn

Meinel G, Heyn J, Herms S (2009) Teilzeit- und Befristungsgesetz. Kommentar. 3. Aufl. München

Nachtwei J, Schermuly C C (2009) Personalauswahl. Acht Mythen über Eignungstests. *Harvard Business Manager* 4: 2ff.

Die Presse.com (2010) Deutschland, Österreich, Schweiz: Kampf um Lehrer, 23.06.2010

Püttjer C, Schnierda U (2010) Assessment-Center-Training für Führungskräfte. Die wichtigsten Übungen – die besten Lösungen. 9. Aufl. Frankfurt

Püttjer C, Schnierda U (2009) Assessment-Center-Training für Hochschulabsolventen. 5. Aufl. Frankfurt

Schuhmacher F (2009) Mythos Assessment Center. Risikomanagement bei Personalentscheidungen und Leitfaden zur Anwendung. Wiesbaden

Schuler H (2007) Assessment Center zur Potenzialanalyse. Göttingen

Straub D (2010) Arbeits-Handbuch Personal. Recht und Praxis für das Personalmanagement. 7. Aufl. Berlin

Karriere

Bischoff S (2010) Wer führt in (die) Zukunft? Männer und Frauen in Führungspositionen der Wirtschaft in Deutschland, die 5. Studie. Herausgegeben von der Deutschen Gesellschaft für Personalführung. Bielefeld

Fachgruppe WIV – Apotheker in Wissenschaft, Industrie und Verwaltung und Fachgruppe Industriepharmazie der Deutschen Pharmazeutische Gesellschaft (DOhG) (2006) Pharmazeutische Tätigkeitsfelder außerhalb der Apotheke. 2. Aufl. Frankfurt

Eichhorn C (2002) Souverän durch Self-Coaching, 3. Aufl. Göttingen

e-fellows.net (2009) Perspektive Patentanwalt. Herausforderung zwischen Technologie und Recht. München

e-fellows.net (2010) Perspektive Unternehmensberatung 2011. Das Expertenbuch zum Einstieg. München

Freedman T (2010) Karrierechancen in der Biotechnologie und Pharmaindustrie. Heidelberg

Hewlett S A, Sherbin L (2010) Letzte Ausfahrt Babypause. *Harvard Business Manager*: 52ff.

Lebensmittelzeitung (2010) Karriere, Chancen in der Foodbranche. Frankfurt

Matchboxmedia (2010) eBook Jobguide Konsumgüter. Düsseldorf

Matchboxmedia (2010) eBook Jobguide Pharma Biotech Chemie. Düsseldorf

McKinsey & Company (2010) Women Matter 2010. Women at the top of corporations: Making it happen

Quinn S (2001) Human Trials, Scientists, Investors, and Patients in the Quest for a Cure. Cambridge

Robbins-Roth C (2006) Alternative Careers in Science, Leaving the Ivory Tower. Burlington, San Diego, London

Schein, E H (2006) Career Anchors: Self Assessment. 3. Aufl. Pfeiffer, San Francisco. Deutsche Fassung über Dr. Loos Stadelmann Verlags GmbH, www.lalosta.de

Strunk G, Hermann A (2009) Berufliche Chancengleichheit von Frauen und Männern. Eine empirische Untersuchung zum Gender Pay Gap. *Zeitschrift für Personalforschung* 3: 237ff.

Verband Deutscher Biologen und biowissenschaftlicher Fachgesellschaften e. V (VBIO) (2010) Perspektiven – Berufsbilder von und für Biologen, Biowissenschaftler und andere Naturwissenschaftler. 8. Aufl. München
Wirth U (o.J.) Branchenreport Medizinische Dokumentation. Ergebnisse der 3. DVMD-Umfrage unter Berufstätigen im Fachgebiet Medizinische Dokumentation (16. Januar 2008 – 16. Februar 2008). Trier

Öffentlicher Sektor und Non-Profit-Organisationen

Bauer E, Sander G, von Arx S (2010) Strategien wirksam umsetzen. Das Handbuch für Non-Profit-Organisationen. Bern, Stuttgart, Wien
Gourmelon A, Kirbach C, Etzel S (2009) Personalauswahl im öffentlichen Sektor. 2. Aufl. Baden-Baden
Roth A (2009) Die allgemeine Lebensmittelüberwachung als Instrument des Verbraucherschutzes. Stuttgart
Shaw D J (2009) Global Food and Agricultural Institutions. London, New York

Unternehmen und Branchen

BioPro BW GmbH, Gründerhandbuch Baden-Württemberg, 2010
Blaue Biotechnologie: Das Meer als Quelle bioaktiver Wirkstoffe und Materialien (2009) *Biospektrum* 2: 202
BMBF (2005) Bioregionen in Deutschland. 3. Aufl. Bonn, Berlin
BMBF (2010) Die Deutsche Biotechnologie-Branche 2010, Firmenumfrage
BMBF (2005) Studie zur Situation der Medizintechnik in Deutschland im internationalen Vergleich. Berlin
BMBF (2008) Weiße Biotechnologie. Chancen für neue Produkte und umweltschonende Prozesse. Bonn, Berlin
The Boston Consulting Group GmbH (2010) Medizinische Biotechnologie in Deutschland. München
Brian M (2008) O mega-gesund. Wie Functional Food unser Essen verändert. Stuttgart
Bundesverband Medizintechnologie (BVMed) (2011) Branchenbericht MedTech 2011. Berlin
Bundesvereinigung der Deutschen Ernährungsindustrie e.V. (2010) Jahresbericht 2009/2010. Berlin
Deutscher Verband der Aromenindustrie e.V. (o.J.) Auf den Geschmack kommen. Informationen zu Aromen. Meckenheim
Diakonisches Werk der EKD e.V. (2009) Energie vom Acker. Wie viel Bioenergie verträgt die Erde. Stuttgart
Ernst & Young (2010) Neue Spielregeln. Deutscher Biotechnologie-Report 2010. Mannheim
Fischer D, Breitenbach J (2010) Die Pharmaindustrie. Einblick, Durchblick, Perspektiven. 3. Aufl. Heidelberg
Going Public Media AG (2010) Sonderbeilage *Medizintechnik 2010*. München
Going Public Media AG (2010) Sonderausgabe *Biotechnologie 2010*. München
Harms F, Gänshirt D, Rumler R (2008) Pharmamarketing. Gesundheitsökonomische Aspekte einer innovativen Industrie am Beispiel von Deutschland, Österreich und der Schweiz. 2. Aufl. Stuttgart
Herschel M (2009) Das KliFo-Buch, Praxisbuch Klinische Forschung. Stuttgart
Koch M (2007) Die blaue Apotheke. *Süddeutsche Zeitung* 5.5.2007
Kröher M O R (2007) Wirtschaftsfaktor Wissen. Wie unsere Spitzenforschung den Standort Deutschland voranbringt. Berlin
Mach E (2009) Einführung in die Medizintechnik für Gesundheitsberufe. Wien
Mietzner D, Wagner D (2010) New Market Intelligence, Indentifizieren und Evaluieren von Auslandsmärkten für Dienstleistungen in der roten Biotechnologie. Wiesbaden
Nolting M, Mietzner D, Reger G (2010) Leitfaden zur Internationalisierung von Biotechnologieunternehmen. Potsdam

Nusser M, Soete B, Wydra S (2007) Wettbewerbsfähigkeit und Beschäftigungspotenziale der Biotechnologie in Deutschland. Düsseldorf

Otto R u.a. (2010) Einführung in die kommerzielle Biotechnologie. Stuttgart

Pilz G (2010) Biotechnologie, Anwendung, Branchenentwicklung, Investitionschancen. München

Reiß T u.a. (2006) Aussichtsreiche Zukunftsfelder der Biotechnologie. Neue Ansätze der Technologievorausschau. Karlsruhe

Rudin M (2005) Imaging in Drug Discovery and Early Clinical Trials. Basel

Schmitz-Rode T (2009) Runder Tisch Medizintechnik. Wege zur beschleunigten Zulassung und Erstattung innovativer Medizinprodukte. Heidelberg

Schöffski O, Fricke F-U, Guminski W (2008) Pharmabetriebslehre. 2. Aufl. Berlin

Simon H (2007) Hidden Champions des 21. Jahrhunderts. Die Erfolgsstrategien unbekannter Weltmarktführer. Frankfurt

Thieman W J, Palladino M A (2007) Biotechnologie. München

Trilling T (2008) Pharmamarketing. Ein Leitfaden für die tägliche Praxis. 2. Aufl. Heidelberg

Velling J (2009) Start-Hilfen vom Staat. *Itranskript* 1/2: 42f.

Venture-Capital Magazin (2010) Sonderbeilage *Private Equity in Österreich* 12

Venture-Capital Magazin (2011) Sonderbeilage *Private Equity Markt Schweiz* 2

Vfa, die forschenden Pharma-Unternehmen (2010) Statistics 2010. Berlin

Yoshikawa T (2009) Food Factors for Health, Promotion. Basel

Index